Artur Dieckhoff, Gerhard Eikenbusch

Wir machen Druck!

Bücher, Broschüren und Plakate selbst produzieren
im Unterricht der Sekundarstufe I

Klett | Kallmeyer

Bibliografische Information der Deutschen Nationalbibliothek
Die Deutsche Nationalbibliothek verzeichnet diese Publikation in der Deutschen Nationalbibliografie; detaillierte bibliografische Daten sind im Internet über http://dnb.d-nb.de abrufbar.

Impressum

Artur Dieckhoff, Gerhard Eikenbusch
Wir machen Druck!
Bücher, Broschüren und Plakate selbst produzieren im Unterricht der Sekundarstufe I

1. Auflage 2020

Redaktion: Stefan Hellriegel, Berlin
Realisation: Nicole Neumann
Druck: BELTZ Grafische Betriebe GmbH, Bad Langensalza
Printed in Germany

ISBN: 978-3-7727-1280-7

Artur Dieckhoff
Gerhard Eikenbusch

Wir machen DRUCK!

Bücher, Broschüren und Plakate selbst produzieren im Unterricht der Sekundarstufe I

Mit sieben Originalgrafiken von
Artur Dieckhoff,
Anne von Karstedt,
Klaus Raasch,
Tita do Rêgo Silva,
Nadine Respondek,
Matthias Taube

Klett | Kallmeyer

ERSTER TEIL

Unterrichtsideen: Jedes Jahr einmal drucken – mindestens ...

ZWEITER TEIL

Grundlagen: Drucken in der Sekundarstufe I

DRITTER TEIL

Drucken – von der Theorie zur Praxis

1 | Schriftsatz (gespiegelt) und ausgedruckt: Druck aus Holzlettern von Antiqua-Varianten

Vorwort

Noch nie wurde so viel gedruckt wie heute: Rund 250 Kilogramm Papier, Karton und Pappe verbraucht jeder Einwohner in Deutschland jährlich (damit liegen wir im internationalen Vergleich weit vorn!) (Statista 2012). Rechnet man davon die 134 Rollen Toilettenpapier (ca. 12 kg) ab, die durchschnittlich jeder davon jährlich verbraucht (Statista 2018), und dann nochmal schätzungsweise 20 kg für Verpackungskartons, so bleiben pro Jahr über 200 kg Papier für jeden Einwohner in Deutschland – alles bedruckt auf modernen Maschinen. Nie war es einfacher, Bücher, Flyer, Verpackungen oder Zeitschriften zu produzieren: Es reicht, eine Datei an eine Online-Druckerei zu schicken (und zu bezahlen), und schon hat man ein bis zwei Wochen später einige vollautomatisch von Druckmaschinen gefertigte Bücher in den Händen.

Über 130.000 Menschen arbeiten in Deutschland in der modernen Druckindustrie und sorgen für einen Umsatz von über 20 Milliarden Euro (Statistisches Bundesamt 2018, S. 15).

Und dann sind da vielleicht noch ein paar hundert Enthusiasten, die auf ganz andere Art drucken: Sie sitzen nicht am Computer oder bedienen vollautomatisierte Druckerstraßen, sondern sie stehen in „Setzergassen" vor großen Kästen mit Blei- oder Holzlettern und fügen einzelne Lettern zu Zeilen zusammen, zu Kolumnen, zu einer Satzform, mit der dann in einer alten Presse Seite für Seite gedruckt werden …

Diese Setzer, Drucker und Buchbinder üben ein Handwerk aus, das über 500 Jahre alt ist: Die „Schwarze Kunst", die Geheimwissenschaft, die Magie des Buchdrucks und der Bücherherstellung.

Aber ganz gleich, ob nun in einer modernen Digitaldruckerei produziert oder ob im klassischen Buchdruck gearbeitet wird – Drucken bleibt das, was es seit 1440 mit Gutenbergs Erfindung des Buchdrucks immer war: ein Wagnis und ein Abenteuer! Denn was beim Drucken passiert, was dabei herauskommt, wie es angenommen wird, das lässt sich nicht immer genau vorhersehen. Und das, was man beim Drucken erlebt – bei der Gestaltung, Zusam-

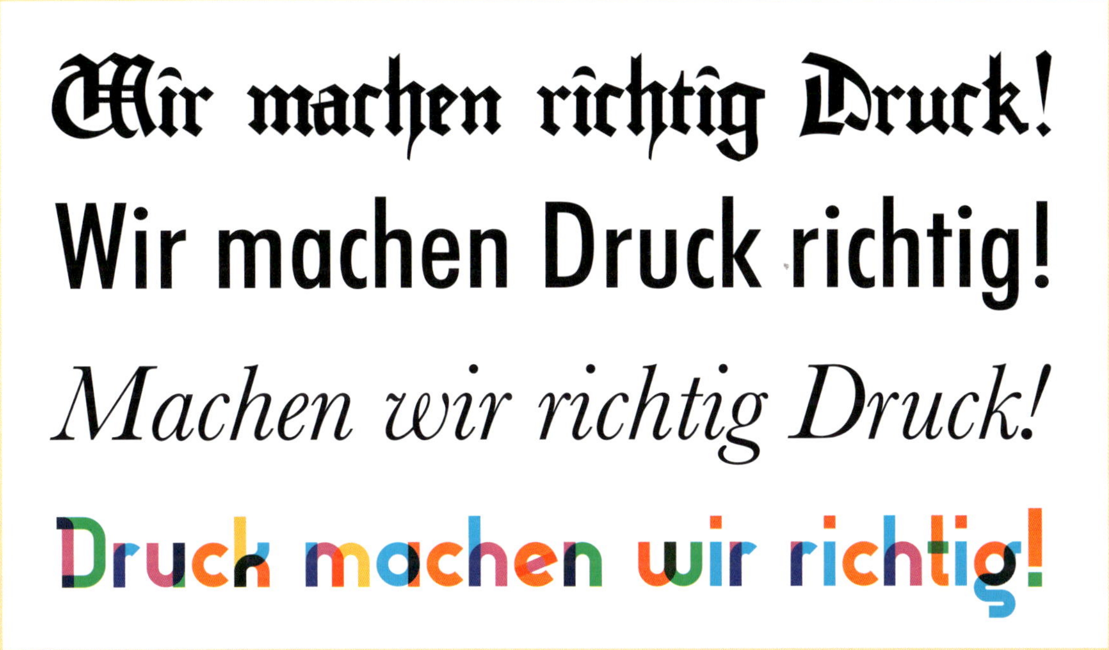

2 | Wir machen Druck – Schriften im Wandel der Zeit (Fraktur, Futura Medium, Baskerville kursiv, Gilbert color)

menarbeit, Produktion – kann man oft gar nicht im Detail vorher festlegen. Aber: Meistens wird es gut – und immer gibt es die Gelegenheit, neue Erfahrungen zu sammeln.

> Ob es wirklich Johannes Gutenberg (eigentlich: Johannes Gensfleisch) war, der den Buchdruck mit beweglichen Metalllettern und der Druckpresse „erfunden" hat – oder ob dies schon ab dem 11. Jahrhundert in China oder später in Korea geschah –, wird immer noch diskutiert (Füssel 2013; Franz 2005). Unbestritten ist, dass er mit seiner „Gutenberg-Bibel" den Buchdruck, die Buchdruckerkunst und auch das Buchdruckergeschäft maßgeblich auf den Weg gebracht hat.

Dieses Buch ist ein Reiseführer ins Land der Druck-Möglichkeiten. Es beschreibt, wie junge Menschen in der Schule (oder im Ganztag oder in der offenen Jugendarbeit) das Drucken erleben können und wie sie dabei neue Wege zum Schreiben, Lesen und zum Produzieren von Büchern, Plakaten und Objekten entdecken. Einige unserer Vorschläge sind als erster Einstieg gedacht, um sich in der Welt des Druckens erst einmal zu orientieren und Spaß am Erkunden zu bekommen. Andere Beschreibungen bieten einen vertiefenden Zugang: Sie zeigen, wie man das Thema „Drucken" in den Fächerunterricht einbauen oder wie man dazu auch Unterrichtsreihen oder Projekte durchführen kann – vor allem in Klassen der Sekundarstufe I.

Drucken kann man in (fast) allen Fächern zum Thema machen: Besonders gut lässt es sich einsetzen in Deutsch, Kunst, Gestaltung und Werken. Interessante Anknüpfungspunkte gibt es auch in den Fächern Politik/Wirtschaft, Informatik, Erdkunde, Geschichte, Ethik, Latein, Pädagogik, Psychologie.

Für die Exkursion ins Land der „Schwarzen Kunst" bieten wir drei Zugänge an:

- Im *ersten Teil* beschreiben wir exemplarisch in einer Reihe von Unterrichtsvorhaben einige Wege, auf denen man die Welt des Druckens in der Sekundarstufe I genauer erforschen kann. Für die meisten dieser Wege braucht man keine besondere Ausrüstung oder spezielle Voraussetzungen.
- Im *zweiten Teil* besuchen wir die fünf „Säulen" der Welt des Druckens und führen ein in Druckverfahren aus Hochdruck, Tiefdruck, Flachdruck, Durchdruck und Digitaldruck. Wir erklären (auch für Schülerin-

3 | Druckergruß am Haus der *Oberhessischen Presse* in Marburg

nen und Schüler) die Verfahren, zeigen Grundlagen, geben Tipps für die Praxis und erläutern Hintergründe. Ausführlich widmen wir uns dem Druck mit Lettern, der Typografie und dem Layout. Als Abrundung machen wir einen Gang durch die Geschichte und Grundlagen des Druckens.

- Im *dritten Teil*, dem Informations- und Praxisteil, geben wir u. a. Tipps für Druck-Einstiege, die Gestaltung von Druck-Arbeitsplätzen und mögliche externe Kooperationspartner (Druckwerkstätten, Museen).

Eine andere Form, klassisches Drucken „handgreiflich" zu machen", sind die sieben Original-Grafiken, die diesem Buch beigefügt sind. Im dritten Teil stellen wir die Grafiken und die Künstler vor – und dokumentieren außerdem den Druckprozess.

Wir greifen also technische und gestalterische Aspekte des Druckens auf und lassen Schülerinnen und Schüler die Welt des Druckens erkunden. Gleichzeitig nehmen wir aber auch die Prozesse *vor* und *nach* dem Drucken in den Blick und geben Anregungen, wie lebendig geschriebene Texte originell gestaltet auch wirkungsvoll präsentiert werden können.

Uns liegt sehr daran, dass Schülerinnen und Schüler spüren können, welche Kraft und welche Bedeutung darin liegt, beim Drucken schöpferisch tätig zu sein, die eigene Meinung und Ideen als Bild und Text nach außen zu tragen und sich damit auch selbst zu präsentieren. Für uns ist Drucken ein Gestaltungs-, Erfahrungs- und Kommunikationsprozess, der gerade Jugendlichen viele Anstöße geben kann für ihre eigene Entwicklung.

Wer sich einmal in die Welt des Druckens begeben hat, kommt so schnell nicht mehr davon los – das ist zumindest unsere persönliche Erfahrung: Wir beide leben jetzt schon über ein halbes Jahrhundert in der Welt des Druckens – der eine (G. E.) eher als Gast, z. B. zuerst als Schreiber für die kleine Lokalzeitung (damals noch mit Bleisatz), als Mitarbeiter in Druckprojekten, als Autor und bei der Arbeit als Lehrer (mit digitalen Medien) – der andere (A. D.) als ständiger Bewohner, Hüter und Fremdenführer durch die Letternwelt. Wann und wo immer wir uns mit dem Drucken beschäftigt haben, hat es uns neue Welten eröffnet. Wir sind sicher, dass die Druck-Abenteuerreise (analog oder digital) spannend weitergeht und es immer wieder Tolles zu entdecken gibt.

Also, herein in die Welt des Druckens – und das mit dem traditionellen Gruß (seit 1470), mit dem sich Buchdrucker, Schriftsetzer und Lithografen begrüßen: „Gott grüß die Kunst!" **(Abb. 3)** Erwidert wird darauf übrigens: „Gott grüße sie" (und dabei wird „sie" kleingeschrieben, weil es ja um die Kunst des Druckens geht, die gegrüßt werden soll …).

Wenn in diesem Buch wie eben vom Buchdrucker, „Schriftsetzer", „Lithografen", „Lehrern" usw. die Rede ist, benutzen wir aus ästhetischen Gründen in der Regel nur die männliche Form – selbstverständlich sind für uns damit aber auch weibliche Buchdrucker, Schriftsetzer, Lithografen, Lehrer inbegriffen.

Artur Dieckhoff – Gerhard Eikenbusch

Dank

Wer ein Buch über das Drucken schreibt, greift dabei immer auch auf Erfahrungen und Ergebnisse von anderen zurück. Zu diesem Buch haben viele Freunde, Kollegen und Mit-Arbeiter durch Hilfe, Anregungen, Beiträge, Hinweise, Arbeitsproben und Ideen beigetragen.

Danken möchten wir besonders

- Schülerinnen und Schülern des Archigymnasiums Soest, des Conrad-von-Soest-Gymnasiums in Soest, der Deutschen Schule Stockholm und des Gymnasiums Eppendorf in Hamburg für ihre Beiträge aus dem Deutsch- bzw. Kunstunterricht
- den 8. Jahrgängen 2018 und 2019 der Geschwister-Prenski-Schule in Lübeck für die Arbeiten, die in zwei umfangreichen Druckprojekten erarbeitet wurden. Die Projekte „Alltaghelfer“ und „Die richtige Dosis“ wurden von der Heidehof-Stiftung (Stuttgart) unterstützt und von Dr. Edda Holl, Annette Stöcklin, Angela Siegmund und Berit Röper geleitet.
- Kolleginnen und Kollegen der Graphischen Werkstatt im Museum der Arbeit Hamburg
- Walter Fischer und Klaus Raasch für kompetente Unterstützung und den Druck der Originalgrafiken
- Martina Diestel, Tine Dieckhoff, Matthias Taube, Christel und Annika Eikenbusch für Anregungen und für Beiträge zu einzelnen Drucktechniken
- Christina Willert für die fachkundige Beratung
- Christian Wöhrl für die kreative Foto- und Projekt-Dokumentation
- Stefan Hellriegel, Gabriela Holzmann, Nicole Neumann und Sarah Speisekorn von Klett/Kallmeyer für die engagierte Betreuung und die kreative Gestaltung unseres Buchprojekts. Es war ein schönes Abenteuer!

ERSTER TEIL

Unterrichtsideen: Jedes Jahr einmal drucken – mindestens …

1 Dreizehn Druckprojekte

In jedem Schuljahr gibt es für eine Klasse eine sehr gute Gelegenheit für ein Druckprojekt: Mal kann man es explizit zum Thema machen, wenn Techniken eingeführt werden oder die Geschichte des Druckens vorgestellt wird. Häufiger steht es aber im Hintergrund als Mittel zum Zweck, wenn z. B. Plakate oder Präsentationen produziert werden. Und in fast jeder Unterrichtsreihe verbirgt sich mindestens ein Ansatzpunkt, um auch das Thema Gestaltung und Druck aufzugreifen. Schließlich präsentieren die Kinder und Jugendlichen jeden Tag Dokumente, Schriftstücke, Referate – und sind sich oft gar nicht bewusst, wie viel sie schon über Druck und Gestaltung wissen und was sie noch alles davon lernen können.

Wir möchten in diesem Teil an praktischen Beispielen für den Unterricht in der Sekundarstufe zeigen, wie man in den Jahrgangsstufen das Thema Drucken aufgreifen und vermitteln kann. Einige Vorschläge zielen eher auf Projekte und Highlights im Schuljahr, andere auf den alltäglichen handwerklichen Umgang mit Text, Schrift und Bild. Die Beispiele sind hier an ein oder mehrere Fächer angebunden, lassen sich aber in anderen Fächern und Jahrgangsstufen entsprechend adaptieren. Es gibt (fast) kein Fach, in dem dies nicht möglich wäre (**Abb. 4**)!

Die Beispiele beschreiben jeweils den Ansatz und den Verlauf des Unterrichtsprojekts und geben grundlegende praktische Hinweise. Die in den Unterrichtsprojekten eingesetzten Drucktechniken werden im zweiten Teil des Bandes ausführlich beschrieben.

4 | Was man mit Drucken im Unterricht alles machen kann …

Führe ein wildes und abenteuerliches Leben: merke Dir alles, fotokopiere nichts!

5 | Artur Dieckhoffs Forscher- und Drucker-Grundsatz (1991)

Wie und in welchem Maße Fächer bei Druckprojekten miteinander kooperieren – ob sie sich zum Beispiel nur in der Planung abstimmen oder koordinieren (eher fächerübergreifend) oder ob sie alle Schritte eines Projektes gemeinsam leisten wollen (eher fächerverbindend) –, das haben wir bewusst offengelassen: Denn welche Druckprojekte gewählt werden, hängt nach unserer Erfahrung nicht nur von der pädagogischen Zielsetzung von Lehrkräften und dem Konzept der Schule ab, sondern es wird wesentlich durch die Situation vor Ort bestimmt:

- Welche Ausstattung bietet die Schule für Druckprojekte?
- Welche Möglichkeiten bestehen, solche Projekte inhaltlich und organisatorisch in der Schule zu verankern?
- Welche Zeitfenster sind möglich?
- Welche Erfahrungen und Voraussetzungen bringen Lehrkräfte für diesen Themenbereich mit?
- Welche Kooperationspartner und Einrichtungen sind für die Schule zugänglich?

Nach unseren Erfahrungen versprechen besonders zwei Zugänge gute Chancen für Druckprojekte: „Nummer Sicher" und „All-in".

Als Lehrperson oder auch als Schule bei Druckprojekten auf Nummer Sicher zu gehen, bedeutet, den Rahmen für das Projekt so zu wählen, dass es nur gelingen kann: mit vorhandenen Beteiligten, auf Interesse und Bereitschaft basierend, ohne zusätzliche Ressourcen. Solche Projekte kann schon eine einzelne Lehrperson durchführen, wenn sie zumindest von der Schulleitung toleriert werden. Eine ganze Reihe unserer Vorschläge (Kap. 1.2, 1.3, 1.4, 1.5., 1.12 und 1.13) kann so umgesetzt werden. Oft sind solche „Nummer-Sicher"-Projekte der Start für weitere Projekte, denn sie bringen Schule und Beteiligten die Sicherheit, mit der sie dann zu „All-in"-Projekten übergehen können.

„All-in"-Projekte erfordern die aktive Mitwirkung und Unterstützung der Beteiligten und sollten in der Schule verankert sein (durch Information, Präsentation, Entscheidungen), von der Schulleitung mitgetragen werden. Zum Teil erfordern solche Projekte auch zusätzliche Ressourcen, externe Arbeitsmöglichkeiten oder Kooperationspartner (z. B. unsere Vorschläge Kap. 1.7 und 1.10).

Schon vor dem ersten „All-in"-Projekt sollte bedacht werden, wie es auch längerfristig in die Arbeit eingebunden werden und Kooperation weiter erfolgen kann. Externe Workshops und Exkursionen können sehr wirkungsvoll und nachhaltig sein, wenn das, was dort erfahren und gelernt wird, auch in der Schule verankert wird – wenn zum Beispiel Schülerinnen und Schüler das, was sie in einer Museumswerkstatt gelernt haben, auch später in der Schule umsetzen können.

Heikel sind jedoch fast immer die „Halb-halb"- oder „Mach-doch"-Projekte, bei denen Lehrkräfte oder Schulen viel und Großes wollen, ohne dass es die dafür notwendigen Ressourcen und das erforderliche Interesse und die Bereitschaft zur Mitarbeit gibt. Bei großem Wollen, aber geringem Einsatz bringt der Projekt-Mittelweg den Tod des Themas.

Garanten für den Erfolg eines Druckprojekts sind immer Neugier und die Bereitschaft, etwas zu schaffen und gegebenenfalls zu verändern. Dies gilt auch für Lehrpersonen. Es ist deshalb nicht nur legitim, sondern sogar notwendig, sich als Lehrkraft für ein Druckprojekt zu entscheiden, bei dem man selbst etwas lernen möchte, auf das man neugierig ist. Und natürlich ist es auch mehr als legitim und notwendig, die folgenden 13 Vorschläge für Druckprojekte zu variieren, auszunutzen und wenn nötig sogar wild und abenteuerlich zu verändern – ganz nach Artur Dieckhoffs Vorschlag aus *Altona liegt am Amazonas* (1991) (**Abb. 5**).

1.1 Ein Gedichtheft zum Thema „Ich – du – wir“ produzieren

ab Klasse 5 (dort besonders geeignet)	
Fächer	Deutsch, Kunst, Klassenlehrerstunden, Politik, Informatik
Zeitbedarf	ca. 6–8 Unterrichtsstunden
Differenzierung	durch Aufgabenstellung und Anleitung
Material	pro Klassenmitglied 14 Kopien
Produkt	eine Gedichtbroschüre (A5) geheftet oder gebunden mit Texten aller Schüler
technische und räumliche Anforderungen	Textverarbeitungsprogramm (z. B. Word, LibreOffice, Pages) oder handschriftliche Texte (dann Scanner); Kopierer (wenn möglich mit Broschürenfunktion), Langarm-Heftgerät mit Einlegetiefe > 25 cm, Heftleistung > 15 Blatt (ca. 25 €)
Ziele/Kompetenzen	▪ eigene Sichtweisen und Lebenswirklichkeit in Texte (nach Strukturmustern) fassen, fremde Texte weiterentwickeln, über Beobachtetes schreiben, eigene Meinung formulieren ▪ eine Textseite entwerfen und planen und bei der Produktion und Reflexion die Sprachkompetenz erweitern (eigene Eindrücke beschreiben, Ideen formulieren) ▪ auf der Basis elementarer Kenntnisse über Typografie, Herstellung und Gestaltung ein Textheft (ggf. mit Illustrationen) realisieren, die Wahl des eigenen Vorgehens im Hinblick auf Inhalt und Gestaltung bewerten

Für die meisten Schülerinnen und Schüler ist der Übergang in die 5. Jahrgangsstufe ein gravierender Einschnitt in ihrem Leben. Sie müssen sich von der vertrauten Grundschule verabschieden, in der neuen Klasse erste Kontakte anknüpfen, Freunde finden, Kooperation lernen. Zu Beginn des Schuljahres werden dazu häufig Selbst-Steckbriefe oder kurze Vorstellungstexte geschrieben, dann noch Texte zur Erkundung in der Schule (Übersichtsplan, Raumbeschreibung). Es dauert in der Regel mindestens bis nach den Herbstferien, bis ein erstes Zusammengehörigkeitsgefühl in der Klasse entsteht. Mit der Unterrichtsreihe „Ein Gedichtheft zum Thema ‚Ich – du – wir‘“ soll dieses Gefühl auf kreative und diskrete Weise dokumentiert und unterstützt werden, ohne dass die Schülerinnen und Schüler sich gedrängt fühlen, etwas von sich preiszugeben.

Der Einstieg erfolgt über eine Gedichte-Werkstatt, in der ausprobiert werden kann, wie man Wörter von Gedichten und zu Gedichten verschieben kann und wie man sie dann spielerisch variieren kann.

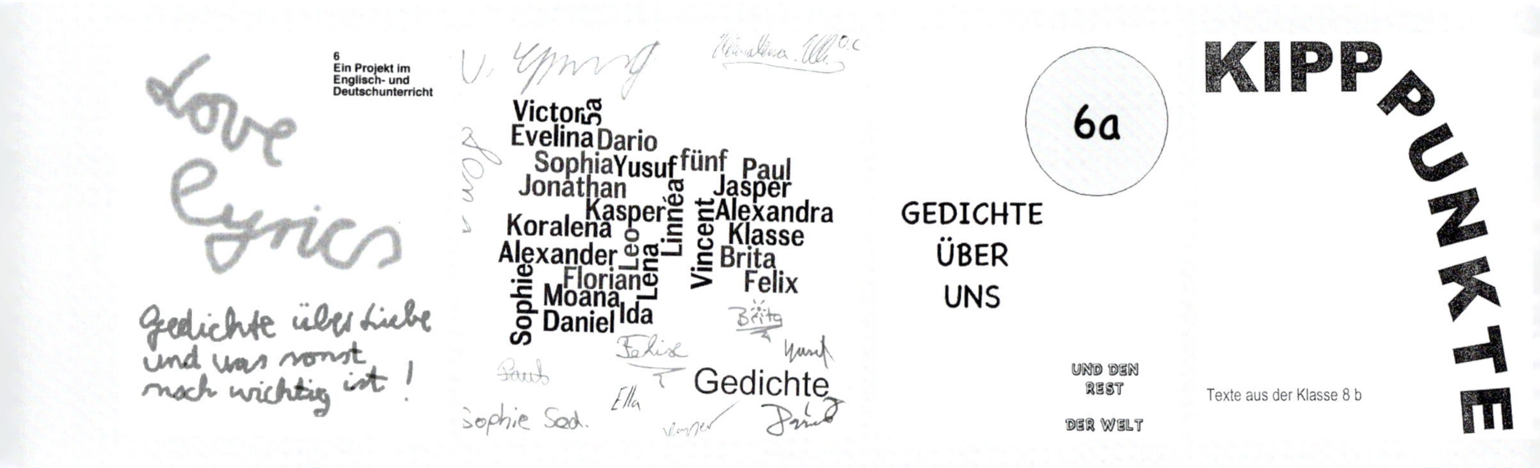

Spielerisch einsteigen – und kooperieren

Die ersten sieben Arbeitsschritte befassen sich mit der Herstellung eines eigenen Gedichtes zum Thema „Ich – du – wir", das dann später gesetzt werden soll. Diese Schritte stellen die literarische Vorarbeit dar und werden deswegen idealerweise im Deutschunterricht durchgeführt.
Der hier vorgeschlagene spielerische Umgang mit dem Wortmaterial kann natürlich angepasst werden an die jeweilige Klassenstufe, auch das im zweiten Schritt vorgeschlagene Gedicht von Regina Schwartz kann ersetzt werden durch ein anderes mit passender Thematik.
Mit Lehrern mit Fächern wie Religion oder Ethik kann vorab besprochen werden, ob es möglich ist, an bereits behandelten Stoff anzuschließen.

Regina Schwarz: *Meine Schwester und ich*

Sie macht's gut,
ich mach's schlecht.
Sie macht's euch
immer recht.

Ich mach's anders,
sie macht's so,
ich mach euch zornig,
sie euch froh.

Sie ist leise,
ich bin laut,
und ich bin es,
der sie haut.

Sag ich nein,
sagt sie ja,
und wer lieb ist,
ist doch klar.

Immer sie,
niemals ich.
Und ich frag:
Wer mag mich?

Halt	deinen	Schnabel	sagte	die
Ente	Alle	Katzen	sind	grau
Huhu	Haha	Flunder	Faultier	Frosch
und	Floh	..		
..				

7 |
Gedicht-Werkstatt:
Beispiel für eine Schüler-Auswahl im ersten Arbeitsschritt

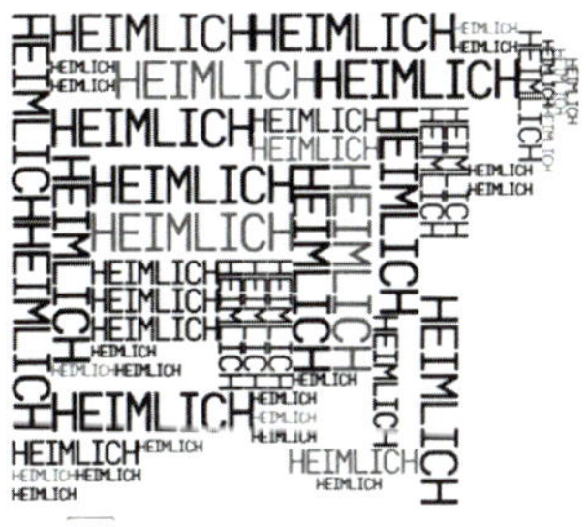

Texte aus dem
Literatur-Forderkurs

6 |
Umschläge:
Schülerhefte aus 5. und 6. Klassen (2000)

Erster Schritt: Auflösung und Neubildung von Texten.

❶ Lege zuerst auf einem Blatt (Querformat) eine Tabelle mit 5 Spalten und 10 Zeilen an.

❷ Schaue dir eine Gedichtsammlung (z. B. in deinem Lesebuch) an und schreibe mit Bleistift in die Tabelle 10 Ausdrücke/Zeilen, die dir gut gefallen – warum auch immer **(Abb. 7)**.

❸ Radiere jetzt mindestens 5 Wörter, die nicht (mehr) passen und ersetze sie durch andere Wörter (verwende eine andere Farbe).

❹ Ändere dann die Reihenfolge von mindestens 3 Zeilen. Lies dir den Text leise vor. Füge Wörter ein oder streiche sie, wenn es sich besser anhört.

❺ Tragt einander die Texte zu zweit/dritt vor und verändert sie weiter: Ihr könnt auch Wörter vom anderen leihen oder tauschen.

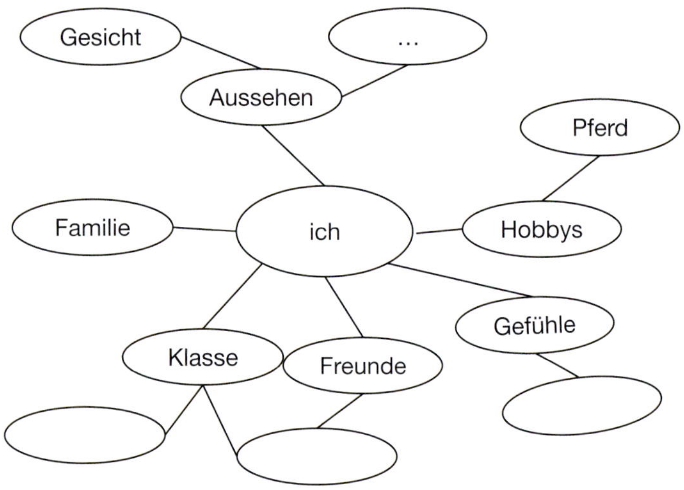

8 | Gedicht-Werkstatt – fünfter Arbeitsschritt: Mindmap eines Gedichtes zeichnen

Zweiter Schritt: Textaussage verkehren. Verändert in Partner- oder Gruppenarbeit das Gedicht *Meine Schwester und ich* von Regina Schwarz ins Gegenteil. – Warum glaubt die Sprecherin des Gedichts, dass sie nicht gemocht wird? Wird sie wirklich nicht gemocht?

Dritter Schritt: Sammle Wörter, Ausdrücke oder Sätze, ❶ die zu dir selbst passen, ❷ die zu deiner Klasse passen. Tausche dich eventuell mit Klassenkameraden aus, wenn du mehr Wörter brauchst.

Vierter Schritt: Schreibe ein Gedicht zum Thema „Ich – du – wir". Es kann von dir und der Klasse handeln, das muss es aber nicht. Du kannst dabei die Wörter aus dem vorherigen Arbeitsschritt nutzen.

Fünfter Schritt: Tausche mit einem Klassenmitglied dein Gedicht und zeichne zu dem Gedicht des Partners eine Landkarte (Mindmap), was du dort über das „Ich" erfährst. (Beispiel: **Abb. 8**)

Sechster Schritt: Schau dir die Landkarte, die dein Mitschüler über deinen Text gemacht hat, genau an und überlege, ob du noch etwas an deinem Text verbessern willst. Gib am Ende deinem Text einen Titel (nicht mehr als 25 Buchstaben).

Siebter Schritt: Schreibe deinen Text noch einmal übersichtlich mit einem schwarzen Stift (nicht Bleistift) auf ein A4-Blatt. Dieses Blatt soll dann im Gedichtheft abgedruckt werden. Schreibe möglichst groß, nutze die ganze Seite. Du kannst auch gern den Computer benutzen, dann müssen die Schrift mindestens 20 pt. und der Zeilenabstand 1,5-zeilig sein.

Achter Schritt (Produktion des Gedichtheftes): Hier kann man als Lehrperson entscheiden, wie weit man die Klasse in den Produktionsprozess einbezieht. In den meisten Fällen ist es ratsam, sich hier auf wenige Aspekte zu konzentrieren: Auswahl der Texte und deren Reihenfolge/Anordnung, Inhaltsverzeichnis und vielleicht Klassenfoto sowie Titel des Heftes. Häufig lässt sich dies in Form einer Redaktionssitzung machen, bei der auch noch einmal auf die Gestaltung der Texte eingegangen werden kann (Schriftart, -größe, Abstand).

Am zeitsparendsten ist es, das A5-Heft im Broschürendruck in der Schule oder im Copy-Shop herzustellen: Das erfordert, dass alle Heftseiten zuerst in normaler Reihenfolge gescannt werden (mit 300 dpi) und als PDF-Datei gespeichert werden. Diese Datei kann dann über Software wie Adobe Reader (bei MacOS auch über Vorschau, Option Heftdruck) in den Druckeinstellungen als Broschüre ausgedruckt werden (Broschüre – beide Seiten – alle Seiten – Bindung links – Querformat). Die Seiten werden dabei automatisch auf A5-Format verkleinert, Vorder- und Rückseiten in der richtigen Reihenfolge bedruckt. Weil Drucker und Kopierer hier unterschiedliche Routinen haben, sollte man erst einen Probedurchlauf machen.

Schwieriger, aber auch viel interessanter (ein Abenteuer!) wird es, wenn man – mit einer Schülergruppe – die Seiten in der Schule selbst druckt und die Kopien zu Heften zusammenlegt. Dazu kopiert man jede A4-Seite zunächst einmal verkleinert auf das Format A5. Dann fertigt man einen *„Dummy"* des Heftes an: Man nimmt für je 4 der A5-Seiten ein A4-Blatt, legt die Blätter zusammen, faltet sie in der Mitte (quer). Jede Seite wird jetzt fortlaufend in der Mitte mit Bleistift nummeriert. So erhält man das „Ausschießmuster" **(Abb. 9)**.

Dann klebt man die entsprechenden Gedichtseiten auf die jeweilige Dummy-Seite des Ausschießmusters und hat nun die Grundausgabe der Gedichtbroschüre. Jetzt müssen die einzelnen Seiten (Vorder- und Rückseite) kopiert werden, dann werden sie zusammenge-

Ein „Dummy“ für das Ausschießmuster

(16 Seiten, Vorder- und Rückseite, für den Druck von Einzelseiten)

- DIN-A4-Seiten auf DIN-A5 verkleinert ausdrucken
- jeweils zwei zusammengehörende Seiten nach Muster auf eine DIN-A4 Seite kleben
- Seiten kopieren, im zweiten Vorgang die Rückseiten kopieren
- wenn alle Seiten gedruckt sind: zusammentragen und heften

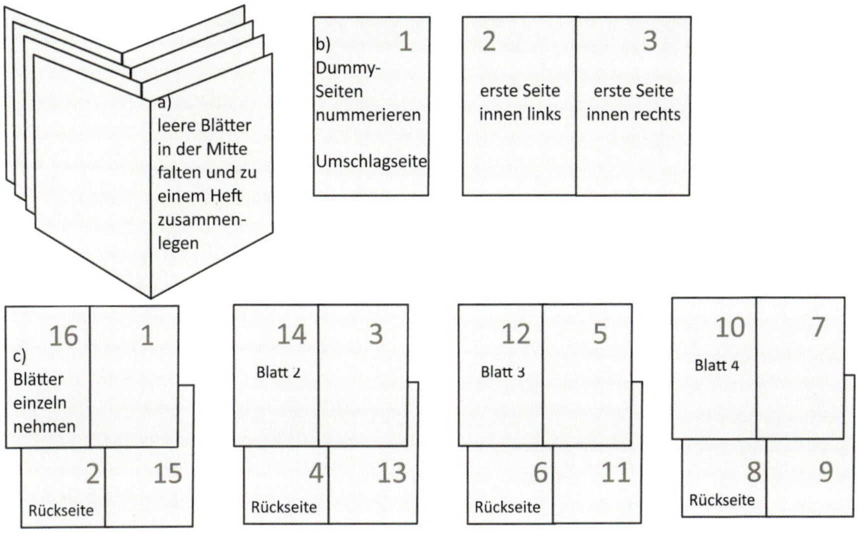

oder direkt im Druckerbefehl:

- die Seiten in dieser Reihenfolge bei „Seitenbereich“ eingeben Seitenzahlen mit Komma trennen
- beidseitig drucken, Option: Kurzer Rand (Umdrehen)
- 2 Seiten pro Blatt
- links nach rechts

Für die Berechnung der Reihenfolge der Seiten gilt: Bei Gesamtseitenzahl = n:
n, 1, 2, n-1, n-2, 3, 4, n-3, n-4, 5, 6, n-5, n-6, 7, 8, n-7, n-8, 9, 10, n-9, n-10, 11, 12, n-11 …

9 | Ausschießmuster für Broschüren

legt, in der Mitte gefalzt. Wie gesagt: etwas schwieriger, aber ein echtes Abenteuer.

Eine interessante Erweiterung des Projekts bietet sich an, wenn für den Druck des Bandes (vor allem für dessen Umschlag) Blätter verwendet werden, die von der Klasse vorher im Materialdruck erstellt wurden (→ Kap. 1.2).

Was die Bindung des Heftes angeht: Moderne Kopierer können das schon während des Druckvorgangs erledigen (sie schaffen 12–14 Blätter, also maximal 56 „Buchseiten“). Bei bis zu 36 Heftseiten (= 9 Papierbögen) kann man versuchen, das Heft 1- oder 2-mal auf der Mittellinie zu klammern (manchmal hat das Sekretariat für solche Zwecke einen gro-

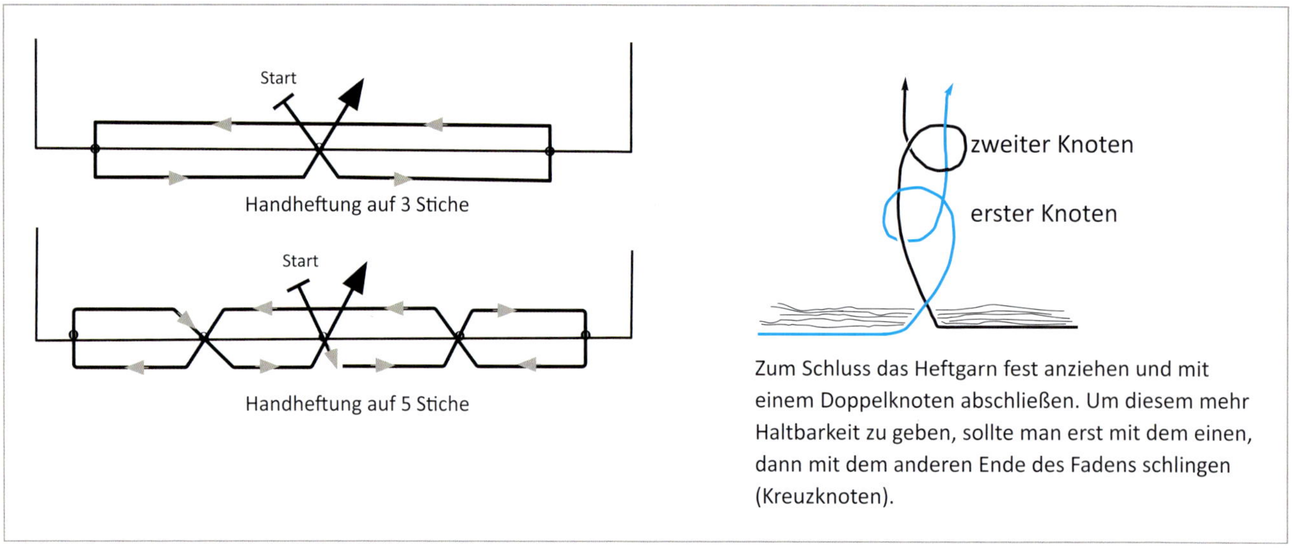

10 | Gedichtbroschüre binden als Schulheft (Rückenstichheftung) (nach: Karstedt 2001, S. 23)

ßen Heftapparat – und leiht ihn auch aus, wenn man ihn immer wieder heil zurückbringt). Wenn das nicht geht, bleibt aber die Schulheft-Bindung (Rückenstichheftung) vgl. **(Abb. 10)**. Dazu braucht man eine Nadel, einen stabilen Baumwollfaden – und wenn möglich eine Ahle, mit der man die 3 bzw. 5 Löcher in der Falz vorstechen kann. Zuerst werden alle Blätter in der Mitte gefalzt und ineinandergelegt. Dann sticht man die 3 bzw. 5 Löcher mit der Ahle vor: Schafft man das nicht auf einmal, legt man sich ein Vorlageblatt mit Markierungen an und sticht dann immer 2–3 Blätter. Am besten legt man die Blätter mit der Falz an eine Tischkante oder in eine „Binde-Lade" **(Abb. 11)** und sticht mit der Ahle in einem Winkel von ca. 45° ins Papier. Dann fädelt man den Faden durch die 3 (bzw. 5) Löcher und verknotet sie.

11 |
Sehr praktisch bei der Schulheftbindung ist eine „Binde-Lade".
Hier können mehrere Bögen in einem Arbeitsgang präzise mit der Ahle vorgestochen werden.

Der **neunte Schritt** bei der Arbeit mit Gedichtheften wird häufig etwas vernachlässigt, weil man froh ist, endlich die Produktion geschafft zu haben: Die Jugendlichen haben ihre Hefte in den Händen, freuen sich, zeigen sie herum – und das war es dann? Dafür die ganze Mühe?

Natürlich muss das Gedichtheft noch präsentiert werden: Denn die jungen Autoren brauchen Reaktionen und Rückmeldungen auf ihre Texte und die Gestaltung des Heftes, damit sie ihre Erfahrungen sichern und auch stolz auf sich sein können. Besonders wirksam ist eine Präsentation, die über die eigene Klasse hinausgeht, z. B. die Vorstellung des Heftes bei einer anderen Klasse, bei einem Tag der offenen Tür oder – sehr aufregend und höchst erfolgreich – eine Vorstellung der Texte beim Elternabend. Einige Jugendliche lesen dabei kurz aus ihren Texten, schildern den Arbeitsprozess und berichten von ihren Erfahrungen. Mitschüler und Eltern sind meist überrascht, wie präzise und klar die Jugendlichen das Verhältnis „Ich – du – wir" sehen, wie sie sich z. B. in einem Akrostichon beschreiben (Abb. 12).

12 | Schülerarbeit 2012 – Förderkurs Deutsch

Unterstützend wirkt bei Präsentationen, in denen die Texte typografisch oder mit Illustrationen gestaltet wurden, wenn die Texte an die Wand projiziert werden können (Smartboard, OHP).

Erfahrungsschatzkiste

Die Arbeit mit dem Gedichtheft in der Jahrgangsstufe 5 ist für die Schülerinnen und Schüler oft die erste Erfahrung mit einer Druckproduktion. Wie ein Heft (24 – 48 Seiten) erstellt wird, ist für sie noch schwer vorstellbar. Die Spannung für das Heft-Projekt hält meist gut 2 bis 3 Wochen, danach nimmt sie ab, auch weil andere Aufgaben sich vordrängen. Es ist deshalb wichtig, möglichst schnell zu einem fertigen Produkt zu kommen und auch Nicht-Perfektion zuzulassen. Dies wird erleichtert durch Konzentration auf die Kernpunkte: Erfahrung im spielerischen Umgang mit Wörtern und Texten schaffen, experimentell kurze Texte zu einem Thema schreiben und den Prozess der technischen Erstellung in seinen Grundzügen kennenlernen.
Damit der Schritt von der Fertigstellung des Textes hin zum fertigen Heft möglichst schnell geht, sollten Lehrpersonen wesentliche Aufgaben übernehmen (Kopieren, Heften). Am fertigen Produkt kann dann der Herstellungsprozess der Klasse erläutert werden. So ist beispielsweise die Anordnung der Druckseiten für die Heftkopien für die Jugendlichen interessant, in der Regel aber nicht sofort anwendbar.
Nach dem Einstieg in die Druck-Welt in der Jahrgangsstufe 5 kann man dann in der 7. und 8. Klasse gezielt an Typografie, Textgestaltung, Druck und Bindung arbeiten und dabei wieder auf das erste Projekt in der 5. Klasse zurückkommen.

Ein wesentlicher Aspekt für den Erfolg der Unterrichtsreihe ist die Wertschätzung des erstellten Produkts:
Ihm muss Aufmerksamkeit und Beachtung geschenkt werden, vor allem durch Rückmeldung von anderen Jugendlichen und von Erwachsenen. Zur Wertschätzung gehört auch, dass immer zwei Exemplare des Heftes an die Schulleitung bzw. Schulbibliothek gehen und dort archiviert werden. So kann man sie bei Abschlussfeiern wieder hervorholen oder bei Klassentreffen nicht nur in alten Zeugnissen schmökern, sondern auch in den persönlichen Gedichtheften.

1.2 Materialdruck als Druckfond

ab Klasse 5	
Fächer	Deutsch, Kunst, Werken
Zeitbedarf	1–3 Unterrichtsstunden
Differenzierung	je nach Material und Entwurf
Material	alle Materialen, die als Druckstock dienen können: Stoffe, Netze, Wellpappe, Spitzen, Tortendeckchen, Folien, Luftpolsterfolie, Gemüsenetze, Korkplatten, geknülltes Papier, Blätter, Gräser, Pappringe, Holzstücke, Gummiringe usw. DIN-A4-Unterlagen (Holz, Pappe, Plexiglas) und Papierbogen (300 St.); Walzen, Wasserfarben, wasserlösliche Druckfarben, Sprayflasche mit Wasser – und: Arbeitskleidung
Produkt	Materialdrucke A4, die z. B. als Druckfonds für das Gedichtheft verwendet werden können
technische und räumliche Anforderungen	Klassenraum, Kunstraum
Ziele/Kompetenzen	▪ Strukturen für einen Druck experimentell erproben ▪ Strukturen nach Merkmalen ordnen und anwenden ▪ Zuordnen von Strukturen zu einer Komposition ▪ Erfahrungen über den Arbeitsprozess des Druckens einbringen

Der Materialdruck ist für die meisten Schülerinnen und Schüler das Eingangstor in die Welt des Druckens: Bereits im Kindergarten haben sie Hände, Blätter oder Objekte auf Papiere „abgeklatscht", in der Grundschule wurde dieses Vorgehen strukturierter angelegt und mit bestimmten Formen, Ornamenten oder Gegenständen kombiniert und „gedruckt". Diese Erfahrung kann in dieser kurzen Unterrichtssequenz leicht aufgegriffen und zielgerichtet weiterentwickelt werden: Wenn die ersten Entwürfe für das Gedichtheft vorliegen, kann man mit der Klasse überlegen, ob bei einigen Seiten (Umschlagseite) der Hintergrund (Fond) farbig gestaltet werden sollte – und zwar so, dass jede Seite ein Original ist und somit jedes einzelne gedruckte Heft auch zu einem Originalheft wird. Mithilfe der Technik des Materialdrucks lässt sich das in folgenden Schritten schnell und einfach schaffen (ausführlich → Kap. 2.8):

Erster Schritt: Vereinbaren der Grundsätze: Welche Seiten wollen wir farbig gestalten? Welche Farben sollen wir im Verhältnis zur Druckfarbe Schwarz des Textes verwenden (kontrastreich, kontrastarm)? Welche Strukturen/Muster wären besonders als Druckfond geeignet (regelmäßig, unregelmäßig, klein, groß)?

Zweiter Schritt: Erstellung der Grundlage für den Materialdruck: drei Alternativen:

- auftupfen, stempeln, abklatschen der Muster und Materialien (am besten mit wasserlöslicher Farbe, evtl. auch Wasserfarbe (ergibt häufig blasse Farben) auf einer glatten A4-Platte, ggf. die Platte leicht mit Wasserspray befeuchten und dann das A4-Papier auflegen und leicht überwalzen, sodass die Farbe sich überträgt. Papier vorsichtig abziehen.
- A4-Unterlage mit Material überziehen (Stoff, Alufolie, Kunststoff- oder Luftpolsterfolie, geknülltem Papier). Dann das Material mit Farbe einwalzen, A4-Papier auflegen und abreiben, je nach Material mit geringem oder hohem Druck.
- eingefärbte Objekte auf die Blätter abklatschen.

Sehr interessant und noch ungewohnt für Schülerinnen und Schüler sind Materialdrucke von technischen Verpackungsmaterialien (Luftpolsterfolie u. Ä.) und bisher noch nicht erprobten Materialien (z. B. ausgebürstete Holzbretter, Gemüsenetze, Alufolie).

13 | Materialdruck (mit Schlamm von einer Polsterfolie) als Druckfond (Schülerarbeit, 5. Klasse)

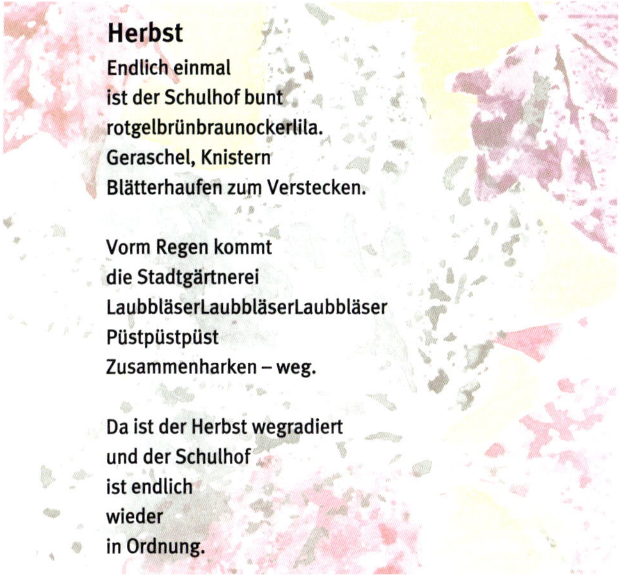

14 | Materialdruck (mit Wasserfarbe von Blättern) als Druckfond für (Schülerarbeit, 6. Klasse)

Dritter Schritt: Auswahl der Blätter für den Druck: Nicht alle Blätter werden für den Druck geeignet sein. Deshalb sollte man in der Klasse gemeinsam Kriterien für die Auswahl entwickeln (Farbigkeit, Kontrast, Passung zum Inhalt/Heft). Nach der Auswahl müssen die Blätter mehrere Tage lang glattgepresst werden, damit sie beim Kopierdruck verwendet werden können.

Vierter Schritt: Beim Kopieren der Texte auf die Materialdrucke ist besondere Sorgfalt geboten, sie können in der Regel *nicht* einfach in einen Papierschacht des Kopierers gelegt werden, sondern müssen über den Einzelblatteinzug angelegt werden (am besten einzeln). Wenn die Einstellung einer Papiersorte/der Grammatur (Papiergewicht) möglich ist, sollte bei einem 80 g/m²-Papier hier die Einstellung: 100 g/m² gewählt werden. (Probedrucke durchführen). Problematisch sind Materialdrucke mit dickem Farbauftrag, Acrylfarben oder wärmeempfindlichen Farben.

Erfahrungsschatzkiste

Beim Gedichtheft Materialdrucke zu verwenden, erhöht den Reiz der Arbeit für die Schülerinnen und Schüler enorm: Sie können experimentieren, finden spielerisch wieder zum Drucken zurück und bauen ein Text-Bild-Verständnis auf (passende/nicht passende Materialdrucke), ohne dass es zu langwierigen Entwicklungsarbeiten kommen muss. Je spielerischer diese kleine Unterrichtssequenz angelegt wird, umso mehr überträgt sich die Offenheit und Freude dann auf die Einschätzung der Arbeit am Heft insgesamt.
Zwei wichtige handwerkliche Schritte müssen aber immer von der Lehrperson geleistet werden: das Pressen der Materialdrucke, damit sie plan durch den Kopierer laufen können, und das Kopieren selbst, damit es nicht zu Beschädigungen der Kopierer kommt. Hier lohnt es sich, das Kopieren in einem Copy-Shop zu erledigen: Die Besitzer kennen sich mit ihren Maschinen aus, können bei Schwierigkeiten helfen – und es gibt eine Garantie, dass kein Kollege sich beschwert, dass der Kopierer durch kreative Experimente lahmgelegt wurde ...

1.3 Schrift entdecken – Gedichte verstecken

ab Klasse 5	
Fächer	Deutsch, Kunst, Werken; andere Fächer nach Thema
Zeitbedarf	ca. 4–6 Unterrichtsstunden
Differenzierung	durch Gruppenzusammensetzung, Umfang des Auftrags, Differenzierung nach Textschwierigkeiten und -komplexität
Material	Plakatpapier/Flipcharts, Kopien, Filzstifte, Präsentationsmaterial
Produkt	Textplakate, Poster, Präsentationen im öffentlichen Raum
technische und räumliche Anforderungen	Klassen- oder Kunstraum und Schule
Ziele/Kompetenzen	▪ Schrift und typografische Elementen in der Umwelt finden und deren Wirkung untersuchen ▪ einen richtigen Ort für eigene Texte und Hinweise finden, Wirkung von Geschriebenem in der Öffentlichkeit beobachten, Rückmeldung zur eigenen Arbeit einholen

In der Umwelt der Schülerinnen und Schüler ist Schrift allgegenwärtig: auf Hinweisen, Schildern, Reklame-Installationen, Objekten, in Büchern und Ankündigungen. Was sich in einer Schule an Geschriebenem oder Gedruckten finden lässt, ist für die Schülerinnen und Schüler nicht einmal ansatzweise überschaubar. Selbst in eigenen Arbeiten wird Schrift meist nicht genau wahrgenommen oder bewusst gestaltet (→ Kap. 1.4). Diese kurze Unterrichtsreihe soll Klassen anregen, Schrift und Gedrucktes in ihren Räumen zu entdecken und zu untersuchen, um dann selbst eigene Schrift- oder Druckprodukte zu gestalten und in Räumen der Schule wirkungsvoll zu platzieren.

Erster Schritt: Zwei Ausgangspunkte bieten sich für die Unterrichtsreihe an, um Schülerinnen und Schüler für Schrift in ihrer Umgebung zu sensibilisieren:

- Buchstaben-Rallye in der Schule: Die Schülerinnen und Schüler suchen und dokumentieren in Gruppen alles, was sie in einem bestimmten Bereich der Schule an Schrift und Gedrucktem gefunden haben (Arbeitsblatt mit Tabelle vorbereiten: Ort – Inhalt/Absicht/Ziel) – oder sie suchen spezifisch nach verborgenen oder heimlichen Zeichen, Inschriften in der Schule.
- „Bild- und Typo-Detox": Wie wäre es, in einer Welt ohne Zeichen und Schrift zu leben? Dieser Frage können sich die Schülerinnen und Schüler mit einer der drei folgenden Übungen nähern:
  - Veränderung einer fotografischen Vorlage, z. B. Foto aus der Fußgängerzone **(Abb. 15)**.
  - Aktion in Klassen- oder Schulraum: alle Schriftprodukte entfernen oder überdecken.
  - Fantasiereise/freies Schreiben (z. B. im Deutschunterricht): Wie wäre es, wenn unsere Welt ohne Schriftzeichen und Symbole wäre?

Fast immer fühlen sich Schülerinnen und Schüler bei diesen (Gedanken-)Experimenten zuerst erleichtert und befreit von Aufdringlichem, Unwichtigem. Diese Haltung verändert sich schlagartig, wenn sie sich vorstellen sollen, dass dieser schriftlose Zustand für einige Monate so bleiben soll. Oft geben sie dann an, sie würden bestimmt bald anfangen, etwas in die Wand zu ritzen oder nach geheimen Botschaften im Wandputz zu suchen: „Das wäre für mich so, als würde ich in einer Gefängniszelle sitzen."

Zweiter Schritt: Dieser Arbeitsschritt greift die durch Übungen des ersten Schritts offengelegte Spannung zwischen Überfluss und Mangel an Schrift, Zeichen und Gedrucktem auf und führt dazu ein Experiment in der Schule durch. In ihm geht es darum, *wie und wo* Geschriebenes so in der Öffentlichkeit platziert wer-

15 |
Auftrag für ein Typo-Detox: Entferne alle Schriften und Zeichen!

den kann, dass es nicht als Überfluss empfunden wird, sondern auf Interesse und Nachfrage stößt. Das Experiment läuft wie folgt ab:

- Die Klasse wählt ca. 10 Gedichte (aus dem Deutschbuch) oder Song-Lyrics aus, mit denen sie sich identifizieren kann: Diese Texte sagen etwas darüber, was wir denken, wie wir uns fühlen ... Noch besser wären natürlich eigene Texte der Schülerinnen und Schüler.
- Jeder Text wird auf 3 Plakate oder Flipcharts geschrieben oder kopiert (→ Kap. 1.9). Jeweils 2 Plakate von jedem Gedicht werden an ungewohnten Orten platziert (z. B. auf den Schulhof angeklebt, in der Sporthalle, im Toilettenraum, an Außenwänden, vor dem Lehrerzimmer), eins an einen dafür üblichen Ort (z. B. Schwarzes Brett, Präsentationswand). Neben jedem Textplakat soll ein DIN-A3-Blatt aufgehängt werden (mit einer Bleistifttasche): „Deine Meinung – wie findest du den Text?" In zwei (oder mehr) Pausen beobachtet dann die Klasse, ob und wie ihre Mitschüler auf die Textplakate reagieren (Arbeitsblatt mit Tabelle vorbereiten: Ort – Wer interessiert sich? – Wie ist die Reaktion auf das Plakat?).
- Das Experiment lässt sich noch variieren bzw. erweitern, wenn durch Zeichen oder Informationsmaterial auf die Textplakate hingewiesen wird.

Dritter Schritt: Zum Abschluss wertet die Klasse ihre Beobachtungen aus: Welche Gemeinsamkeiten und Unterschiede traten bei den Beobachtungen auf? An welchen Orten wurden die Textplakate (nicht) beachtet? Welche Texte und Orte passten am besten zusammen?

Vielleicht ergibt sich aus diesem Experiment auch eine Konsequenz: In bestimmten Abständen (14-tägig, monatlich) wird von der Klasse ein Gedicht in der Schule „versteckt", die Reaktionen darauf in einem Logbuch festgehalten.

Achtung!
Mögliche Einwände gegen dieses Projekt kommen manchmal wegen der Brandvorschriften, wenn in Fluchtwegen keine Plakate an Wänden aufgehängt werden dürfen, oder weil es in der Schule Ordnungsvorgaben gibt. Beides lässt sich regeln: Zum einen gibt es Brandschutz-Bilderrahmen oder Bereiche außerhalb der Fluchtwege, zum anderen lassen sich Ordnungsvorgaben auch ändern, wenn es um gestaltete Projektergebnisse geht.

1.4 Wandzeitungen produzieren, die man lesen kann – und will ...

ab Klasse 6	
Fächer	möglich in allen Fächern im Rahmen einer Unterrichtsreihe, in der eine Wandzeitung produziert werden soll. Auf der Klassenkonferenz kurz absprechen, in welchem Fach die Unterrichtssequenz durchgeführt werden soll Klassenrat-Zeitung durch Klassenlehrkraft (in Absprache mit Klassenkonferenz)
Zeitbedarf	2–4 Unterrichtsstunden
Differenzierung	arbeitsteilige Mitwirkung der gesamten Klasse
Material	Entwurfs-Papier; Paketpapier, Filzstifte (2–6 mm), verschiedenfarbige Karten, Hinweispfeile, grafische Elemente, Klebstoff, Kopien
Produkt	Wandzeitung in der Klasse
technische und räumliche Anforderungen	alle Klassen; Reservierung einer Hängefläche; Klärung von Verantwortlichkeit für Betreuung von Präsentationen
Ziele/Kompetenzen	▪ Methoden- und Selbstkompetenz: Darstellungen und Meinungsäußerungen eigenständig präsentieren, inhaltliche und formale Merkmale einer guten Präsentation kennen, Zusammenhänge strukturieren und darstellen, Problemstellungen benennen ▪ Präsentation von Arbeitsergebnissen; Dokumentation und Reflexion des Unterrichts; Soziale Kompetenzen: Kooperative Arbeits- und Lernprozesse

Wandzeitungen sind etwas anderes als nur eine auf die Wand aufgeklebte Sammlung von Zetteln, Postern und Plakaten. Vielmehr sind sie eine *zusammenhängend gestaltete Präsentationsfläche*, oft auf Packpapier (Natronpapier, braun, bis zu 100 cm breit, ab 10 m lang, am besten mit einer Grammatur von mehr als 70 g/m²) montiert.

Schon in der Antike gab es Wand-„Zeitungen“, als Menschen Symbole, Zeichnungen und Informationen an Wänden hinterlassen haben (**Abb. 16**) in der jüngeren Geschichte wurden sie u. a. in der Zeit des Nationalsozialismus („Parole der Woche“), während der Russischen Revolution und der Chinesischen Kulturrevolution eingesetzt. Eine Rolle spielten sie auch in Schulen und Betrieben der DDR oder in der Protestbewegung 1989 in China („Mauer der Demokratie“ in Peking). Wandzeitungen als Mittel politischer Agitation und Gegeninformation sind ein interessantes Thema im Geschichts- oder Politikunterricht (Jörg 1999), hier können die Aspekte von Gegeninformation bzw. Meinungsmanipulation anschaulich aufgegriffen werden.

Auf diese Tradition gehen heute zwei in der Schule gebräuchliche Typen von Wandzeitungen zurück:

- *Informations- und Ergebniswand:* Hier dienen die Wandzeitungen der Information über bestimmte Inhalte und Themen sowie der Dokumentation und des Abschlusses von Arbeitsprozessen. Zwei Ordnungsprinzipien sind vorherrschend: Entweder ist die Wandzeitung thematisch gegliedert (in Ober- und Unterpunkte) oder sie wird chronologisch angelegt (Zeitstrahl, Ablauf des Arbeitsprozesses).
- *Wandzeitung für den Klassenrat, Ideen- und Meinungswand* (**Abb. 17**): Die zweite Form der Wandzeitung geht zurück auf den französischen Pädagogen Célestin Freinet, der als Lehrer nicht nur mit der Druckpresse (Andruckpresse/Nudel) im Unterricht arbeitete, freie Texte der Schülerinnen und Schüler als Lesebuch nutzte, sondern der 1924 auch eine interessante Form der Klassenzeitung entwickelte. Diese Wandzeitung – eine große Stellwand oder eine mit Packpapier beklebte Wand – sollte das soziale und schulische Geschehen der Klasse festhalten und es zur Diskussion stellen. Die Wandzeitung und die Diskussion über die Einträge sollten für ein lebendiges und engagiertes Miteinander der Schülerinnen und Schüler sorgen und ihnen Selbstverantwortung geben.

16 | Antike Wandinschrift in griechischen Schriftzeichen

Am letzten Tag der Schulwoche wurden die Eintragungen der Wandzeitung im Klassenrat besprochen und der Unterricht für die kommende Woche geplant.

In etwas anderer Form dienen Meinungs- oder Ideenwände dazu, das Klassenleben zu verbessern. Hier werden Informationen gesammelt und kommentiert, Ideen vorgeschlagen. Meist sind diese Wandzeitungen klar in die Bereiche Info – Meinung – Ideen unterteilt.

Schließlich gibt es noch die Form der Klassen-Wandzeitung als eine Form der *Schülerzeitung*, in der über interessante Themen berichtet wird. Meist stammen die Einträge direkt aus dem Unterricht.

Für alle Wandzeitungen (eingeschränkt für die Klassenrat-Wandzeitung) gelten die gleichen Gestaltungshinweise wie bei den Lernplakaten und -postern (siehe dazu das Lernplakat zu den Postern/Plakaten, **Abb. 58**). Entscheidend für die Wirkung einer Wandzeitung ist ihr Gesamteindruck: Sind die Elemente der Zeitung aufeinander abgestimmt, stehen sie in einer nachvollziehbaren Ordnung zueinander? Wird Aufmerksamkeit geweckt und wird der Blick des Zuschauers/Lesers durch die Wandzeitung hindurchgeführt – oder irrt man zwischen einem Vielerlei an Informationen herum?

Als „goldene Regeln" für die **Gestaltung einer Wandzeitung** kann man in den Jahrgangsstufen 5 und 6 zusammenfassen:

- *Kurz und knapp – und kein Papperlapapp!* Variation des amerikanischen KISS-Prinzips: Keep it short and simple. Pro DIN-A4-Fläche nur 1–2 neue Informationen.
- *Schau mich an!* Das Thema der Wandzeitung muss von Weitem erkennbar sein (5 m) durch *eine* Überschrift oder *ein* Bild. Überschrift und Bild sollen bei Mitschülern Interesse wecken, die Wandzeitung ernst zu nehmen und zu lesen.
- *Lies mich!* Den Blick führen, das Interesse ansprechen. Die Wandzeitung muss von 1 m Abstand lesbar sein (nicht mehr als 200 Zeichen auf einer A4-Fläche). Sie sollte in Abschnitte unterteilt sein (bei Ergebnissen und Präsentationen die wichtigsten Punkte, bei der Klassenrat-Wandzeitung die Rub-

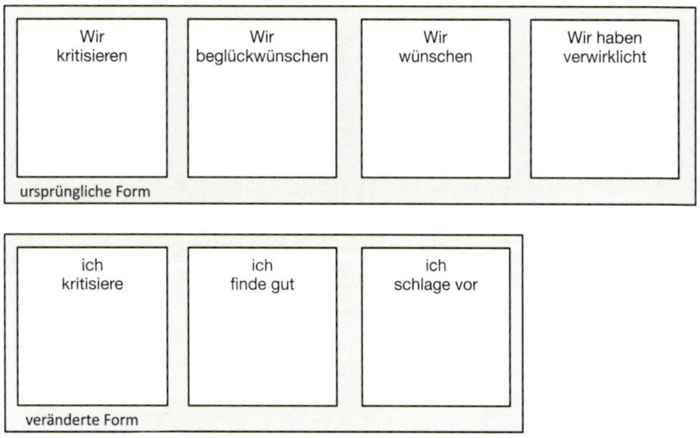

17 | Klassenrat-Wandzeitung in der Freinet-Pädagogik

riken). Grenzzieher (Linien und Farben) und Verbinder (Pfeile, Verbindungslinien) führen den Blick.

- *Weniger Effekte sind mehr!* Mit nur wenigen Mitteln betonen, was wichtig ist: Farben, Kontraste, Schriftgröße. Unterstreichungen sind schwer zu erkennen. Je mehr Effekte auf einer Wandzeitung, umso größer die Unsicherheit der Leser.
- *Frag mich/beteilige dich!* Adressaten ansprechen, Absender zeigen! Angeben, für wen die Wandzeitung ist und von wem sie erstellt wurde. Fragen stellen, Probleme aufwerfen, Meinung sagen – und dann Platz geben für Kommentare und Meinungen.
- *Gib Weiß eine Chance!* Schrift und Bild brauchen Platz, um sich entfalten zu können. Freiflächen und Weiß helfen die Wandzeitung zu gliedern und sorgen für Aufmerksamkeit.

Wandzeitungen benötigen also ein klares Gesamtlayout mit Überschriften, Einteilungen für Bereiche oder Hinweisen (z. B. mit Zeitstrahl) zum Verlauf. In der Skizze in **Abb. 18** ist das Layoutraster schon übersichtlich angelegt, allerdings gibt es noch Verbesserungsbedarf bei der Schriftgestaltung, der Textmenge und der Möglichkeit, Kommentare und Feedback zu geben. Bei der Ideen-Wandzeitung über Buchdruck **(Abb. 19)** sind Layout und Schriftgestaltung übersichtlich angelegt, der Titel oben und die Schmuckelemente wecken Aufmerksamkeit.

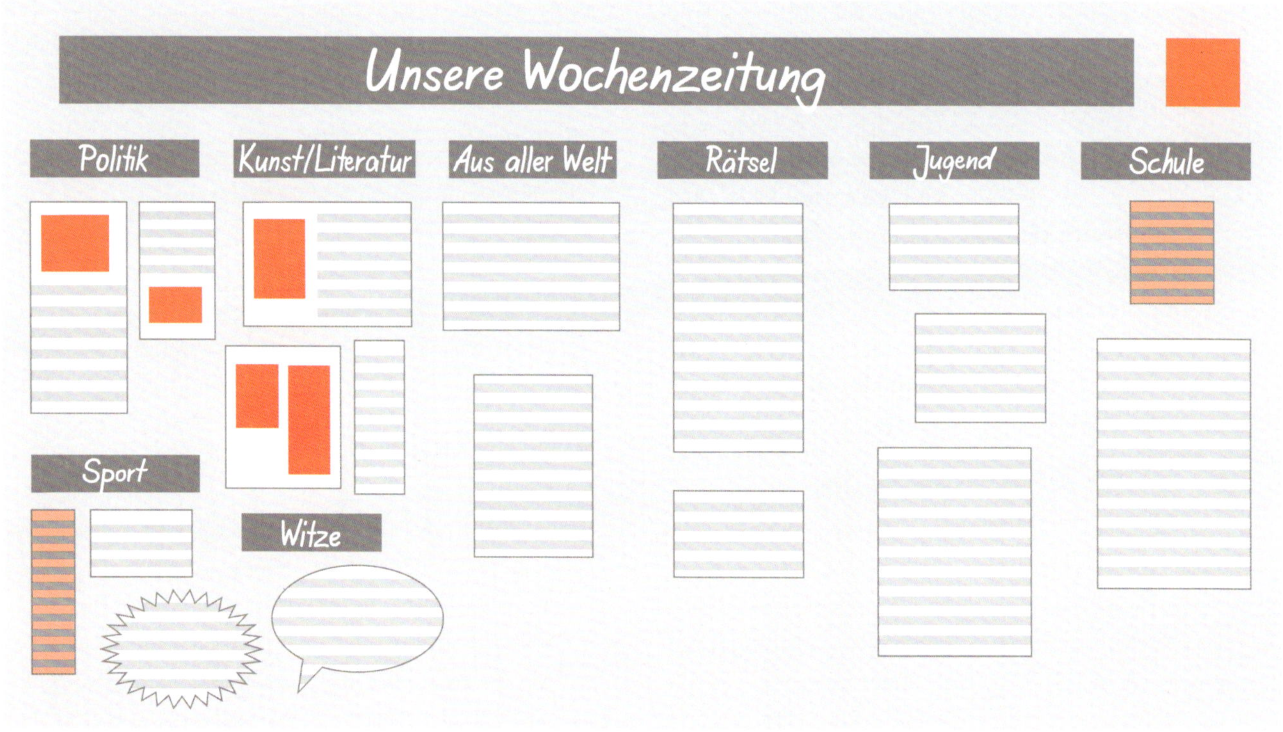

18 | Wochenzeitung einer Klasse

19 | Wandzeitung zum Thema Buchdruck

Erfahrungsschatzkiste

Die Bedeutung dieser kurzen Unterrichtssequenz für die weitere Arbeit der Jugendlichen und in den Klassen wird fast immer unterschätzt. Weil Schülerinnen und Schüler täglich ihre Wandzeitungen anschauen, werden die dort intuitiv verwendeten Gestaltungsprinzipien häufig zur Normalität oder Routine. Deshalb macht es Sinn, die Rahmenbedingungen für die Gestaltung von Wandzeitungen ausführlich zu thematisieren und Beispiele für gelungene Praxis hervorzuheben. Es erleichtert auch die Arbeit der Schülerinnen und Schülern, wenn sie sich an Kriterien orientieren können und nicht darüber rätseln müssen, welche Art von Wandzeitung sie nun erstellen sollen.

Regelmäßig wird bei der Arbeit mit Wandzeitungen außer Acht gelassen, dass dafür Verantwortlichkeit und Betreuung klar geregelt werden müssen: Wer in der Klasse sorgt dafür, dass die Wandzeitung immer gut befestigt hängt, dass alle Elemente darauf noch haften? Wann soll sie denn spätestens abgehängt werden? (Ausführlich: Kap. 1.9.)

- Als Daumenregel gilt, dass nach zwei Wochen die Wandzeitung bei den Schülerinnen und Schülern kaum noch Aufmerksamkeit erregt. Besser ist es, sie dann abzunehmen und für freie Flächen in der Klasse zu sorgen.
- Problematisch ist, wenn Wandzeitungen kommentarlos (gar am Ende des Schuljahres durchs Reinigungspersonal) einfach „entsorgt werden": Die Klasse erfährt hier exemplarisch, dass ihre Arbeitsergebnisse nicht wertgeschätzt werden.
- Bestimmt man bereits beim Aufhängen der Wandzeitung die Dauer der Ausstellung (Wie lange brauchen wir die Wandzeitung? Wem wollen wir sie unbedingt zeigen – z.B. Elternabend?), dann ist das für die Klasse gut geregelt.

1.5 Gespräche und Geschichten stempeln: Emoticons, Emojis

vorzugweise Klasse 5–6	
Fächer	Deutsch, Fremdsprachen, Kunst, Politik
Zeitbedarf	ca. 6–8 Unterrichtsstunden
Differenzierung	durch individualisierende Aufgabenstellung und Arbeitsformen; Differenzierungsangebot für Schülerinnen und Schüler, die nicht gleichzeitig drucken können
Material	1 Arbeitsblatt (karierte Zeichenvorlage, s. u.), Plakatkarton für Präsentation weiterhin je nach gewählter Technik: ▪ Moosgummidruck/Pappdruck: Moosgummi oder Pappe (mehr als 2 mm stark), Schere, Cutter, Holzklötze (mindestens 10 × 10 cm; oder besser: plane Gläserdeckel), Klebstoff/Leim, Glasplatte/Plexiglasplatte, Farbwalze, Pinsel, Linol- oder Dispersionsfarben ▪ Kartoffeldruck: feste, große Kartoffeln, Messer oder Cutter, Farbwalze und/oder Pinsel, Linol-, Dispersions- oder (am besten) Wasserfarben ▪ Schablonendruck: dünner Karton oder Pappe, Schneideunterlage, Klebeband, Schere, Cutter, Glasplatte/Plexiglasplatte, Linol- oder Dispersionsfarben (Sicherheitshinweise beachten) ▪ evtl. Bierdeckel, Ø 107 mm oder quadratisch 10 × 10 cm, als Stempelform bzw. Druckobjekt (Kosten für 100 unbedruckte Deckel ca. 7 €)
Produkt	persönlich gestaltete Zeichenstempel oder -schablonen (in beliebiger Größe) für Brief- oder Plakatdruck
technische und räumliche Anforderungen	kann leicht im Klassenzimmer durchgeführt werden (bei Verwendung von Klebstoff auf Lüftung achten); Folien/Tischdecken für Abdeckung der Schülertische; Wäscheleine spannen (Trocknung der Bilder); Wäscheklammern
Ziele/Kompetenzen	▪ z. B. experimentelle Verfahren und grafische Mittel (Linien, Muster) sachgerecht einsetzen ▪ Begriffszeichen (Ideogramme) als Mittel privater und öffentlicher Verständigung verstehen und verwenden (mit Medien umgehen, jugendspezifische Texte schreiben) ▪ grafische Zeichen ausformen und Bildzeichen erfinden, Bilder und Bildelemente deuten und neuordnen ▪ sinnliche Erfahrungen, Vorstellungen und Fantasien produktiv zum Ausdruck bringen ▪ jüngere Sprachgeschichte kennen ▪ produktionsorientiert mit Texten umgehen (Plakate, Poesie, mediale Präsentation) ▪ kurze literarische Texte oder Dialoge mit Begriffszeichen gestalten ▪ Stempel selber herstellen, Bildfläche aufteilen, mit Negativformen arbeiten, Formen kombinatorisch ordnen, Hochdrucktechnik anwenden

Je nach Standpunkt und Geschmack kann man es unterschiedlich sehen: Die Seuche oder das Goldene Zeitalter der Emoticons und Emojis begann am 19. September 1982 um 11:44 Uhr (Fahlmann 1982), als der Informatiker Scott Fahlmann nach einer Möglichkeit suchte, Humor in die digitale Schriftkommunikation zu bringen (Engling/von Hertzberg u. a. 2016). (Allerdings hatte es in früheren Jahrhunderten in Büchern ab und zu schon Strichmännchengesichter als Setzerscherze gegeben, die aber in Vergessenheit geraten waren.) Fahlmann schlug in einer Mail für den Ausdruck „Freude“ eine Zeichenfolge aus drei Grenzsignalen „:-)“ vor. Die Idee dieser Zeichen wurde in Japan schnell populär, es entstanden daraus die *Kaomojis (Gesichterzeichen)*. So wurde beispielsweise der Ausdruck für *Kaomoji* aus drei Zeichen zusammengesetzt: zwei Akzenten und einem Unterstrich (eigentlich einem Leerzeichen, das nur Abstand schaffen soll) geschrieben: ^_^. Während Kaomojis immer in vertikal (wie die Buchstabenzeichen) angeordnet wurden, sind die dann

Emoji-Typ	Beispiel	Verwendung
Allograph	Oh meine W😶nne! T🎂lle T🎂rten bei Meyer!	Oft in Werbeanzeigen als Blickfänger. Emojis können Buchstaben ersetzen (allerdings keine Akzente). Buchstaben-Emojis stehen dabei eigentlich für bestimmte Ausdrücke (z. B. 🅱 für Blutgruppe B).
Begriffszeichen (ersetzende Funktion)	Ich 😍 Deutschunterricht. Wir kommen mit 🚲!	In alltäglicher Kommunikation als Zeichen oder Hinweis für etwas, das sonst mit einem sprachlichen Ausdruck beschrieben wird. Es lässt sich nicht eindeutig definieren (vor allem kulturübergreifend), wie ein Emoji gemeint ist. Artikel oder Pronomen sind mit Emojis nicht darstellbar.
Signale für Grenzen und Intention	Endlich rufen sie an😊 Ich freue mich auf ihren Besuch😡	Das erste Emoji fungiert hier wie ein Interpunktionszeichen, das zweite illustriert die Nachricht und zeigt an, wie sie verstanden werden soll. Hier wird auch ein Einverständnis mit dem Leser signalisiert.
Marker für Textverständnis	Hallo zusammen 👨‍👩‍👧! 👀 auf, sonst 😭!	Beide Emojis signalisieren in ihrem Kontext, wie die Aufforderung verstanden werden soll: Im ersten Beispiel wird der familiäre Ton bestätigt, im zweiten, einem großen Hinweisschild im Chemie-Raum, geht es ernsthaft um die Einhaltung von Sicherheitsvorschriften.

20 | Typen und Einsatzmöglichkeiten von Emojis und Emoticons

in Europa und Amerika schnell verbreiteten Emoticons horizontal angeordnet; man muss also die Sichtachse um 90° drehen, um sie zu entschlüsseln, z. B. für Traurigsein :(oder für einen dicken Kuss :X. Inzwischen sind diese Zeichenfolgen zu *Emojis (Festzeichen/Ideogramme/Piktogramme)* (vgl. Dürscheid u. Siever, 2017, S. 267 f.) grafisch umgesetzt und automatisiert worden. Viele von ihnen sind in Textverarbeitungsprogrammen fest eingebaut: Schreibt man die Zeichenfolge eines Emoticons, wird sie automatisch in ein Icon bzw. ein Emoji, ein einziges Zeichen umgewandelt, das auch einer bestimmten Tastaturkombination (dem Unicode-Zeichensatz-Code) zugeordnet ist. Im Laufe der letzten beiden Jahrzehnte sind ständig neue Emojis entwickelt worden, auf der Website https://emojipedia.org werden u. a. die Emojis des Unicode-Konsortiums fortlaufend erfasst und erweitert. Sie unterliegen übrigens keinem Copyright, sind also frei verwendbar. Inzwischen sind sie auch direkt über Shortcuts auf der Tastatur direkt auswählbar (Windows: Windows- + Punkt-Taste; MacOS: Ctrl-Befehlstaste-Leertaste).

Welche Emojis am häufigsten benutzt werden (z.B. in Twitter), wird regelmäßig ausgewertet **(Abb. 21)**. Inzwischen sind Emojis Bestandteil unserer täglichen Kommunikation geworden und können zu höchst unterschiedlichen Zwecken eingesetzt werden (Dürscheid u. Siever, 2017, S. 269 f.). Beispiele finden sich in der Tabelle **(Abb. 20)**.

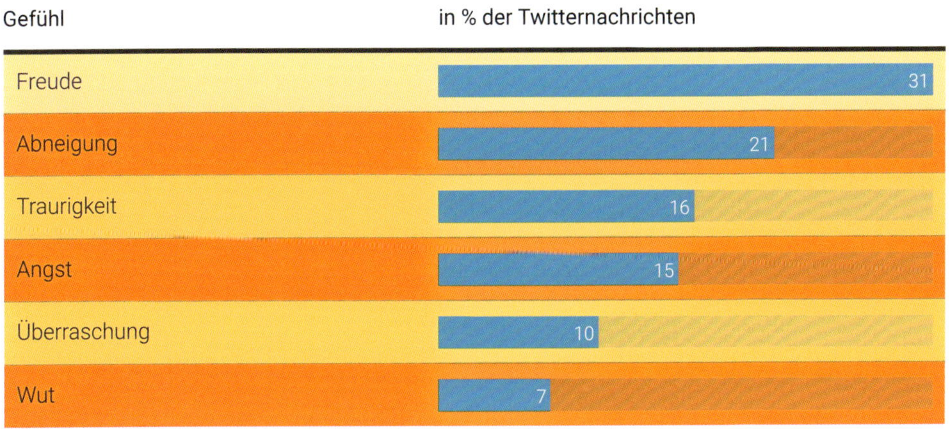

21 |
Emoji-Top-Liste von Twitter (Stand: 1. März 2019)

22 | Märchenrätsel: Rotkäppchen (Schülerarbeit)

23 | Metaphern-Emoji

Emojis sind immer Zeichen *für etwas*, sie sind also keine Schriftzeichen, aus denen man ein Alphabet bilden könnte. (Sie sind etwas anderes als Hieroglyphen, die zwar Bildzeichen verwenden, aber auch Buchstaben – Konsonanten und Konsonantenverbindungen – darstellten.)

Auch wenn Emojis zukünftig die Schriftsprache nicht ersetzen können (weil sie eben keine Schriftzeichen sind), so beeinflussen und verändern sie die schriftliche Kommunikation (wobei die Personengruppe über 35 Jahre z. B. bei WhatsApp mehr Emojis verwendet als jüngere Nutzer; Tschernig/von Hertzberg 2015). Immer wieder gibt es Versuche, Geschichten mit Emojis zu erzählen, Emoji-Rätsel zu stellen. Besonders beliebt sind Emoji-Märchen, weil hier auf einen bekannten Inhalt zurückgegriffen werden kann und die Leerstellen zwischen den Emojis von den Betrachtern leicht ausgefüllt werden können. Emojis werden auch gern verwendet, um Standard-Dialoge (z. B. in der Schule oder in Beziehungen) darzustellen.

An dieser Aktualität von Emojis und an ihrem Charakter als „Begriffszeichen" knüpft die nachfolgend dargestellte Unterrichtsreihe für 5. bis 7. Klassen an. Sie ermöglicht über eine konkrete Gestaltungsaufgabe die bildnerische Umsetzung von Texten und Kommunikationssituationen.

Erster Schritt: Zunächst können die Jugendlichen zum Einstieg in die Unterrichtsreihe ihre eigenen Erfahrungen und Vorstellungen über Emojis (Verwendung, Bedeutung, Wirkung) einbringen und abschließend eine Bewertung mithilfe von Emojis vornehmen: „Ich finde Emojis … (z. B. …)". Möglich ist auch (im Hinblick auf Umgang mit digitalen Medien) eine Diskussion über Verwendung von Emojis in der Klasse **(Abb. 25)**. Sie bietet sich auch am Ende der Unterrichtsreihe an.

Zweiter Schritt: Nun erhalten sie mit Emojis geschriebene „Texte", deren Bedeutung sie entschlüsseln müssen.
1 Metaphern- und Märchenrätsel **(Abb. 22, 23)** lösen und
2 eigene Rätsel entwickeln (ggf. aus reichhaltigem Internet-Angebot recherchieren).

Dritter Schritt: Nun untersuchen die Schülerinnen und Schüler die Gestaltungselemente eines Emojis.

24 | Kleine Emoji-Geschichten

❶ Untersuchung der Gestaltung der Emojis wie 🙂👅🤐☯🔞: Emojis sind fast immer gestaltet als Körperkonzepte (Gesicht, Figur, Hände), Gegenstände, Symbole oder Ge- oder Verbotszeichen. Viele von ihnen sind umschlossen (Kreis, Viereck) und wirken so räumlich, sie sind möglichst einfach und reduziert (mit wenigen Farben) gestaltet (ursprünglich durften sie nur 12 × 12 Pixel groß sein, inzwischen sind es 128 × 128 Pixel).

25 | Welche Emojis fehlen noch? (Schülerarbeit)

❷ Veränderung der Emojis: Welche Elemente eines Emojis sind wesentlich für den gestalterischen Ausdruck – welche machen es zu einem *Festzeichen*? (Dies lässt sich auch mithilfe einer Web-App ausprobieren: https://phlntn.com/emojibuilder/.)

Vierter Schritt: Anschließend setzen die Schülerinnen und Schüler das soeben Gelernte um, indem sie ein neues Emoji erfinden und gestalten.

❶ Skizzieren eines eigenen (neuen) Emojis mit Bleistift auf einer karierten Vorlage:

- Für Moosgummi-, Karton- und Schablonendruck: Maße, wenn Bierdeckel als Druckobjekte verwendet werden sollen: 10,5 × 10,5 cm, aufgeteilt in 32 × 32 gleich große Felder, Kreisform mit Ø 10 cm einzeichnen. Falls andere Druck- oder Trägerobjekte gewählt werden (z. B. Gläserdeckel), die Vorlage an deren Größe anpassen. Jedes Feld steht für 16 Pixel.
- Für Kartoffeldruck ist die Zeichenvorlage naturgemäß kleiner zu halten, am besten 5 × 5 cm.

❷ Zusammenlegen der Entwürfe zu einer Kombination/Geschichte: In Partner- oder Gruppenarbeit sollen die Entwürfe zu einer Geschichte/Handlung oder Metapher verbunden werden. Dabei kann die Funktionsfähigkeit des Emojis überprüft werden: Wird es als Festzeichen richtig erkannt? Löst es die beabsichtigen

Zur Vertiefung: Logos

Eine Ergänzung und Vertiefung der Auseinandersetzung mit Emojis bietet die Beschäftigung mit „Logos", die nur aus Schrift bzw. Buchstaben bestehen (Zeichen-, Buchstaben- oder Wortmarken). Im Rahmen von Kap. 1.6 gehen wir näher darauf ein.

Im Zusammenhang mit Emojis sollen zunächst Logos aufgegriffen werden, die als reine Bildmarke gestaltet sind: Hier steht ein Bild (von einem Menschen, Tier, Objekt, Wesen, Gegenstand) als Zeichen für eine bestimmte Einrichtung, Firma, Gruppe oder ein Produkt (berühmte Bildmarken z. B. von Apple, Shell, Sparkasse, Twitter). Diese Bildmarke ist so charakteristisch, dass Betrachter sie unmittelbar mit dem Produkt bzw. der Firma verknüpfen.

Im Alltag tauchen solche Bildmarken so häufig auf, dass Schülerinnen und Schüler sie kaum noch bewusst wahrnehmen. Dies könnte ein Ausgangspunkt der Beschäftigung mit Logos sein: Wo findest du in deiner (näheren Umwelt) Bildmarken/Logos? Für welche Produkte oder Gruppen stehen sie? Was signalisieren sie (Dynamik, Einzigartigkeit, Leichtigkeit usw.), was macht ihre Einzigartigkeit aus?

Lebendig wird es meist im Unterricht, wenn man die Verwendung von Bildmarken in Kindergarten und Grundschule zum Ausgangspunkt wählt: Welches Logo hatte eure Klasse/Gruppe im Kindergarten oder in der Grundschule? Was hat es für euch selbst und andere Gruppen oder Klassen bedeutet?

Daraus ableiten lässt sich ein auch für die Klasse als Ganzes interessanter Arbeitsschritt: die Erstellung einer Bildmarke für die eigene Gruppe/Einrichtung (Klasse, Schule) – oder für ein eigenes (fiktives) Produkt. Hier können Wirkungen von Bildmarken getestet werden, gemeinsam an Logos weitergearbeitet werden.

Wirkungen (Humor, Ernst, Ironie usw.) aus? Was kann daran noch verbessert werden?

Fünfter Schritt: Herstellung der Druckform bzw. Schablone eines Emojis in Einzel- und/oder Partnerarbeit.
❶ Für alle drei Verfahren (Moosgummi-/Pappdruck, Kartoffeldruck und Schablonendruck) gilt es, Größe und Grundformen (Kreis, Figur, Objekt) abzustimmen, damit die Emojis später zusammenpassen.
❷ Die drei Techniken sind in diesem Band erläutert (→ S. 86 ff.). Organisatorisch am einfachsten umzusetzen ist die Technik des Kartoffeldrucks, den die Jugendlichen in der Regel aus der Grundschule kennen (und entsprechend konnotieren). Beim Kartoffeldruck fallen die Emojis häufig aber klein aus, bestimmte Elemente (Mund, Augen) der Emojis müssen durch eigene kleine Stempel eingebracht werden, die Verwendung mehrerer Farben ist leicht möglich. Mit dem aufwendigeren Schablonendruck können auch größere Formate gewählt werden, hier lässt sich in einer Form mehrfarbig arbeiten. Beim Moosgummi-/Pappdruck kann man das Material auf Gläserdeckel aufkleben und hat so schon eine runde Druckform. Für jede Farbe muss eine Form bzw. ein Stempel geschnitten werden. Vorteil dieser Technik ist, dass die Stempel haltbar und vielseitig verwendbar sind und auch in der Schule als „Emoji-Archiv" gesammelt und weitergegeben werden können.

Sechster Schritt: Einzeldrucke (mindestens 5 je Schüler) der Emojis auf Papier bzw. die Bierdeckel (als Objekte).
❶ Das Druckobjekt (Papier, Pappe oder Bierdeckel) erhält zunächst die gewünschte Grundfarbe (häufig gelb oder weiß). Sie soll möglichst glatt und deckend aufgetragen werden.
❷ Bei Moosgummi-, Papp- und Kartoffeldruck wird auf die Druckstöcke die Farbe aufgetragen (Pinsel oder Walze), dann auf das Druckobjekt „gestempelt". Beim Schablonendruck wird durch die Schablone auf das Druckobjekt getupft, gesprüht, gepinselt. Bei allen drei Techniken sollten für die Grundformen/Figuren deckende Farben verwendet werden. Die fertigen Emojis werden zum Trocknen in der Klasse aufgehängt (Wäscheleine).

Siebter Schritt: Poster oder Wandzeitung mit einer Emoji-Geschichte:

26 | C.s Emoji (Schülerarbeit)

❶ Wenn nötig, werden die Drucke nun auf ihre richtige Größe zurechtgeschnitten und auf den Boden gelegt.
❷ Brainstorming in der Klasse/Gruppe: Welche Handlung könnte aus diesen Emojis entstehen? Ein Dialog, ein Märchen, ein Bericht? (Themen, die fast immer passen: „Auf dem Schulhof …“, „Hilfe, ich werde ein Star … ein modernes Märchen“).
❸ Ausprobieren der Handlung: Die Emojis werden zu einer Handlung in eine passende Reihenfolge gelegt, die möglichst ohne schriftliche Erklärungen oder Kommentare auskommt (höchstens – wie bei einem Chat – Namen, Ort und Zeit).
❹ Gestaltung des Emoji-Posters (bzw. der Wandzeitung), Befestigen der Emojis, ggf. Erläuterungen oder Kommentare. (Anregungen zur Gestaltung → Kap. 1.4.)

Achter Schritt: Präsentation der Emoji-Poster und Wandzeitungen in der Klasse bzw. vor anderen Klassen oder in der Schule. Dabei soll für die Zuschauer immer die Möglichkeit bestehen, schriftliche Kommentare zur Schülerarbeit auf einem eigenen Blatt/Poster zu geben.

Neunter Schritt: Als Abschluss gibt es eine Auswertung und einen Rückblick auf
❶ das Thema „Emojis“ (auch deren Bedeutung, Fragen des Umgangs damit) und
❷ den Einsatz der verwendeten Drucktechnik (wichtige Schritte für Gestaltung und Produktion, Verbesserungsmöglichkeiten)
❸ den Produktions- und Lernprozess: Was haben wir gelernt? Wie können wir das weiter nutzen oder verbessern?

Bei der Präsentation der Arbeiten und der Auswertung des Gestaltungs- und Produktionsprozesses wird häufig sichtbar, dass das Thema Emojis die Jugendlichen viel intensiver beschäftigt hat, als das zuerst oft zu vermuten war. Ein Festzeichen für sich selbst zu entwickeln, das man sich wünscht oder für wichtig hält, fordert dazu heraus, sich mit sich selbst und seiner Umwelt auseinanderzusetzen. In einer 6. Klasse präsentierte eine Schülerin ein leeres Emoji (**Abb. 26**) und erklärte der Klasse auf Nachfrage: „Erstens fühle ich mich so – und dafür gibt es bisher noch kein Emoji. Und ich will auch nicht zeigen, was ich denke oder will. Wenn einer mein Emoji sieht, dann soll er wissen: Lass mich in Ruhe und frag nicht.“

Erfahrungsschatzkiste

Wesentlich für das Gelingen der Unterrichtsreihe sind der zuerst spielerische Zugang zum Thema, das Aufgreifen der Alltagserfahrungen und die kreative Entwicklung eigener Zeichen. Die Umsetzung mehrerer Emojis in Metaphern, Redensarten, Dialogen oder Handlungen ist anspruchsvoller und zeitaufwendiger, als Schüler (und auch Lehrpersonen) hier manchmal denken. Hier ist es wichtig, der Klasse Zeit zum Experimentieren zu geben, immer wieder neue Kombinationen auszuprobieren und zu präsentieren. Die Problematik inflationärer oder unangemessener Verwendung von Emojis wird von Schülerinnen und Schülern meist selbst angesprochen, man kann dies eventuell nutzen, Absprachen und Vereinbarungen zu treffen. Das Thema lässt sich bis in die Sekundarstufe II im Unterricht einsetzen, dann z. B. in den Inhaltsfeldern Kommunikation (Umsetzung von Drama-Dialogen) und Sprache (Funktion, Veränderung, Varietäten) des Deutschunterrichts oder im Bereich der digitalen Gestaltung im Kunstunterricht.

1.6 Eine Schrift entwickeln – und etwas bedrucken

ab Klasse 7	
Fächer	Deutsch, Kunst, Geschichte
Zeitbedarf	ca. 6–8 Unterrichtsstunden
Differenzierung	durch Aufgabenstellung und Anleitung, insbesondere auch durch Wahl des Druckverfahrens und Steigerung der Komplexität der Anforderung
Material	Zeichenmaterial, karierte Blätter, stärkeres farbiges Papier für Entwurfsformen, Druckbögen (A5), Linol-, Druck- oder Dispersionsfarben (2–4 Farben), Klebstoff, Cuttermesser, Scheren, Papier, Schneideunterlagen, Plastikdecken für Tische, Zeitungspapier, Glasplatte/Plexiglasplatte, Druckwalzen (10 cm) je nach gewählter Technik: ▪ Linol- oder Holzschnitt-, bzw. Moosgummi- oder Pappdruck: MDF- oder Multiplex-Platten, Dicke 2–3 cm, Seitenlängen ca. 6–10 cm (nach vorheriger Absprache, s. u.); Linol-, Moosgummi- oder Papp-Platten; Cutter; Linol- oder Holzschnittmesser, ▪ bei Herstellung von Holzlettern: Birkensperrholz 3 mm, Klebstoff/Leim, doppelseitiges Klebeband zum Aufbringen der Schablonen auf Holzstempel, Laubsägen mit Zwingen zur Befestigung des Holzes ▪ Schablonendruck: Karton oder Pappe, Klebeband
Produkt	Lettern-Stempel (individuell und Klassen-Letternsatz) für Plakatdruck, Stoffdruck, Verpackungsdruck
technische und räumliche Anforderungen	Klassen- oder Kunstraum, Dokumentenkamera/Projektion (zur Vergrößerung von Schrifttypen etc.)
Ziele/Kompetenzen	▪ Schrift erkennen, beschreiben, einschätzen, bewerten, Wirkungen von Schrift testen ▪ Zusammenwirken von Text und Typografie erforschen ▪ Verwendungszusammenhänge und Variationen von Schriften erproben ▪ Erprobung bildnerischer Absichten mit unterschiedlichen Werkzeugen und Materialien, Bildelemente neu ordnen (Schriftentwurf) ▪ Wiedererkennen technischer und gestalterischer Aspekte z. B. auf Plakaten ▪ Orientierung über Entstehung und Geschichte von Schrift gewinnen ▪ Handdruck auf Materialien (Papier, Pappe, Stoff, Verpackungen usw.) beherrschen

Wie jemand schreibt, ist kein Zufall – und es sagt einiges über die Person aus, die so geschrieben hat.

Diese Ansicht ist beinahe so alt wie die Schrift selbst, und sie ist bis heute aktuell geblieben. Da wird Schrift u. a. als Spiegel des Charakters gesehen, als eine Art „Gehirnschrift" oder als Ausdruck von Bewegung, Formung und Orientierung des Menschen. Testbatterien wurden entwickelt, um die Handschrift zu analysieren, und inzwischen gibt es sogar vollautomatische Handschriftenanalysen, die z. B. von Unternehmen bei der Personalauswahl, Partnerschaftsberatung und Laufbahnberatung eingesetzt werden – nach dem Motto: „Zeige mir, wie du schreibst, und ich sage dir, wer du bist." (B. Müller 2015)

Wie eine Schrift auf jemanden wirkt, lässt sich bei dem Beispiel in **Abb. 27** (ohne die Nennung der Namen unten rechts) schon durch die Impulsfrage herausfinden: „Von wem der sechs Schreiber/-innen würdest du ein gebrauchtes Handy kaufen – und mit wem von ihnen möchtest du befreundet sein?"

Die Wirkung von Schrift lässt sich genauer beschreiben durch 12 Gegensatzpaare, die sich auf die Ganzheit

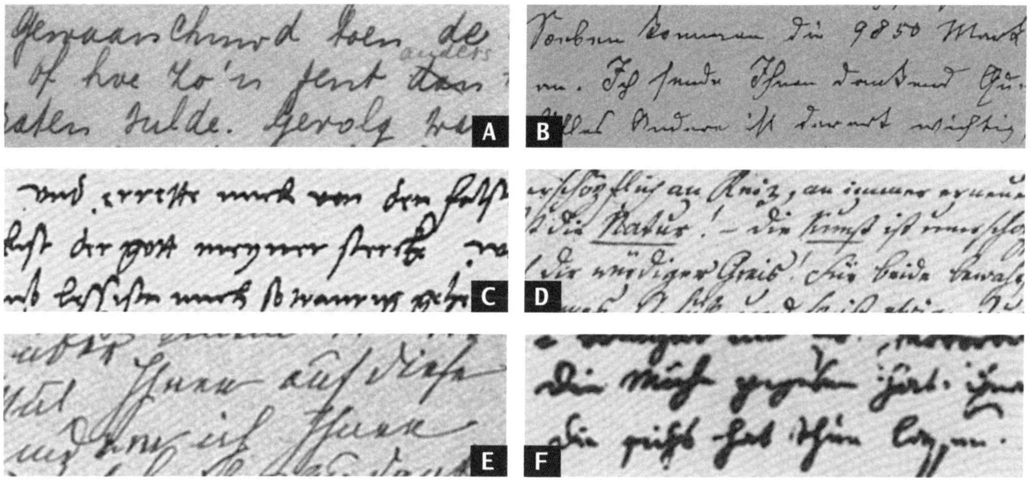

Welche Handschrift gehört zu wem?

Und welche Schriftart würde zu wem passen?

Zapfino – Futura – Hänel Fraktur – Univers – Chalkboard – Kino – Lucida Blackletter – Garamond – Helvetica – OCR – Courier – Times – Playbill – ROSEWOOD – Comic Sans – Marker Felt – Gill

1 Martin Luther (1483–1546)

2 Wolfgang Amadeus Mozart (1756–1791)

3 Friedrich Schiller (1759–1805)

4 Karl May (1842–1912)

5 Sigmund Freud (1856–1939)

6 Anne Frank (1929–1945)

27 | Was sagen Handschrift und Schriftart über jemanden aus? Lösung:
A: Anne Frank
B: Karl May
C: Martin Luther
D: Friedrich Schiller
E: Sigmund Freud
F: W. A. Mozart

der Schrift (z. B. Einheitlichkeit, Rhythmus), Einzelmerkmale und Besonderheiten richten und die insgesamt ein Profil ergeben **(Abb. 28)**.

Im digitalen Zeitalter hat sich die Situation für Handschriftendeuter verändert: Es wird einfach nicht mehr so viel mit der Hand geschrieben, die Forderung nach handgeschriebenen Lebensläufen bei Bewerbungen wird fast nicht mehr gestellt, Bewerbungen werden online eingereicht, Liebesbeteuerungen per WhatsApp verschickt (wo dann eher die richtige Zahl passender Emojis wichtig ist). Was heute viel mehr zählt, ist die „Digitale Visitenkarte“: welche Schriftart und Gestaltung man bei seinen E-Mails oder Lebensläufen wählt. Die Wahl der Schriftart erfolgt häufig intuitiv oder unbedacht, je nachdem, in welcher Stimmung man gerade ist oder welche Standardschrift gerade beim Programm eingestellt ist.

Aber Leser bewerten die Schriftwahl (und Layout) heute oft so wie früher die Handschrift. Eine Schriftart wie die Times New Roman kann dann „wie ein alter Pulli“ wirken (B. Müller 2015), die „Calibri“ spießig oder kleinkariert. Auch Computerschriftarten kann man wie Handschriften mit einem Bewertungsschema **(Abb. 28)** analysieren und ihrer eigenen Geschichte, ihrem speziellen Charakter und ihrer besonderer Wirkung und Eignung auf die Spur kommen (→ Kap. 3.4).

In diesem Vorschlag für eine Unterrichtsreihe ab der 7. Klasse geht es (noch) nicht um eine systematische Einführung in Schriftgestaltung oder Layout, sondern sie richtet sich darauf, für Schriftgestaltung und den

Wie wirkt Schrift?

	+++	++	+	-	--	---	
seriös, ernsthaft							unseriös, unernst
nüchtern, schlicht							verspielt, übertrieben
interessant							langweilig
leserlich							unleserlich
ausgeglichen							unruhig
passend (zum Text)							unpassend, ungeeignet
ansprechend							unangenehm, abstoßend
leserlich							unleserlich
professionell							unprofessionell
zeitgemäß							altmodisch, veraltet
kontrolliert, einheitlich							expansiv, ausufernd
rhythmisch							unrhythmisch

28 | Bewertungsschema für Handschriften (und auch für Schriftarten)

Ausdruck durch Schrift erst zu sensibilisieren. Schrift als Ausdruck von Persönlichkeit und persönlicher Wahl zu verstehen, schärft die Wahrnehmung der jungen Menschen, lässt sie Medienprodukte aufmerksamer und kritischer sehen.

Erster Schritt: Der Einstieg in die Unterrichtsreihe („Was bedeutet Schrift für uns – und vor allem für andere?") kann erfolgen über

Wie wirken Schriften auf den Leser, welche Gefühle und Eindrücke erwecken sie? Immerhin sind sie (wie in **Abb. 29**) teilweise schon über 500 Jahre alt wie die Bembo, die 1495 in Venedig von der Druckmanufaktur des Aldus Manutius erschaffen, später immer wieder erneuert wurde und noch heute (besonders in Großbritannien) viel genutzt wird. Die Helvetica dagegen ist erst ein gutes halbes Jahrhundert alt (1957 unter dem Namen Haas Grotesk entworfen), Arial ist seit 1992 in der Windows-Welt tonangebend, die Univers (entworfen vom Typografen Adrian Frutiger) in der Schweiz u. a. bei Verkehrsschildern, die Zapfino (entwickelt von Hermann Zapf) wird seit Mitte der 1990er Jahre gern bei Einladungen und als Schmuckschrift verwendet.

- Thematisierung der eigenen Schrift-Erfahrung, z. B. durch die Übung zu den Hand- und Druckschriften **(Abb. 27)**, durch Analysen eigener Schriftproben oder Unterschriften in der Klasse an Hand des Bewertungsschemas **(Abb. 28)** oder
- Vergleich der Wirkung eines Texte (z. B. Referat, Brief) in unterschiedlichen Schriftarten oder
- Untersuchung der Passung von Schrift und Inhalt bei Visitenkarten (z. B. für bestimmte Gewerbe, Berufe) oder
- durch Künstlermonogramme **(Abb. 30)** und deren Hintergründe, z. B. Albrecht Dürers selbstbewusstes Monogramm, das er als „Label" in seine Bilder einbaute (mal prominent, mal als Inschrift in einem Balken oder einen Stein), oder A. Paul Webers Verweigerung von Signaturen als Kritik am Kunstmarkt oder Wilhelm Morgners (2016/1913, S. 91) programmatisch reduziertes Monogramm oder das vermeintliche Logo von Banksy (2008), dessen Echtheit durch Bildtitel wie *Not Banksy* gleich infrage gestellt wird.

Der weitere Verlauf der Unterrichtsreihe gliedert sich in drei weitere Arbeitsschritte.

Zweiter Schritt: Produktion einer eigenen persönlichen Buchstabenmarke (Logo). Jedes Klassenmitglied entwirft und erstellt ein Logo aus seinen Initialen – dabei erfolgt gleichzeitig eine Einführung in Grundelemen-

Druckschriften

Garamond	Wie wirkt die Schriftart auf dich? Schön? Und wie gefallen dir die folgenden Wörter: Pfadlänge – Rafgenduks – Homberge – Sonnenbad. Völlig in Ordnung? Gefleckt?
Baskerville MT	Wie wirkt die Schriftart auf dich? Schön? Und wie gefallen dir die folgenden Wörter: Pfadlänge – Rafgenduks – Homberge – Sonnenbad. Völlig in Ordnung? Gefleckt?
Bodoni 72	Wie wirkt die Schriftart auf dich? Schön? Und wie gefallen dir die folgenden Wörter: Pfadlänge – Rafgenduks – Homberge – Sonnenbad. Völlig in Ordnung? Gefleckt?
Times	Wie wirkt die Schriftart auf dich? Schön? Und wie gefallen dir die folgenden Wörter: Pfadlänge – Rafgenduks – Homberge – **Sonnenbad**. Völlig in Ordnung? Gefleckt?
Helvetica	Wie wirkt die Schriftart auf dich? Schön? Und wie gefallen dir die folgenden Wörter: Pfadlänge – Rafgenduks – Homberge – **Sonnenbad**. Völlig in Ordnung? Gefleckt?
Comic Sans	Wie wirkt die Schriftart auf dich? Schön? Und wie gefallen dir die folgenden Wörter: Pfadlänge - Rafgenduks - Homberge - **Sonnenbad**. Völlig in Ordnung? Gefleckt?
Arial	Wie wirkt die Schriftart auf dich? Schön? Und wie gefallen dir die folgenden Wörter: Pfadlänge – Rafgenduks – Homberge – **Sonnenbad**. Völlig in Ordnung? Gefleckt?
Bembo	Wie wirkt die Schriftart auf dich? Schön? Und wie gefallen dir die folgenden Wörter: Pfadlänge – Rafgenduks – Homberge – Sonnenbad.Völlig in Ordnung? Gefleckt?
Univers Normal	Wie wirkt die Schriftart auf dich? Schön? Und wie gefallen dir die folgenden Wörter: Pfadlänge – Rafgenduks – Homberge – Sonnenbad. Völlig in Ordnung? Gefleckt?
Zapfino (6,5 pt)	*Wie wirkt die Schriftart auf dich? Schön? Und wie gefallen dir die folgenden Wörter: Pfadlänge – Rafgenduks – Homberge – Sonnenbad. Völlig in Ordnung? Gefleckt?*

29 | Häufig im Arbeitsalltag und beim Buchdruck benutzte Schriften (Schriftgröße: 10 pt.)

te von Schrift und Schriftgestaltung. Möglich ist auch die Gestaltung eines Klassen- oder Schullogos. Die Entwürfe werden dann in Stempel umgesetzt.

Die Schülerinnen und Schüler erhalten bei diesem Schritt alle Freiheit, die Initialen ihres Namens als Buchstabenmarke (Logo) umzusetzen – sie selbst sollen sich dazu Schriften aussuchen oder entwerfen (auch wenn die schwierig umzusetzen sind) und die 2–3 Buchstaben miteinander kombinieren. Einzige Bedingung: Die Buchstaben müssen (im Entwurf) einigermaßen klar erkennbar sein.

Beraten sollte man hier höchstens, dass Rundungen und feine Linien oder Stege in Hochdruck- oder Schablonenverfahren nicht immer leicht darstellbar sind. Der erste Entwurf kann gescribbelt oder auch am Rechner **(Abb. 31)** entworfen werden. Er wird dann (beim Hoch-

30 | Monogramme/Logos von Albrecht Dürer, Wilhelm Morgner und Banksy (?)

31 | Entwurf eines Logos von A. (7. Klasse) für einen Moosgummi-Stempel

druck gespiegelt, bei der Holzschablone oder beim Schablonendruck direkt) auf das Druckobjekt übertragen (empfehlenswerte Größe: ca. 6×6 cm), z. B. durch Durchschreiben, Abklatschen, Rasterübertragung. Beim Schablonendruck muss ein 3 cm breiter Rand stehenbleiben. Am besten ist, wenn in der Klasse unterschiedliche Techniken realisiert werden, um auf den zweiten Schritt vorzubereiten. Das Logo wird dann

- in der Negativform in die MDF-Holzplatte oder die Linolplatte graviert oder
- in Positiv- oder Negativform aus der Birkensperrholzplatte gesägt oder
- als Schablone oder Negativform aus Pappe oder Moosgummi geschnitten.

Linolplatten, Sperrholzbuchstaben sowie Schablonen werden (mit Leim, Klebstoff) auf Holzklötze geklebt und angepresst.

Durch Drucken der Stempel auf Einzelblätter bzw. ein Klassenplakat können Unterschiede und Gemeinsamkeiten in der Selbstdarstellung und technischen Umsetzung erfahren und reflektiert werden: Gibt es Grundzüge der Logos in der Klasse? Unterschiede zwischen einzelnen Gruppen oder der technischen Umsetzung? Schwierigkeiten bei der Erstellung der Stempelform oder besonders günstige Arbeitsformen? Wenn in der Klasse ein motivierendes Zwischenergebnis produziert werden soll, lohnt es sich, jetzt schon die Logos mit Linol- oder Stoffdruckfarbe auf z. B. T-Shirts zu drucken.

Dritter Schritt: Die Klasse entwickelt eine gemeinsame Schrift und produziert dafür Schriftstempel.

Dieser Abschnitt ist in zwei Teilschritte unterteilt: Im ersten geht es um den Entwurf einer Klassenschrift, im zweiten um die praktische Herstellung von Druckstempeln eines ganzen Klassenalphabets.

Bei der Herstellung der Logo-Stempel zeigt sich meist, dass die Schülerinnen und Schüler hier über unterschiedliche Zugänge und Fähigkeiten verfügen. Wenn es nun darum geht, dass die Klasse einen Set aus mehr als 26 Buchstabenstempeln herstellt (eventuell noch mehr, wenn man einige Satz- oder Sonderzeichen oder gar Zahlen haben will), so gilt es, einen für alle passenden Ansatz für einen Schriftentwurf zu finden, der sowohl den „Charakter" der Klasse wiedergeben kann, aber auch für Jugendliche mit unterschiedlichen Voraussetzungen gut umsetzbar ist. Dies lässt sich erreichen durch eine Begrenzung der Aufgabenstellung, die dann individuelle Vertiefungen zulässt.

❶ Input und Untersuchung; Elemente der Schriftgestaltung (→ Kap. 3.2). Wie kann man überhaupt eine Schrift beschreiben und messen?

Am Schriftbeispiel in **Abb. 32** können Schülerinnen und Schüler nachvollziehen, welche Elemente ihnen selbst bei der Gestaltung ihres Logos wichtig waren und wo besondere Herausforderungen bei der Umsetzung des Entwurfs lagen (meist: Serifen, Schlangenlinien, Punzen, Bäuche). Sie können auch beschreiben, dass diese Herausforderungen besonders bei Serifen- bzw. serifenbetonten Schriften bestehen. Diese

- sind nicht (nicht durchgehend) symmetrisch angelegt (z. B.: A, Unterschiedliche Kopf- und Fußserifen),
- erreichen ihre Deutlichkeit durch einen klaren Kontrast zwischen schwarzen und weißen Flächen: Freiräume definieren die Schrift mit.
- zeigen unterschiedliche Stärken bzw. Größen bei den Punzen und beim Auf- und Abstrich (A, w, u).

Die serifenlosen Schriftarten sind demgegenüber viel gleichmäßiger. So erscheint die serifenlose Futura (**Abb. 33**) viel einfacher und klarer als die serifenbetonte Garamond (**Abb. 32**), was noch nichts darüber aussagen muss, ob das auch so von Betrachtern empfunden wird. Die Unterlängen sind bei den serifenlosen Schriften geometrisch einfach angelegt, b und d sowie q und p sind fast spiegelbildlich. Dieser Eindruck wird noch

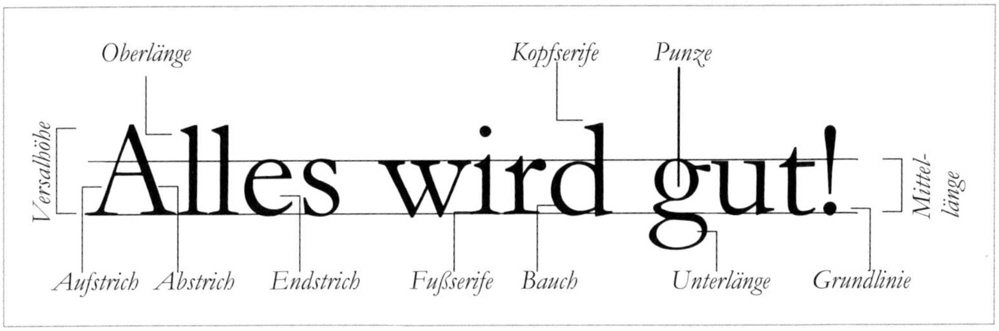

32 | Zentrale typografisch wirksame Bestandteile der serifenbetonten Schrift Garamond

Alles? – ja, auch bdqpr-mw-ho-gsjc-kxyz!

33 | Zentrale typografisch wirksame Bestandteile der serifenlosen Schrift Futura

ALLES? – JA, AUCH BDPQR-MW-HO-GSJC-KXYZ!

ALLES? – JA, AUCH BDQPR-MW-HO–GSJC–KXYZ!

34 | Versalien von Futura und Garamond im Vergleich

verstärkt, wenn man nur die Großbuchstaben (Versalien) betrachtet **(Abb. 34)**. Die erste Schrift ist die Futura, serifenlos, A, D, O, X und Y eher symmetrisch gestaltet, W und M durch ihre Breite etwas unterschieden. Bei der zweiten Schrift, der Garamond, sind viele Buchstaben nicht symmetrisch, z. B. M und W, aber auch Auf- und Abstrich beim A, X, Y, weiterhin sind K, X und Z unten etwas breiter als oben und der Schwerpunkt liegt beim X und Y nicht im Kreuzungspunkt.

Dass die eine Schrift einfacher als die andere erscheint, sagt noch nichts über ihre jeweilige Gestaltbarkeit aus. Man kann sehr ausdrucksstarke serifenlose und sehr blasse Serifenschriften entwerfen. Für den ersten Versuch, eine Schrift für die ganze Klasse zu entwerfen, die ihren „Charakter" oder ihre Gestalt auszudrücken vermag, sollte auf dem Hintergrund der Erfahrungen mit der Erstellung des Logos deshalb eine serifenlose Schrift gewählt werden. Sie ist insbesondere technisch leichter umzusetzen.

Die direkteste Herangehensweise besteht darin, eine Schrift

- nur aus den geometrischen Elementen Quadrat, Rechteck, Dreieck und Kreis und
- nur aus Großbuchstaben (Versalien)

zu entwickeln. Dabei werden dann indirekt Form- und Stilelemente aus dem Bauhaus aufgegriffen. Bevor die Schülerinnen und Schüler sich an die praktische Arbeit machen können, ist noch die für die ganze Klasse verbindliche Größe der einzelnen Lettern festzulegen **(Abb. 35)**. Für Plakat- und Stoffdruck sollte man eine Schriftletterngröße zwischen 5 und 7 cm wählen, dann

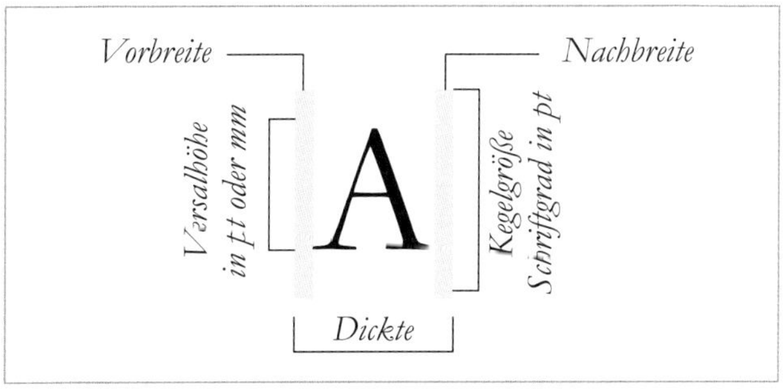

35 | Buchstabengröße (Kegelgröße) und Schriftgröße (Versalhöhe)

36 | Kombinatorische Entwicklung des Klassenalphabets

erreicht man eine Versalhöhe von etwa 160 pt. Die Dickte der einzelnen Platten/Blöcke wird je nach Buchstabenbreite (Richtmaß: A und O ca. 4 cm, das I 1,8 cm), unterschiedlich sein. Wichtig ist, dass zu beiden Längsseiten ein kleiner Abstand (2–3 mm) bleibt, damit die Buchstaben beim Drucken nicht direkt aneinanderstoßen.

❷ Wie bereits beim vierten Schritt der Produktion des Emojis (Kap. 1.5) sollen die Schülerinnen und Schüler zuerst einen Entwurf anfertigen (Raster in der vereinbarten Höhe und maximalen Breite vorbereiten). Um schon in der Entwurfsphase Abstimmungen zu ermöglichen, sollten die Gestalter in Gruppen aufgeteilt werden:

- Gruppe A: D, C, G, J, L, I, S;
- Gruppe B: B, P, R;
- Gruppe C: U, O, Q, Z;
- Gruppe D: M, N, K, V, W, Y, X;
- Gruppe E: F, E, A, T.

Einige kleine Kniffe für die Gestaltung der Buchstaben:

- Um das Schwergewicht der Buchstaben zu betonen, z.B. bei C, G, J und S, ist der Abstand von Grundlinie zum unteren Endstrich von J, C und S meist größer als der Abstand der oberen Endlinie zum oberen Endstrich. Die Mittenbalken (H, A, E) liegen häufig im oberen mittleren Drittel des Buchstabens, Auf- und Abstriche bei M, N, W und V sind zum Teil unterschiedlich breit, um sie deutlicher zu charakterisieren. Und selten ist das O eine einfach kreisrunde Form, sondern wird eher oval angelegt.
- Vor der Einteilung in Gruppen sollte das Gestaltungsverfahren am Buchstaben H erläutert werden, er ist in den meisten Schriften ein wichtiger Orientierungspunkt. Sollen noch Zahlen entworfen werden, können 1, 4, 7, sowie 9, 6, 8 sowie 3, 5, 2 gruppiert werden. Ist die erste Grobkonzeption der Schriften erstellt, tauschen die Gruppen ihre Entwürfe aus, diskutieren sie und passen sie an, bevor dann an das Schneiden (bzw. Sägen) der Lettern gegangen wird.

❸ Für die Komposition der Buchstaben schneiden die Schülerinnen und Schüler aus den farbigen Entwurfsbögen unterschiedliche Kreise, Drei-, Recht- und Vierecksformen heraus, die sie für ihre Buchstaben benötigen. Kombinatorisch entwickeln sie dann erste Ansätze, variieren sie **(Abb. 36)**. Schließlich stimmen sie die Entwürfe des gesamten Alphabets in ihren Gruppen und dann in der Klasse ab: Welche Wirkung machen unsere Buchstaben – wie wirken sie aus der Nähe, aus etwas Entfernung – welche Stimmung verbreiten sie – ist das die Stimmung, die wir zeigen wollen?

Wie sehr das lateinische Alphabet einfache geometrische Grundmuster aufgreift, zeigt das „Quak"-Experiment von Frank Baranowski (2018): Buchstaben werden als abstrakte Formen aus Quadraten und Kreisen („Quak") gebildet **(Abb. 37)**.

❹ Sind die Entwürfe „genehmigt", schneiden bzw. gravieren die Schülerinnen und Schüler dann die Lettern – je nach abgesprochener Technik. Buchstaben mit Punzen (inneren Rundungen) sind erfahrungsgemäß nicht einfach rund zu bekommen, lange Linien lassen sich eher mit dem Cuttermesser am Stahllineal schneiden als freihändig mit dem Holzschnittmesser (zu den einzelnen Techniken → Kap. 2.8).

Vierter Schritt: Anwendung der Schriften im Bereich Stoffdruck (T-Shirts), Plakat- und Posterdruck oder Wandzeitungen.

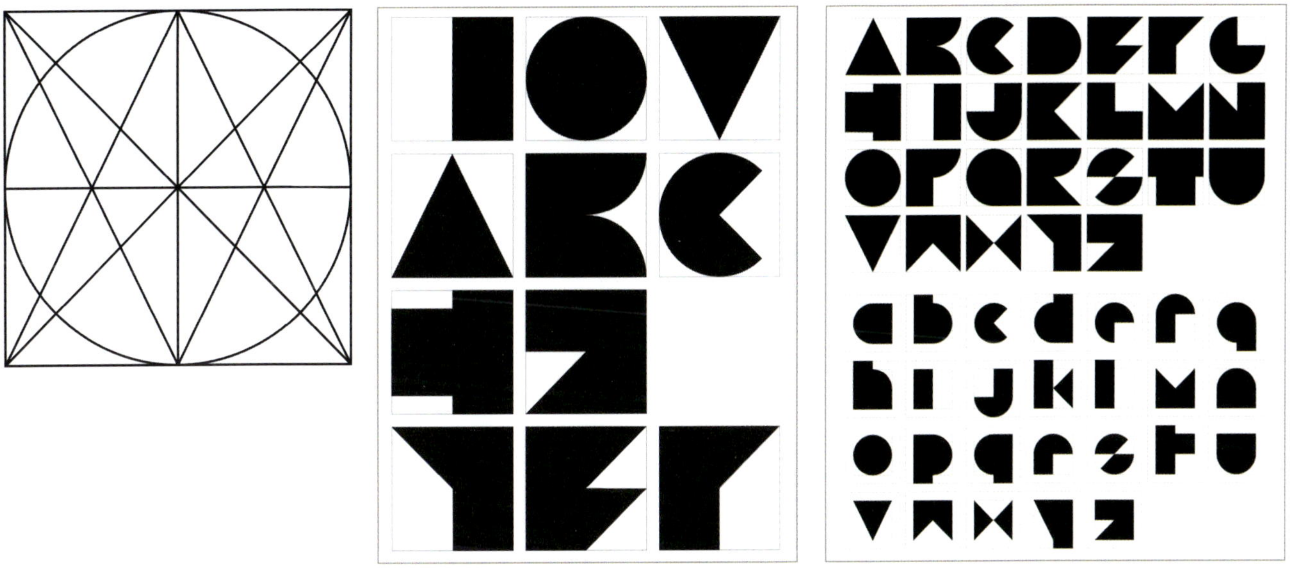

37 | Experimente mit geometrischer Schriftgestaltung bei der „Quak"-Schrift: links das Konstruktionsraster, rechts die damit gebildeten Buchstabenzeichen (http://www.transkrypt.de/typografie/quak/quak-system.html)

Nach der Fertigstellung werden die einzelnen Druckstempel zuerst auf einzelnen Blättern ausprobiert, korrigiert und eventuell nachgearbeitet, dann werden sie auf einer Schriftlinie (gleiche Höhe) miteinander kombiniert, um das Gesamtschriftbild zu beurteilen: Wie sehen Wörter aus wie: WIR, KLASSE, TOLL, IMMER (alles Wörter, die typografisch herausfordern!).

Gibt es Zustimmung zum Klassenalphabet, kann man in die Druckproduktion übergehen: Poster, T-Shirts, Wandzeitungen … Häufig zeigt sich dann hier das Bedürfnis, auch noch die kleinen Buchstaben (Minuskeln) zu schneiden – eine Aufgabe, die jetzt auch leistbar ist.

Erfahrungsschatzkiste

Für Schriftgestaltung im Unterricht der Jahrgangsstufe 7 bietet sich – wie hier gewählt – ein eher experimentierender, spielerischer Zugang an, bei dem Schülerinnen und Schüler wichtige Elemente der Schriftgestaltung zuerst erfahren und danach systematisieren können. Je nach Interesse und Vorerfahrung der Klasse bietet sich manchmal aber auch an, direkt mit Form- und Kombinationsexperimenten zu beginnen, um später dann die Wirkung (z. B. bei Logos) zu untersuchen. Als direkter Einstieg in Schriftgestaltung eignet sich z. B. die Analyse oder Nachgestaltung der Schrift Braggadocio (Abb. 31) oder die QUAK-Aufgabe, ein abstraktes Alphabet nur aus Quadraten und Kreisen zu gestalten (Baranowski 2018) und hier unter Umständen auch ein Konstruktionsraster anzubieten.
Experimentieren lässt sich auch mit Programmen zur Schriftgestaltung, z. B. mit Typetool3 (freie Basisversion oder kostenpflichtig, https://www.fontlab.com/font-editor/typetool/) oder mit Fontstruct, einem umfangreichen und freien Lernprogramm für Schriftgestaltung (http.//www.fontstruct.com, Registrierung erforderlich). Auch wenn diese Einstiege gewählt werden, sollte die praktische konstruktive Umsetzung in Lettern bzw. Stempel erfolgen, um dann bei Lernplakaten etc. die Schrift auch direkt einsetzen zu können.

- Typetool3: https://www.fontlab.com/font-editor/typetool/
- Fontstruct: http.//www.fontstruct.com

1.7 BILDTEXTE auf Plakaten und Postkarten

ab Klasse 7/8	
Fächer	Deutsch, Kunst, thematische Anbindung an ein beliebiges Fach möglich
Zeitbedarf	ca. 8–20 Unterrichtsstunden (je nach Intensität und Möglichkeit einer Exkursion auch als mehrtägiges Projekt)
Differenzierung	unterschiedliche Techniken, Hilfestellungen, Arbeitsumfang und -tiefe, ins Projekt können Schülerinnen und Schüler mit Förder- und Forderbedarf gut eingebunden werden
Material	Entwurf-Papier; MDF-oder Multiplex-Platten, Dicke 2 cm, Seitenlängen in DIN-Formaten A5 bzw. A4, Cutter, Linol- oder Holzschnittmesser, Druckfarbe (wasserlöslich), 2–3 Druckwalzen, Plexiglasscheiben, Tischtücher, Zeitungspapier Druckstempel (wenn vorhanden) und/oder Möglichkeit des Ausdrucks von Schriften (A4) während des Arbeitsprozesses Optimal: Nutzung von Buchdruck-Möglichkeiten in einer (klassischen) Druckerei oder einem Museum bzw. einer Schuldruckerei (→ s. Kap. 4.4)
Produkt	Text-Bild-Plakat (A3 und größer); Postkartensammlung aus den Plakaten
technische und räumliche Anforderungen	Kunstraum (Herstellung von Plakaten und Drucken) und ggf. Klassenzimmer (Layout, Texterstellung); Kopierer A3 oder Kooperationsmöglichkeit mit einer (klassischen) Druckerei; Karten- oder Kalenderproduktion: Kopierer für 130 g/m²-Papier (A5 oder A4, Schneidemaschine) bzw. Nutzung einer (Online-)Druckerei
Ziele/Kompetenzen	▪ ästhetische Darstellungsweisen konkreter Poesie kennenlernen ▪ mit Sprache experimentieren (Laut, Morphem, Wörter, Sätze), Wörter visuell gestalten, Vielfalt sprachlicher Ausdruckformen erkennen und ausprobieren ▪ Text-Bild-Zusammenhang gestalten ▪ drei Handpressen-Techniken (Radierung, Lithografie, Holzschnitt) anwenden, kooperativ ausprobieren und zielgerichtet anwenden ▪ Schrift (Steckschrift) setzen und eine Druckform anlegen, ▪ Präsentation von Textbildern auf Plakaten und Postkarten/Kalendern konzipieren, Veranstaltung/Ausstellung und Vermittlung der Plakate und Postkarten planen und durchführen ▪ mit Kooperationspartnern gemeinsam ein Druckprodukt herstellen, Arbeitsprozesse beobachten und sich einbringen

Bild und Text sind sich in der Kunst schon vor langer Zeit begegnet – seit der Antike werden sie miteinander verbunden (z. B. in altägyptischen Totenbüchern, **Abb. 38**, oder auf griechischen Vasen). Und seitdem sind sie nicht mehr voneinander losgekommen, sondern werden immer wieder auf neue Art und Weise miteinander verbunden, mal als versteckte Zaubersprüche, mal als Ornament oder sogar als Figurengedicht ausgebildet, zum Beispiel als Schmetterling oder Ei (Luz 2008), oder mit dem Tod als Sensenmann, mit dem ca. 1660 der Pastor Hallgrimur Pétursson die Isländer zu beeindrucken versuchte (**Abb. 39**). Seit der Erfindung des Buchdrucks werden Bilder in den Druck aufgenommen und ebenso durch Druckbuchstaben Bilder (z. B. Spiralen, Ringe) erzeugt.

Und besonders dann, wenn Kriegserlebnisse und gesellschaftliche Krisen die Welt infrage stellen, lösen sich Bild und Text auf, werden zerrissen, collagiert, neu zusammengefügt. Besonders deutlich wird das im Dadaismus nach dem Ersten Weltkrieg, der sich in seiner Zeitschrift *Der Dada* als „Garnichts, d. h. alles?“ definiert (**Abb. 40**) und sinnlose Lautmalereien produziert.

In der konkreten Poesie nach dem Zweiten Weltkrieg werden keine Sachverhalte mehr beschrieben, Formen des Gedichts aufgelöst, Wörter und Buchstaben werden als visuelle und phonetische Gestaltungs-

38 | Aus einem altägyptischen Totenbuch (Periode 664–322 v. Chr.) Metropolitan Museum of Art New York

elemente montiert, z. B. der Umschlag zu Gomringers programmatischem Titel *worte sind schatten* von Max Bill **(Abb. 41)**.

Ab den 1970er Jahren wurden Sprach- und Bildexperimente der konkreten Poesie wieder stärker beachtet. Besonders die Arbeiten Ernst Jandls finden Beachtung (bis in die Schulbücher). Er setzt z. B. in seinem kleinen Text „der kuss" die Skulptur Constantin Brancusis typografisch um **(Abb. 42)**, sensibilisiert für das Verhältnis von Sprache und Realität, greift dabei alle sprachlichen Mittel (Laute, Morpheme und Wörter) auf und will damit die Seh-, Hör- und Verständnisgewohnheiten erweitern, Normen infrage stellen.

In unserem Vorschlag für eine Unterrichtsreihe bzw. ein Projekt „BILDTEXTE auf Plakaten und Postkarten" haben wir solche Impulse zur Verbindung von Sprache und Bild aufgegriffen und einen experimentierenden und spielerischen Ansatz gefunden, wie Schülerinnen und Schüler selbst eigene Verbindungen von Bild und Text erfinden und herstellen können. Entwickelt und erprobt wurde der Vorschlag in einem Projekt mit der Geschwister-Prenski-Schule (Gemeinschaftsschule)

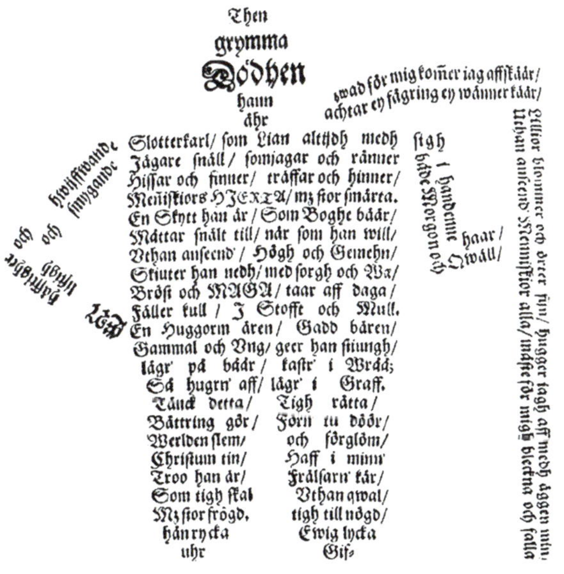

39 | Ein Figurengedicht aus dem 17. Jahrhundert: Péturssons Sensenmann, 1660 (Eggertsdóttir 2005, S. 304)

40 | Der Dadaismus: „Garnichts, d. h. alles" (in: Hausmann, 1919, S. 6)

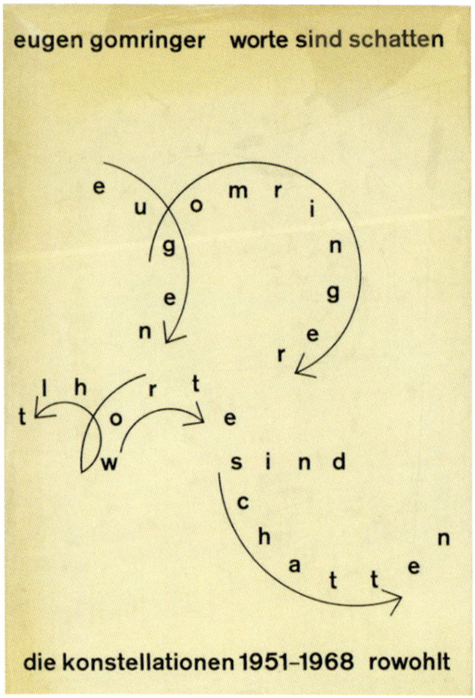

41 | Wörter als visuelle und phonetische Bedeutungsträger (Gomringer 1969)

ja ja
ja ja
ja ja
ja ja
ja
ja ja
ja ja
ja ja
ja ja

42, 43 | Ernst Jandl: *der kuss (brancusi)*; Constantin Brancusi: *Der Kuss (Le Baiser)*, 1907/08

in Lübeck (http://www.prenski.de/), das von der Heidehof-Stiftung in Stuttgart (http://www.heidehof-stiftung.de) unterstützt wurde. Produktziel war es, eine Plakatmappe einer Klasse herzustellen, zu der jedes Klassenmitglied mindestens ein Plakat beitragen sollte, und Vorlagen für Postkarten zu schaffen, die dann für die Klasse (digital) gedruckt werden konnten. Beides sollte der (Schul-)Öffentlichkeit bei einer Präsentation vorgestellt werden.

Ausgangspunkt war die Abstimmung eines „plakativen Themas" in der Schulklasse, das Aufmerksamkeit anspricht sowie Nachdenken bzw. eine Handlung auslösen kann (Aufforderung). Nur wenn diese beiden Bedingungen erfüllt sind, kann das Plakat überhaupt Interesse für den Betrachter erwecken, der ja nur am Plakat (wörtlich: einem auf Hauswände *geplackten* großen Zettel) vorbeigeht und dessen Blick schnell gefangen werden muss. Wir haben übrigens bewusst hier auf die Verwendung des Begriffes „Poster" verzichtet, weil wir im Projekt an klassische Drucktechniken anknüpfen wollten. Vereinbart wurde das Thema „Die richtige Dosis", das viele unterschiedliche Bezüge zur Lebenswelt der Jugendlichen eröffnete und inhaltliche Anschlüsse an den Fachunterricht anbot (Gesundheitserziehung, Sport usw.).

Erster Schritt: Zunächst entwickelten Jugendliche kurze Texte und Slogans und probierten direkt eine Schriftgestaltung des Slogans am Computer aus (Textverarbeitungs-, Layout- oder Zeichenprogramm). Dabei experimentierten sie gleichzeitig mit der ästhetischen Seite der Gestaltung wie Schrifttyp, -schnitt, -größe, -mischung, Hervorhebungen und Layout (→ Kap. 3.7) sowie der Frage der technischen Umsetzbarkeit: Wie viele Buchstaben (welcher Größe) passen auf ein Plakat, wie können sie technisch angeordnet werden? Notwendig war hier Komprimierung und Konzentration auf wenige Wörter, die dann zusammen mit einem Bild (Holz- oder Linolschnitt bzw. Lithografie) eine Gesamtbotschaft erzeugen sollten. Zu fragen war: Was kann der Text aussagen, was das Bild? Gibt es Überschneidungen? Wie können Bild und Text zusammenwachsen (und sich nicht nur gegenseitig doppeln)? Die Jugendlichen entwarfen dann ein Bildmotiv, kombinierten es im Entwurf mit dem Text. Die Umsetzung des Bildmotivs (in einer oder mehreren Techniken) erfolgte im Kunst-, Deutsch- bzw. Projektunterricht: Vorab war – mit Blick auf spätere Gestaltung der Plakate und Postkarten – noch festzulegen, dass alle Motive

- in einem DIN-Format angefertigt werden (A5), damit sie hinterher auf andere DIN-Größen skalierbar sind (Plakatdruck, Postkartendruck);

44 | Schülerarbeit: Die richtige Dosis (des Schlafens) macht's

45 | Schülerarbeit: Musik ist meine Medizin

- nur in einer Formatausrichtung (hoch *oder* quer) gestaltet werden. Die Mischung von Hoch- und Querformaten auf Postkarten ist technisch anspruchsvoller und ästhetisch häufig nicht ansprechend.

Im Unterricht fertigten alle Jugendlichen bereits einen eigenen Linolschnitt an und rieben einen Handabzug ab. Sie montierten ihn mit ihrem Schriftentwurf auf einen Plakatbogen, korrigierten, änderten – immer mit der Perspektive: Spricht das Plakat jetzt Vorübergehende an? Ist die Aussage schnell erfassbar und interessant?

Hinweis: Falls eine Lerngruppe vorher das Unterrichtsvorhaben zur Schriftentwicklung (→ Kap. 1.6) durchgeführt hat, könnte man spätestens hier auf die Lernerfahrungen und auf die dort erarbeiteten Materialien, insbesondere Schriftstempel, zurückgreifen.

Zweiter Schritt: Der nächste Arbeitsschritt erfolgte dann in einer Druckerei, in der noch klassischer Schriftsatz möglich ist (in unserem Fall mit der Druckerei im Museum der Arbeit in Hamburg – https://shmh.de/de/; weitere Kooperationspartner → Kap. 4.4). Dort konnten

46 | Schülerarbeit – Lithografie

47 | Rausatz auf dem Setzschiff

48 | Adhoc-Mettage in der Handpresse mithilfe von Magneten, Blindmaterial, Stegen und Regletten

49 | Korrekturabzug an der Handpresse

50 | Trocknen der fertigen Abzüge – je nach Farbauftrag und Luftfeuchtigkeit 6–24 Std.

die Schülerinnen und Schüler ihr Motiv in zwei weiteren Techniken umsetzen (Radierung und Lithografie), ihre Schriftentwürfe in klassischen Lettern setzen und dann die Plakate auch an einer (automatisierten) Handpresse drucken.

Ziel der Arbeit in der Druckerei war es, den Jugendlichen authentische Werkerfahrungen zu ermöglichen und sie den Arbeitsprozess einer Druckerei erleben zu lassen. Deshalb wurden vier Stationen eingerichtet: Lithografie, Radierung, Schriftsatz, Druck (als fünfte Option wurde ergänzend eine Kleingruppe „Stempeldruck" eingerichtet, in der Kurzvorhaben umgesetzt werden konnten). In Kleingruppen mit 2er-Teams konnten die Jugendlichen selbstständig arbeiten. Bei Radierung (→ Kap. 2.1) und Lithografie (→ Kap. 2.4) bekamen sie eine in den Arbeitsprozess eingebettete Anleitung in die Technik und brachten hier Schrift entsprechend ihren Entwürfen in die Druckträger ein. Anders als bei den bekannten Techniken des Holz- und Linolschnitts konnten die Schülerinnen und Schüler hier stärker zeichne-

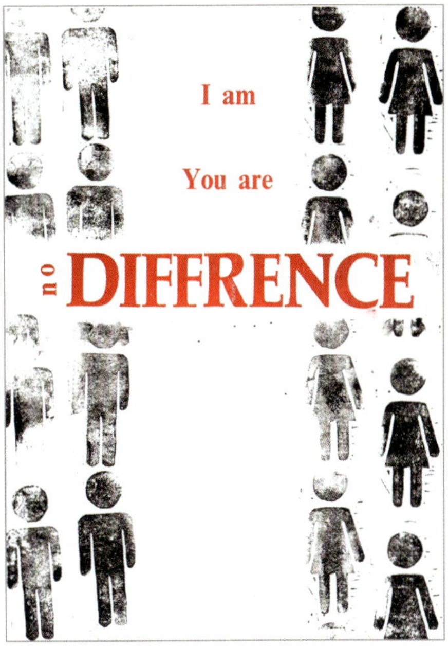

51 | Schülerarbeit: „Bildtext" mit Typografie und montierten Linolschnitten

52 | Schülerarbeit: „Bildtext" mit Typografie, Linol- und Stempelschnitt

53 | Schülerarbeit: „Bildtext" mit Typografie und Linolschnitt

risch arbeiten, die Anwendung von Strich, Punkt und Schraffur als Gestaltungselemente üben. Danach druckten sie von ihren Vorlagen über 10 Exemplare.

Die Linolschnitte wurden vorab in der Schule in einer kleinen Auflage mit Hand gedruckt. Die Schrift wurde dann im Museum gesetzt und auf den vorgedruckten Linolschnitt platziert. Den Satz und Druck ihrer Texte erarbeiteten die Jugendlichen kooperativ mit Setzern und Druckern des Museums – hier waren viele situative Entscheidungen zu treffen: z. B. ob von einer gewählten Steckschrift überhaupt noch genügend Lettern für den Text vorhanden waren (sonst Wahl einer anderen Schrift oder einer Schriftmischung), ob der Text wie gewünscht typografisch umsetzbar war und ob dann das vorbereitete Bild in und zum Text passte. Dazu wurden zuerst die Textelemente (angelehnt an den Computerentwurf aus der Schule) auf dem Setzschiff angeordnet **(Abb. 47)**, experimentell verschoben, verändert und dann in einer Mettage aus Text, Regletten, Blindmaterial und Stegen mit starken Satz-Magneten stabilisiert **(Abb. 48)**. Diese Stabilisierung ist erforderlich, damit das Setzmaterial sich nicht unter dem Druck der Presse verschiebt. Auf der Handpresse (Einfärbung der Walzen erfolgt halbautomatisch über ein elektrisch angetriebenes Walzenwerk) konnten dann die ersten Korrekturabzüge im DIN-A3-Format (und größer 40 × 60) erstellt und die Bilder eingepasst werden **(Abb. 49)**. Schließlich wurden die endgültigen Schriftabzüge **(Abb. 50)** etwa 10-mal gedruckt. (Eine Alternative wäre hier der – allerdings deutlich zeitaufwendigere – Einsatz der Stempelbuchstaben des Klassenalphabets.)

Beim Druckprozess gab es enge Absprachen zwischen den Jugendlichen und den anleitenden Druckern, von denen einige über ein halbes Jahrhundert Berufserfahrung verfügten: Wie wirkt das Schriftbild, wirkt die gewählte Schrifttype auch als Plakatschrift? Welche Farbe soll für den Druck gewählt werden? (Hier entschieden sich viele Teams für den Irisdruck, bei dem mehrere Farbtöne ineinander verlaufen.) Dieser gemeinsame Arbeitsprozess über Generationen hinweg war beeindruckend, weil beide Seiten voneinander lernten und einander halfen. Viele Jugendliche arbeiteten sich schnell in Arbeitsprozesse ein, waren nach wenigen Versuchen selbstständig und brachten kreative Vorschläge ein. Auf die Linoldrucke konnten die Jugendlichen dann wie geplant ihre Schriftzüge platzieren – die Herstellung großer Satzformen hätte erfordert, die Schnitte auf 20 mm-MDF-Platten oder Stege zu montieren (doppelseitige Klebeschicht) und auf eine Schrifthöhe von 23,566 mm zu kommen (das seit

BILDTEXTE digital statt analog?

Eine digitale Gestaltung mit Bildern in einem Text ist bei Weitem nicht so einfach, wie es auf den ersten Blick erscheinen mag. Zu den größten Problemquellen dabei gehört die Verwendung von Textverarbeitungsprogrammen (z. B. Word, LibreOffice/OpenOffice): Nach wie vor gibt es dort Unwägbarkeiten bei der Positionierung und Einbindung von Grafiken. Teilweise „springen" Grafiken im Verlauf der Arbeit unkontrolliert, Beschnitte, Transparenzen etc. können oft nur mit „Workarounds" erreicht werden.
Als Hürde erweist sich häufig auch die Komplexität von Textverarbeitungs-, aber auch Grafikprogrammen: Schülerinnen und Schüler benötigen sehr viel Zeit für Schriftauswahl, grafische Korrekturen und Manipulationen. Häufig müssen sie Arbeitsschritte zurückverfolgen, um Änderungen nachvollziehen zu können. Das braucht Geduld und Frustrationstoleranz.
Ein immer wieder auftretender Albtraum von Lehrkräften im Deutsch-, Kunst oder Informatikunterricht ist, dass 25 Schülerinnen und Schüler an ihren PCs versuchen, Grafiken in einen Word-Text zu integrieren. Selbst vorproduzierte Dummy-Dateien, in die nur noch eingesetzt werden muss, entwickeln eigensinnige Verhaltensweisen – und nach spätestens 15 Minuten ist in der Klasse aus einer Übung zur grafischen Gestaltung eine Intervention in Textverarbeitungschlamassel geworden.
Wer Bildtext-Projekte digital umsetzen möchte, sollte sich rigoros beschränken: Sinnvoll ist, die Texte auf maximal eine DIN-A4-Seite anzulegen, eine Auswahl von 10–15 Schriften und Minimalgrößen vorzugeben und für jede Seite eine Einzeldatei anzulegen. (Sollen die Seiten zusammengefügt werden, können sie zuerst als PDF-Einzelseiten gespeichert und dann zu einer Datei verbunden werden.)
Eine effektive und spielerische Alternative (aber auch ein Einstieg) zu einer komplexen Einführung in digitale Erstellung von Bildtexten ist die Arbeit mit Text-Bild-Collagen. Sie lässt sich schnell – auch im Klassenraum – realisieren, schafft Einblick und Übung in Gestaltungsgrundlagen. Ausgangspunkt ist für diesen Fall die Aufgabe: Gestaltet eine DIN-A3-Seite nur mit Schriftschnipseln (Wörtern, Satzteilen) aus Zeitungen, Werbung etc. und verwendet zusätzlich höchstens zwei Abbildungen (ganz oder collagiert). Als Material werden nur Papierbögen, alte Zeitschriften und Zeitungen, Scheren und Klebstoff benötigt. Wie ertragreich diese Technik sein kann, hat z. B. Herta Müller in ihren poetischen Collagen und Gedichtbildern eindrücklich gezeigt (*Im Heimweh ist ein blauer Saal*, *Vater telefoniert mit den Fliegen*, München 2019 und 2014).

1898 gültige Maß für die Höhe der Lettern) – auf dieses Verfahren wurde hier verzichtet (es wurde im Buchprojekt „Alltagshelfer" umgesetzt, → Kap. 1.10). Durch das Einbringen der eigenen Linolschnitte auf die fertigen Druckvorlagen konnten die Jugendlichen noch einmal unterschiedliche Positionierungen ausprobieren und so die Wirkung ihrer Komposition testen.

Im Laufe des mehrtägigen Projekts wurde an den Reaktionen der Jugendlichen immer deutlicher, dass für sie neben dem angestrebten Produkt (Plakatmappe, Postkarten) immer mehr der Gestaltungs- und Arbeitsprozess selbst an Bedeutung gewann. Die Kooperation mit Klassenkameraden und vor allem mit den Druckern und Setzern führte zu schnellen und sichtbaren Lernerfolgen. Ein wesentlicher Aspekt war hier nicht nur das künstlerische Ergebnis, sondern auch die Erfahrung, in relativ kurzer Zeit gelernt zu haben, in mehreren Drucktechniken zu denken und sie auch entsprechend ihrer jeweiligen Bedingungen umzusetzen. Die thematische und gestalterische Verbindung von Text und Bild geriet dann in der abschließenden Zusammenführung (auch im Unterricht in der Schule) stärker in den Blick (**Abb. 51, 52, 53**) und spielte bei der Präsentation unter dem Gesamtthema „Die richtige Dosis" wieder eine Rolle.

Bei der Umsetzung der Plakate in eine Postkartensammlung erwies sich der Freiraum, den die Schülerinnen und Schüler bei der Anwendung von Techniken und Formaten bekommen hatten, als kleiner Stolperstein: Weil sowohl Hoch- als auch Querformate gewählt wurden, war es nicht möglich, einen Postkartenkalender aus den Plakaten zu erstellen, da das Kalendarium für die ganze Serie nur in einem Format unten eingebaut werden kann. Als Alternative blieb deshalb, eine kleine Postkartenmappe zu produzieren, bei der das Format (hoch/quer) jeweils gewählt werden konnte. Postkarten können am besten von Online-Druckereien produziert werden (in unterschiedlichen Formaten, als Einzel- oder Kalenderpostkarten) – wobei von den Grafiken jeweils JPEG-Scans in einem DIN-Größenverhältnis in der Qualität von 300 dpi vorliegen müssen. Dies ist mit einfachen Scannern bei Vorlagen bis DIN A4 gut leistbar. Wenn notwendig, können mit Bildbearbeitungsprogrammen (GIMP, Photoshop u. a.) kleinere Korrekturen vorgenommen werden (Ausrichtung, Kontrast und Helligkeit). Problematisch sind in der Regel Korrekturen mit Filtern und bei der Farbgebung, sie können manchmal zu sehr überraschenden Ergebnissen bei Online-Druckereien führen. Für geübte Anwender ist auch das Scannen von A3-Vorlagen über das Verbinden von zwei A4-Scans eines Bildes möglich („Photoshop-Assistent-Merge-Panorama"), es erfordert aber zum Teil erhebliche Nachbearbeitung. Einfacher und relativ billig ist es, größere Formate als 300 dpi-JPEG-Dateien in einem Copy-Shop einscannen zu lassen (USB-Stick mit mindestens 4 GB mitnehmen, da die Scan-Dateien sehr groß sind).

Die fertigen Scans lassen sich bei Online-Druckereien im Browser in vorhandene Vorlagen für Postkarten oder Kalender einbauen. Wählbar sind bei Kalendern meist Formate, bei denen das Kalendarium unten über die Grafik gedruckt wird oder bei denen die Grafik über das Kalendarium gesetzt wird. Empfehlenswert ist meist die letztere Variante. Für die Rückseite können kurze Texteinträge gewählt werden, hier ist die Wahl der Schriftarten allerdings sehr begrenzt.

Will man bei der Gestaltung der Druckvorlagen nicht an die Vorgaben der Online-Anbieter gebunden sein, sondern selbst gestalten, kann man jede einzelne Seite mit einer Grafik-Software erstellen (GIMP, Photo-Shop u. Ä.) und pro Seite eine Datei (richtig durchnummeriert) an die Druckerei senden. Hat man vor, solche Projekte häufiger zu machen, ist es sinnvoll, sich in ein Desktop-Publishing-Programm (wie z.B. Scribus) einzuarbeiten und dann der Druckerei eine PDF-Gesamtdatei (300 dpi) zu schicken.

Erfahrungsgemäß muss man für eine Auflage von 50 Postkartenkalendern (A6 – geleimt) Kosten von ca. 110 € veranschlagen (Stand 2019), besser sind A6-Kalender mit perforiertem Kalendarium – hier wird das Kalendarium unter der Grafik abgerissen und die Kalenderblätter können dann noch als Postkarten gut verschickt werden. Der Kostenrahmen wird sich bei einer Auflage von 50 Stück bei rund 120 € bewegen. Möglich sind Postkartenkalender bis zum A5-Format, nach Abriss des Kalendariums bleibt dann die maximale Postkartengröße übrig. Hier liegen die Kosten (inkl. Aufsteller) bei rund 250 € für 50 Stück. In jedem Fall ist es sinnvoll, erst ein Probeexemplar zu produzieren und den Hersteller zu testen.

Erfahrungsschatzkiste

Projekte wie „BILDTEXTE" sind – auch wenn sie auf klar definierte Produkte zielen – zuallererst Werkstätten der Erfahrung. Für einen langen Projektzeitraum zählt weniger das angestrebte Produkt als der erlebte Arbeitsprozess mit Einblicken in neue Verfahren und Techniken. Gemeinsam mit einem Partner aus der Klasse an einem Werkstück (Typografie, Lithografie) zu arbeiten, beim Drucken einander zu helfen (sonst geht es nicht), das stärkt die Kompetenz zur Zusammenarbeit und zwingt dazu, Absprachen verlässlich einzuhalten (wann drucken wir wie womit?).

Umsetzbar sind die für das Projekt „BILDTEXTE" beschriebenen Schritte auch im alltäglichen Unterricht – ohne die Einbeziehung einer Exkursion in eine Druckerei, ohne die haptisch-handwerkliche Erfahrung –, wenn man sich mit Grafik- und Textprogrammen auskennt und der Klasse eine gut vorbereitete Arbeitsumgebung bieten kann (vorbereitete Dummy-Dateien, Anleitungen). Die Erarbeitung am Rechner ist aber selten so kooperativ und im Arbeitsprozess so differenziert erlebbar wie in einer klassischen Buchdruckerei. Schwieriger ist auch, so unmittelbar und direkt Rückmeldung auf seine Arbeit zu bekommen, wie dies beim Setzen und Drucken über das Material, das Ergebnis und die Hinweise der Professionellen erfolgt.

Wann immer es möglich ist, sollte also die Kooperation mit einem Druck-Partner bei diesem Projekt angestrebt werden. Ist dies nicht machbar, bleibt die Alternative mit neuen Medien. Auch sie hat ihren Reiz, wenn Jugendliche erfahren, was man mit Programmen wirklich gestalten kann.

1.8 Schrift und Druck dreidimensional

ab Klasse 7	
Fächer	Deutsch, Kunst, Werken und ggf. Informatik
Zeitbedarf	ca. 6–8 Unterrichtsstunden
Material	Papier (80–120 g/m², quadratisches Format von 5 bis 30 cm), Zeitungen, Kartons/Guckkästen, Fotografie mit Stativ (Handy oder Spiegelreflex), Beleuchtungsquelle (Schreibtischlampe reicht aus) große Lettern oder Dekorations-Buchstaben (>30 cm) – Alternative: Pappe 3 mm oder Sperrholz, Cuttermesser, zwei gleich große Pappschachteln (Höhe 7–10 cm), Schere, ggf. Laubsäge, Klebstoff, Gaffa-Tape, Plaka- oder Acryl-Farbe zum Anstreichen der Buchstaben
Produkt	(Falt-)Objekte mit Lettern/bedrucktem Papier, Buchstaben als Objekt/Skulptur
technische und räumliche Anforderungen	Klassen- oder Kunstraum, Schneideunterlagen, Plastikdecken für Tische, Zeitungspapier, eventuell Rechner und Grafikprogramme wie GIMP oder Photoshop
Ziele/Kompetenzen	Wirkung von Schrift im Raum und als Teil von Objekten untersuchen; Objekte und Räume durch Schrift bzw. Einbindung von Schrift gestalten; grundlegende raumgestaltende Mittel erkennen, gegenständliche Objekte hinsichtlich einer Gestaltungsabsicht entwerfen, Schriftmaterial sammeln und im Hinblick auf Gestaltungsabsicht zu dreidimensionalen Objekten bearbeiten, variieren, Modelle von Schrift mit adäquaten Werkzeugen und Materialien erstellen

Schrift taucht im Alltag der Schülerinnen und Schüler immer wieder auch als dreidimensionales Objekt auf: in den Innenstädten bei „Kundenstoppern", Leuchtstoff-Reklamen, als 3D-Buchstaben an Wänden. Manche sind so berühmt geworden, dass sie unter Denkmalschutz stehen wie die Anfang des 20. Jahrhunderts am Katharina-Aufzug in der Stockholmer Altstadt angebrachte dreidimensionale Leuchtreklame für die Stomatol-Zahncreme, eine der ersten beweglichen Leuchtreklamen in Schweden (**Abb. 54**), oder wie die legendäre Hollywood-Reklame (**Abb. 55**).

Auf fast jeder Schachtel, jeder Verpackung sind Buchstaben und Bilder gedruckt – und fast alles lässt sich auch bedrucken.

54 |
Seit über 100 Jahren und nun denkmalgeschützt: Stomatol-Leuchtreklame in Stockholm

55 | Hollywood Sign in Hollywood Hills von 1923 (4 x 137 m)

In unserem Unterrichtsvorschlag „Schrift entdecken – Gedichte verstecken" (→ Kap. 1.3) haben wir die Allgegenwärtigkeit von Schrift im Schulalltag bereits aufgegriffen. In dieser Unterrichtsreihe vertiefen wir diesen Aspekt und wollen die Aufmerksamkeit lenken auf gestaltete Schriftobjekte bzw. Schrift auf Objekten in unserer Umwelt. Ausgangspunkt für die Unterrichtsreihe können entweder Schriftobjekte oder Schrift auf Objekten sein.

Erster Schritt: Als Einstieg in das Unterrichtsvorhaben bieten sich einfache Basisübungen zur handwerklichen und gestalterischen Seite von Schrift als/auf dem Objekt an. Eine scheinbar einfache Einstiegsübung ist „Falte dir eine Buchstabenwelt" **(Abb. 56)**.

Eigentlich handelt es sich um eine mittelschwere Origami-Aufgabe (Faltschachtel mit schrägen Wänden). Die Herausforderung besteht allerdings darin, schon vor dem Falten der Schachtel zu planen, einen Text oder Buchstaben versteckt, prominent oder an einer ganz bestimmten Stelle zu platzieren. Dazu muss zuerst ein „Dummy" gefaltet werden, der eine Vorstellung von der Räumlichkeit des Objektes geben kann. Es bietet sich hier an, Faltblätter zu verwenden, die auf der Vorderseite mit Buchstaben unterschiedlicher Größe bedruckt sind. Nach der Erstellung und Analyse des Dummys (evtl. Aufteilung in Flächen/Felder) können die Schülerinnen und Schüler ein von ihnen selbst gestaltetes Faltblatt vorbereiten und ihre eigene Faltschachtel herstellen. Diese können sie dann in einem Karton/Guckkasten oder einem Raum-Modell (Lego, Playmobil) experimentierend platzieren (ggf. Befestigung mit Draht, Knete). Zwischenstände und Ergebnisse können fotografisch festgehalten werden (konstante oder variierende Beleuchtung).

Die andere Basisübung besteht im Bau eines großen Buchstabens oder einer Letter (größer als 30 cm) aus Pappe oder Sperrholz (oder auch aus Pappmaché, erhältlich in Fachgeschäften für Dekoration oder Möbelhäusern). Die Herstellung der Buchstaben **(Abb. 57)** sollte in mindestens 3er-Gruppen in folgenden Schritten erfolgen:

1. Entwurf für den Buchstaben 2-mal gleich auf Pappe/Sperrholz zeichnen;
2. die Flächen ausschneiden/aussägen;
3. die beiden Pappschachteln als Abstandshalter zwischen Vorder- und Rückfläche kleben, Seitenrand aus Pappe oder Wellpappe umkleben (2 cm nach innen geknickt, mit Leim bzw. Gaffa-Tape ankleben).

Zweiter Schritt: Der Buchstabe soll dann als Objekt nach folgenden Vorgaben in der Schule platziert und

Alles, was du brauchst: ein quadratisches Blatt Papier …

Falte dir die Buchstabenwelt …

Gestalte ein quadratisches Blatt Papier (Zeichenpapier) mit Buchstaben, Geheimbotschaften, Farben, Symbolen und mache dann eine Faltschachtel mit schrägen Wänden daraus!

1. Falte das Papierquadrat zuerst 2 x auf die Hälfte, öffne es, drehe es um und falte es 2 x diagonal.
2. Ziehe es dann wie einen Schirm an den Ecken zusammen und falte es zu einem Quadrat (¼ der Größe des Blattes).
3. Falte an der gepunkteten Linie die vordere obere Spitze nach unten.
4. Führe die Spitze des Dreiecks nach oben bis zur Mittellinie, falte an der punktierten Linie.
5. Schiebe den Teil mit die Spitze nach hinten und wiederhole den Vorgang auf der Rückseite.
6. Klappe den vorderen Seitenflügel nach rechts um.
7. Falte die nun vorn liegenden Flügel (Vorderseite) der Länge nach an der punktierten Linie.
8. Lasse sie an der senkrechten Mittellinie zusammenstoßen.
9. Wende das Blatt, wiederhole den Vorgang auf der Rückseite. Falte die langen Spitzen nach unten.
10. Stecke (an beiden Seiten) die Spitze nach hinten, sodass eine Raute entsteht.
11. Ziehe die Raute an der Öffnung auseinander. Die nach unten zeigende Spitze bildet den Boden des Kästchens, sie muss vorsichtig (mit Falzbein, Ende eines Bleistifts) ausgeformt werden.

56 | Anleitung: „Falte dir die Buchstabenwelt"

jeweils fotografiert werden: spannend – allein – Abenteuer. (Erweiterung: Buchstabe kann vorher farblich entsprechend gestaltet werden.) Die Klasse kann danach gemeinsam prüfen: Wie wirkt der Raum durch das Objekt? Wie verändert der Raum das Objekt?

Nach diesen Übungen können Schülerinnen und Schüler in ihrer weiteren Umgebung mit der Platzierung von Buchstaben als Objekten experimentieren oder dort nach Schriftobjekten suchen und sie dokumentieren, alternative Platzierungen oder Gestaltungen ausprobieren. Interessant kann auch sein, Fotos von bekannten Buchstabenobjekten zu modifizieren (z. B. **Abb. 54, 55**), z. B. durch Falschschreibungen, Entfernen oder Hinzufügen von Elementen (u. a. mit GIMP).

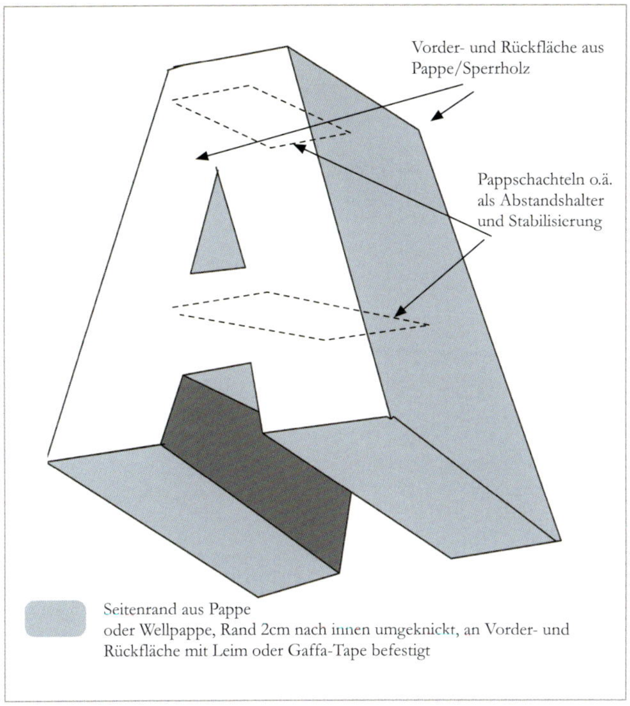

57 | Ein Buchstaben-Objekt erstellen (Schemazeichnung)

Dritter Schritt: Was Schrift *auf* Objekten bewirken und wie man dort mit ihr unterschiedliche Wirkungen erzielen kann, lässt sich ebenfalls mit einfachen Experimenten mit Alltagsmaterialien und -objekten erkunden – wobei die Aufmerksamkeit hier jeweils nur der Typografie und den Buchstaben gelten soll, andere Gestaltungsmerkmale können später aufgegriffen werden. Zum Beispiel:

- unbedruckte Faltschachteln oder Tüten (besonders gut geeignet) bedrucken, bestempeln oder mit Buchstabencollagen versehen;
- Teile bedruckter Objekte bedecken oder verfremden (Farbauftrag, Ausschneiden, Überkleben);
- Verpackungen/Objekte verkürzen, vergrößern, stauchen, sodass neue Buchstabenkombinationen entstehen;
- bedruckte Objekte mit anderen Werkstoffen nachbauen (Schwamm, Styropor, Holz);
- Schriftzüge als Schablone mit anderer Farbe/Gestaltung auf Verpackung aufkleben;
- ein beschriftetes Objekt möglichst genau reproduzieren und möglichst nur eine oder zwei Veränderungen/Variationen einbauen;
- gleiche Verpackung/Objekt nur mit anderen Schriften nachbauen;
- Alltagsgegenstände mit Schriftzügen versehen (z. B. Kaffeebecher);
- das Schullogo bearbeiten.

Besonders bekannt geworden sind Andy Warhols Veränderung von Verpackungen. So ließ er die Papp-Verpackung der Firma Brillo für Putzschwämme aus Stahlwolle (Warhol 1964) als Holzkisten in großer Zahl nachbauen – und zwar so exakt wie möglich – und brachte dann den Originaltext der Verpackung u. a. im Siebdruckverfahren auf die Flächen auf. In seiner Galerie baute er einige Hundert der Objekte auf wie in einem Supermarkt – und warf so die Frage auf: „Brillo: Is It Art?"

Erfahrungsschatzkiste

Die Verfahren dieses Unterrichtsvorschlags sind unterschiedlich anspruchsvoll: Schülerinnen und Schüler unterschätzen häufig die Schwierigkeit und besonders den Zeitaufwand beim Fotografieren von Objekten. Hier muss immer wieder ausprobiert und neu arrangiert werden, bis die beabsichtigte Wirkung erfasst werden kann. Die Arbeit mit einem Stativ und ggf. auch per Fernsteuerung (per Computer, z. B. mit dem Programm QDSLrDashboard) führt zu schnelleren und besseren Ergebnissen, sollte aber von einer Lehrperson betreut werden, damit nicht die Bewältigung des Programms im Vordergrund steht.
Überraschende und sehr zufriedenstellende Ergebnisse liefert das Bedrucken unbedruckter Verpackungen und Tüten für Fantasieprodukte. Hier steht die Arbeit mit der typografischen Gestaltung des Objekts stark im Vordergrund. Ein weiterer positiver Aspekt ist, dass die Arbeiten sich gut und interessant in der Schule präsentieren lassen – z. B. eine Ausstellung mit Verpackungen für die „Goethe-Schnelllern-Donuts" etc.

1.9 Lernplakate und -poster mit Sinn und Layout gestalten

alle Klassen, systematisch ab Klasse 7/8	
Fächer	Deutsch, Kunst, Geschichte, Politik (alle Fächer)
Zeitbedarf	ca. 6–8 Unterrichtsstunden
Differenzierung	Themenstellung, Komplexität der Aufgabe, Arbeitsgruppen, Peer-Unterstützung
Material	Entwurf-Papier; Paketpapier, Filzstifte (2–6 mm), verschiedenfarbige Karten, Hinweispfeile, grafische Elemente, Klebstoff, Kopien
Produkt	Lernplakate
technische und räumliche Anforderungen	alle Räume und Klassen; Ausstattung mit Präsentationsflächen in den Räumen; Klärung von Verantwortlichkeit für Betreuung von Präsentationen
Ziele/Kompetenzen	▪ Gestaltung von Beschreibungen (Gegenstand, Personen und Vorgänge) auf Lernplakaten ▪ formale und inhaltliche Gliederung von Aufgaben und Ergebnissen

Geht man an einem normalen Tag mal nachmittags durch Klassenräume vor allem der Mittelstufe und schaut sich an, was da alles so an Wänden hängt, stellt sich meist ein zwiespältiges Gefühl ein: einerseits Anerkennung für die mit viel Fleiß und Aufwand erstellten Schülerprodukte (Lernplakate, Mindmaps, Infoblätter), andererseits aber auch Irritation über die häufig unübersichtliche Gestaltung, die lieblose oder zufällige Hängung, das Umfeld für die Schülerprodukte. Dass die meisten Lernplakate, Poster und Wandzeitungen in Klassen viel zu wenig beachtet und wertgeschätzt werden – und sie also viel zu wenig bewirken (außer Verwirrung und optische Überlastung) –, liegt nicht an ihnen selbst, sondern an ihrer Präsentation. Und in jeder Jahrgangsstufe scheint die Menge der Lernplakate weiter anzuwachsen, während die Qualität der Präsentationsmöglichkeiten und -umgebung ständig sinkt. Irgendwann liegt dann ein Haufen alter Lernplakate auf dem Klassenzimmerschrank, die während der Sommerferien entsorgt werden, einige Poster flattern nostalgisch an den Wänden.

Erster Schritt: Bevor man also an Entwürfe für (bessere) Poster und Lernplakate herangeht, sollte man deshalb spätestens ab der Jahrgangsstufe 7 eine strukturierte Präsentationsumgebung schaffen, in der sie zur Geltung kommen können. Fast immer lässt sich eine akzeptable Umgebung mit vergleichsweise geringem Aufwand erreichen:

- *Aufräumen:* alte Präsentationen, ungenutzte Möbel, Staubfänger … das hindert Schülerinnen und Schüler daran, aufmerksam zu sein und aufmerksam wahrzunehmen
- *Raum planen:* Wo sind Präsentationsflächen und -möglichkeiten? Meist gibt es eine gut nutzbare Wand, die unterteilt werden kann in eine Info-Fläche (Mitteilungen, Hinweise, Klassenregeln) und in eine Präsentationsfläche für Unterrichtsergebnisse. Für die Info-Fläche eignen sich Magnettafeln oder Holzflächen (für Pinnadeln), sie sollten hell gestrichen und gut beleuchtet sein – hier sind Lösungen sinnvoll, bei denen Bilderleisten bzw. Befestigungselemente integriert werden können. Zu jeder Präsentationsfläche gehört noch ein eigens (z. B. durch Farbklebeband) ausgewiesener Bereich für Kommentare, Hinweise und Fragen. Lernplakate und -poster können auch gut auf Stellwänden präsentiert werden (in der Klasse oder in der Schule). Sie sollten mindestens geeignet sein für DIN-A0-Formate.
- *Gestaltungsrahmen festlegen:* Welche Poster oder Plakate sollen überhaupt präsentiert werden? Bei vielen Gruppenarbeiten sollen kleine Zusammenfassungen erarbeitet werden, die dann in der Klasse vorgestellt werden. Hier handelt es sich in der Regel nicht um Produkte, die für eine längere Präsentation gedacht sind, sondern eher um Arbeitsnachweise und Protokolle der Gruppenarbeit: Sie werden präsen-

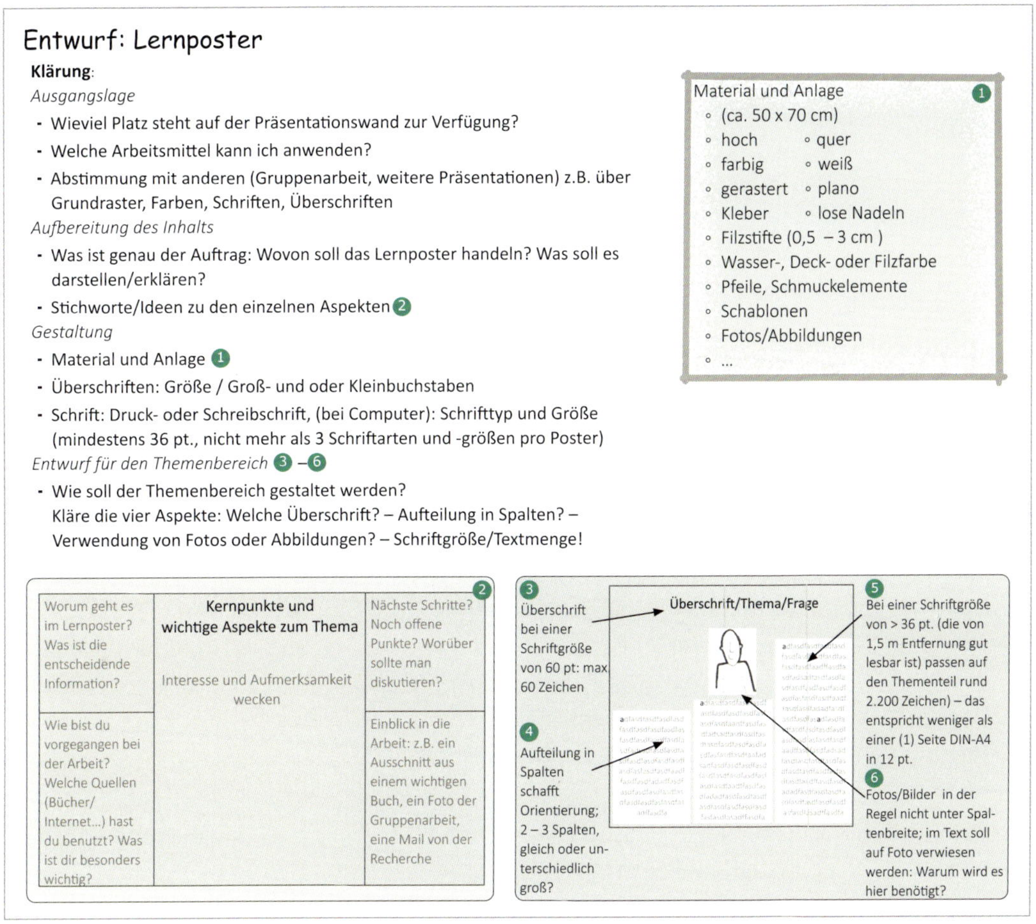

Entwurf: Lernposter

Klärung:

Ausgangslage

- Wieviel Platz steht auf der Präsentationswand zur Verfügung?
- Welche Arbeitsmittel kann ich anwenden?
- Abstimmung mit anderen (Gruppenarbeit, weitere Präsentationen) z.B. über Grundraster, Farben, Schriften, Überschriften

Aufbereitung des Inhalts

- Was ist genau der Auftrag: Wovon soll das Lernposter handeln? Was soll es darstellen/erklären?
- Stichworte/Ideen zu den einzelnen Aspekten ❷

Gestaltung

- Material und Anlage ❶
- Überschriften: Größe / Groß- und oder Kleinbuchstaben
- Schrift: Druck- oder Schreibschrift, (bei Computer): Schrifttyp und Größe (mindestens 36 pt., nicht mehr als 3 Schriftarten und -größen pro Poster)

Entwurf für den Themenbereich ❸ –❻

- Wie soll der Themenbereich gestaltet werden? Kläre die vier Aspekte: Welche Überschrift? – Aufteilung in Spalten? – Verwendung von Fotos oder Abbildungen? – Schriftgröße/Textmenge!

58 | Ein Lernplakat/-poster entwerfen – Layout und Gestaltung

tiert, eventuell an der Tafel gezeigt und dann nicht weiter benutzt. Lernposter und Plakate zielen dagegen auf andere Anwendung: Sie begleiten die mündliche Präsentation von Schülerinnen und Schülern, sollen Interesse wecken, Hauptaussagen formulieren und zu Fragen herausfordern. Dabei sollten sie so interessant gestaltet sein, dass sie zwei Wochen lang die Aufmerksamkeit auf sich ziehen und immer wieder zur Beschäftigung mit und Fragen zum Thema führen können.

- *Pflegen:* Damit Präsentationsflächen interessant bleiben, muss bestimmt werden, wer als Klassenmitglied und Lehrperson zuständig dafür ist, dass Poster und Lernplakate nur eine bestimmte Zeit (etwa zwei Wochen) und in einer bestimmten Form aufgehängt werden (und bleiben). Weiterhin braucht man einen Präsentationsplan: Welches Fach kann zu welcher Zeit über die Präsentationswand verfügen? Dies sorgt für regelmäßige Abwechslung und Aufmerksamkeit. Nach Ablauf der Zeit werden die Präsentationen wieder entfernt – auch wenn dadurch für längere Zeit eine freie, ungenutzte Fläche entstehen sollte. Denn gerade das kann wiederum anregen, gute Präsentationen zu erstellen.

Zweiter Schritt: Bei der Erarbeitung von Lernplakaten und -postern sollte von Anfang der Aspekt der Gestaltung mitbedacht werden, damit u. a. die Text- und Bildmenge entsprechend festgelegt und der Adressatenbezug beachtet wird. Für den Entwurf können sich die Schülerinnen und Schüler an einem Arbeitsblatt orientieren (Abb. 58).

Dritter Schritt: Auf der Grundlage des Arbeitsblattes kann dann das Layout auf einer Heftseite grob skizziert werden. Die 5er-Aufteilung des Arbeitsblattes gibt eine Arbeitsstruktur vor und erlaubt einen Einblick in den Erarbeitungsprozess – wie z.B. im Entwurf von Jakob

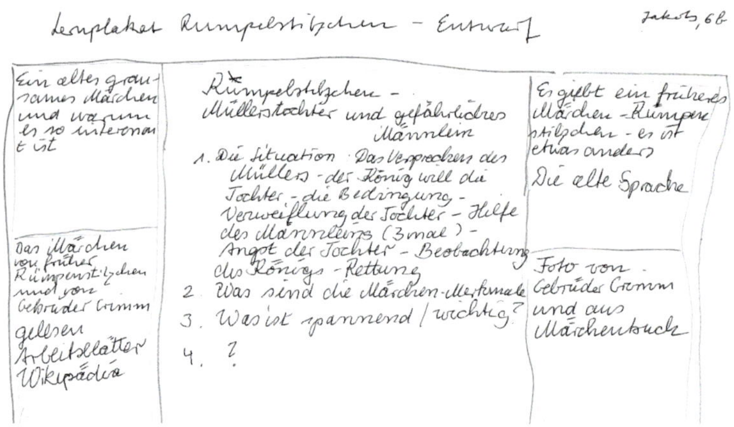

59 | Layout-Entwurf (reduziert) in der Jahrgangsstufe 6: Jakob und Rumpelstilzchen

(Abb. 59). Die Hinweise zur Gestaltung können dann bei der konkreten Umsetzung des Lernplakats weiter ausgeführt werden.

In höheren Klassen bietet sich vor allem bei Präsentationen im Bereich der Naturwissenschaften eine etwas andere Aufteilung des Lernplakats (Abb. 60) an. Die Gestaltung eines Lernplakats sollte sich an drei Punkten (wie schon bei der Wandzeitung, → Kap. 1.4) orientieren:

- *Schau mich an!* Erweckung von Aufmerksamkeit und Interesse (z.B. durch Überschriften, Bilder, Perspektive).
- *Lies mich!* Angemessene Größe des Plakates, lesefreundliche Gestaltung, schnelle Lesbarkeit und Übersichtlichkeit (durch Wahl der richtigen Schrift, Schriftgröße und Textgestaltung).
- *Frag mich!* Anreiz für weitere Fragen – durch Ausblicke, Kontroversen, Bildreize.

Zu den beiden ersten Aspekten geben wir im Abschnitt „Schrift- und Textgestaltung" ausführliche Hinweise.

Vierter Schritt: Lernplakate lassen sich auch mit Textverarbeitungs- und Grafikprogrammen erstellen. Hier gibt es zwei Varianten:

- Bei der „Klebevariante" werden auf DIN-A4-Format ausgedruckte Textausschnitte auf das Poster aufgeklebt (oder Überschriften mit Klassenstempeln angebracht, → Kap. 1.6). Dies ist ein einfaches Verfahren, hat allerdings den Nachteil, dass die Breite des Plakats oft nicht richtig ausgenutzt wird.
- Einfacher ist hier die „Vergrößerungsvariante", bei der das Poster verkleinert im A4-Format auf dem Computer gestaltet und dann auf 8 oder 16 Seiten vergrößert ausgedruckt wird, die zusammengefügt werden müssen.

Folgende Arbeitsschritte sind bei der *Vergrößerung* dazu notwendig:

❶ In einem Textverarbeitungsprogramm (Word, LibreOffice, Pages usw.) eine Textdatei anlegen, bei „Seiten einrichten" nach Möglichkeit „DIN A4 randlos" wählen.

❷ Schriftgröße wählen: bei geplanter Vergrößerung von DIN A4 nach DIN A1: Überschrift 20 pt, Text 14 pt, bei geplanter Vergrößerung von A4 nach A0: Überschrift 16 pt, Text 12 pt

❸ Wenn die Seite fertig gestaltet ist (einschließlich Verwendung von Symbolen und Formen) die Datei als PDF-Datei speichern (mittels Drucken oder Exportieren in eine PDF-Datei, wenn möglich vektororientiert).

❹ PDF-Datei laden mit (kostenfreiem) Adobe Reader (andere PDF-Reader eignen sich für dieses Vorgehen zum Teil nur bedingt).

❺ Druckbefehl mit folgenden Einstellungen (Abb. 61): zu druckende Seiten: alle; Poster; Teileskalierung: bei DIN A4 zu DIN A1 = 267 %, bei DIN A4 zu DIN A0 =

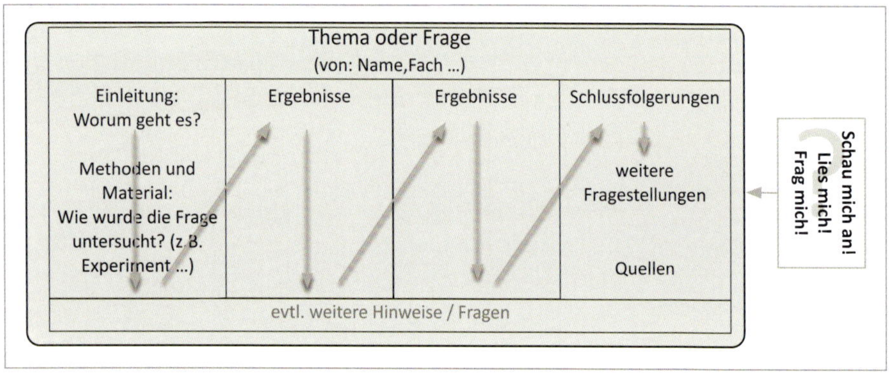

60 | Layoutraster für Präsentationen in Naturwissenschaften

379 %; Überlappung: 5 mm (so lassen sich Blätter besser zusammenkleben); Hoch- oder Querformat. Bei DIN A4 zu DIN A1 werden dann 8 A4-Seiten gedruckt, bei DIN A4 zu DIN A0 dann 16 DIN-A4-Seiten.

6 Montieren der ausgedruckten Blätter (mit Leim, Kleber oder rückseitig mit Klebeband)

Werden die Plakate von Hand erstellt (mit ausgedruckten Textteilen oder mit der Hand geschrieben), können A1-Bögen gewählt werden (für A0 jeweils 2 zusammenfügen). Es lassen sich gut karierte Flipchart-Bögen verwenden (67,5 × 98,0 cm), sie bieten Orientierung für handschriftliche Einträge, sind etwas größer als DIN A1 und mit Befestigungsmöglichkeiten versehen. Allerdings sind sie meist teurer und auch dünner (30 Cent bis 1,30 € pro Bogen bei 80–90 g/m²) als DIN-A1-Bögen (90 oder 120 g/m²). Und je dünner das Papier ist, umso leichter schreiben Filzstifte durch (ggf. für Unterlage sorgen!).

Fünfter Schritt: Nach einer Präsentation von Lernplakaten und -postern sollte immer auch deren Gestaltung thematisiert und ggf. auch bewertet werden.

- Wie wirkt das Lernplakat insgesamt: strukturiert, ungeordnet, anregend, überladen …?

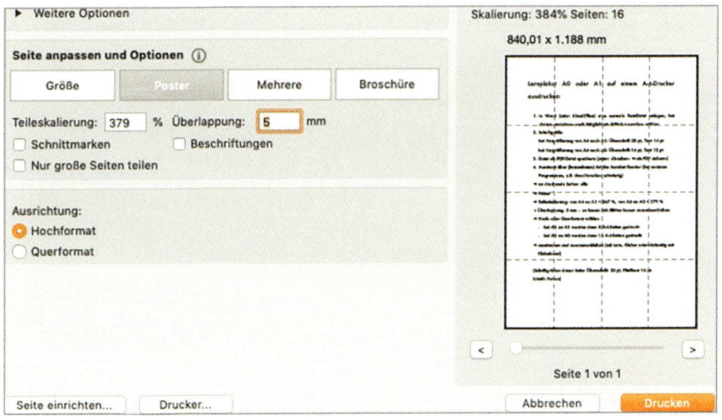

61 | Druckeinstellungen für Posterdruck in Adobe Reader

- Wie spricht das Lernplakat die Leser an (sind Sprache und Gestaltung auf sie ausgerichtet?)
- Wie wirkt die Überschrift: Schafft sie Interesse, Neugier, lässt sie sich gut merken?
- Wie gut ist das Lernplakat lesbar?
- Wie wurde mit dem Platz umgegangen: (ausbalanciertes Verhältnis von Text und Grafik)?
- Wie ergänzen sich Text, Überschrift, Pfeile, Grafik?
- Wie wurden die drei Prinzipien „Schau mich an – Lies mich – Frag mich! gut" beachtet?

Diese Feedback-Liste kann man auch für PowerPoint-Präsentationen verwenden, für die Entsprechendes gilt.

Erfahrungsschatzkiste

Die größten Herausforderungen bei der Gestaltung von Lernplakaten und -postern liegen in der Konzentration der Inhalte, der übersichtlichen und ansprechenden Darstellung und auch in der angemessenen Präsentation und Pflege der Lernergebnisse. Oder anders formuliert: Fast immer werden in Schulen zu viele Lernplakate zu schnell und zu ziellos im Unterricht eingesetzt. Vor allem wird nicht geklärt, was eine längere Hängung der Lernplakate für die Schülerinnen und Schüler bedeuten soll: Anerkennung? Wiederholung des Lernstoffs? Information anderer Klassen?
Wenn das Ziel von Lernplakaten nur sein soll, Arbeitsergebnisse zu dokumentieren bzw. nur der Lehrperson gegenüber nachzuweisen, dann eignen sich häufig Flyer, Handouts, Rapporte, Vorführung von Experimenten und Protokolle besser. Der gefährlichste Zeitpunkt für schlechte Lernplakate und -poster sind erfahrungsgemäß die letzten 6 Wochen vor den Zeugnissen: Hier werden verstärkt Referate gehalten, Möglichkeiten zur Verbesserung der bisherigen Note gegeben. Lernplakate sind dann häufig nur noch Beleg für eine zusätzliche Lernanstrengung. Sie müssen nicht in der Klasse aufgehängt werden, sondern können in solchen Fällen auch wie Referate oder Arbeiten nur bewertet werden.
Ist in den unteren Klassen der Sekundarstufe I noch gut nachzuvollziehen, dass junge Schülerinnen und Schüler so viel wie möglich von dem, was sie recherchiert und gelernt haben, auch zeigen (und nicht auswählen) wollen, so sollte spätestens ab der 7. Klasse auch unter dem Gesichtspunkt der Gestaltung auf eine stärkere Gliederung, Auswahl und Präsentation der Ergebnisse auf einem Lernplakat geachtet werden. Dies gilt auch für computergestützte Präsentationen (PPP, Prezi, Keynote) – auch hier ist bei jeder Folie zu fragen: Sind Informationen und Gestaltung notwendig, hilfreich und zielführend?

1.10 Buchdruck klassisch: ein Buch produzieren

ab Klasse 8/9	
Fächer	Deutsch, Kunst; je nach Themenschwerpunkt: alle Fächer
Zeitbedarf	ca. 10 Unterrichtsstunden, 4 Projekttage
Differenzierung	Unterschiedliche Aufgaben, Schwerpunkte und Gruppenkonstellationen ermöglichen fördernde und fordernde Herangehensweisen; ins Projekt können Schülerinnen und Schüler mit Förder- und Forderbedarf gut eingebunden werden.
Material	Entwurf-Papier für Linolschnitt: Linolplatten DIN A4 sowie MDF-Platten im selben DIN-A4-Format, Dicke 19 mm, Linol- oder Holzschnittmesser, Druckfarbe (wasserlöslich), 2–3 Druckwalzen, Plexiglas, Tischtücher, Zeitungspapier Schriftgestaltung, Druck und Bindung: Ausstattung der Buchdruckerei
Produkt	Buch (Englische Broschur; → Kap. 3.9) mit über 40 Buchseiten; Druck in ca. 250 Exemplaren (Bleisatz, Fadenheftung, Broschur-Umschlag)
technische und räumliche Anforderungen	Klassenraum, Möglichkeit der Exkursion/Zusammenarbeit mit einer klassischen Druckerei (z. B. Museum), Kunstraum (Herstellung von Drucken) und ggf. Klassenzimmer (Layout, Texterstellung)
Ziele/Kompetenzen	▪ themenorientiert eigene Kurztexte (Lyrik/Prosa) erstellen, sprachliche Ausdruckformen erproben und entwickeln ▪ Entwerfen einer Illustration zum eigenen Text (als Verstärkung, Ergänzung, Gegensatz), Komposition des Text-Bild-Zusammenhangs ▪ Umsetzen der Illustration in Linolschnitt ▪ Schriftwahl (Letternsatz), Satz des eigenen Textes, Mitarbeit bei der Anlage der Druckform der Doppelseite ▪ Abstimmen des Endzustands von Bild/Text ▪ Erleben und Begleiten des Druckprozesses auf historischer Druckpresse, kultur- und industriehistorisches Erbe sowie als Möglichkeit kreativer Gestaltung erfahren ▪ Zusammenlegen und Kontrollieren der Druckbögen sowie Fadenheftung als Manufaktur-Prozess selbstständig durchführen ▪ Auswählen bei Gestaltung des Broschur-Umschlages; nach Beschnitt und Falzung: Anlage des Umschlages an Innenseiten ▪ Verpackung der Einzelhefte in Pergaminpapier (Manufaktur-Prozess) ▪ Planen und Gestalten der Präsentation der eigenen künstlerischen Arbeit, Umgang mit Feedback

Ein halbes Jahrtausend, bis in die 1980er Jahre, hat der klassische Buchdruck mit Lettern und Presse (→ Kap. 3.1) die Welt im wahrsten Sinne des Wortes geprägt: Bis auf wenige Ausnahmen (z. B. Lithografie) wurden Bücher, Zeitschriften, Kataloge und Flugblätter nach dem Prinzip gedruckt, das in Deutschland nach 1440 von Johannes Gutenberg eingeführt wurde (der dabei aber wohl nicht die Druckexperimente mit Tonstempeln und Metalllettern aus Japan und Korea kannte; Füssel 2013, S. 16). Als in den 1960er Jahren dann das Offset-Druckverfahren technisch ausgereift war – ein indirektes Flachdruckverfahren (der Lithografie verwandt), bei dem nicht direkt von einer Druckplatte auf das Papier aufgetragen wurde, sondern indirekt über ein Gummituch –, ahnten die meisten nicht, dass es nicht einmal ein halbes Jahrhundert dauern würde, bis der klassische Buchdruck mit Lettern praktisch komplett durch moderne Druckverfahren (u. a. Offset, Digitaldruck) abgelöst sein würde. Nur noch wenige Bücher pro Jahr werden im deutschsprachigen Raum im klassischen Buchdruckverfahren erstellt – wenn die alten Blei- oder Holzlettern zum Einsatz kommen, dann überwiegend beim Druck von Visitenkarten, Plakaten oder Geschäftsdrucksachen. Haptik und Erscheinungsbild des klassischen Buchdrucks werden durch moderne Drucktechniken zwar gern nachgestellt (Retro-Look z. B. durch Prägedruck, Klischeedruck), aber nur noch selten im Original produziert. Vor allem in Museums- und Druckwerkstätten für Künstler (→ Kap. 4.4) wird die Schwarze Kunst noch betrieben, häufig auch mit Kursangeboten für Schulklassen in offenen Werkstätten.

In unserem Projekt „Buchdruck klassisch" wollten wir Schülerinnen und Schülern ermöglichen, die Schwarze Kunst des Buchdrucks als Handwerk, als bedeutendes kultur- und industriehistorisches Erbe sowie als Möglichkeit kreativer Gestaltung zu erfahren. Wieder haben wir das Projekt gemeinsam mit einer achten Klasse der Geschwister-Prenski-Schule (Gemeinschaftsschule) in Lübeck (www.prenski.de) realisieren können, und wurden dabei gefördert von der Heidehof-Stiftung in Stuttgart (www.heidehof-stiftung.de).

Ziel des Projekts war es, mit einer Schulklasse alle Schritte des Erarbeitungs- und Produktionsprozesses eines Buches im klassischen Buchdruck durchzuführen und sie dabei so weit wie möglich selbstständig und in Kooperation mit erfahrenen Druckern, Setzern und Buchbindern arbeiten zu lassen. Als Produkt wurde angestrebt, ein komplettes Buch im Bleisatz (über 40 Seiten) mit Texten und Bildern von jedem Klassenmitglied in einer Auflage von ca. 250 Exemplaren herzustellen.

Wie wir das Buch produzieren

Format:	25 cm × 24 cm	Quadratähnliches Format lässt Abbildungen im Hoch- und Querformat zu – diese Formatentscheidung hat sich außerordentlich bewährt.
Umfang:	52 Innenseiten	Muss durch 4 teilbar sein; ergibt 13 Druckbögen, die sich von der Dicke her noch gut fadenheften lassen.
Umschlag:	8 Seiten, Dreibruchfalz, eingeklappt	Der Umschlag wird nicht mit geheftet, sondern um die erste und letzte Seite gelegt, die dritte Falz ist für die Buchmitte (für Englische Broschur).
Auflage:	ca. 250 Exemplare, Schön- und Widerdruck (erste Seite enthält die erste und letzte Seite, die innere Form die zweite und vorletzte Seite)	Dies ist eine sehr hohe Auflage für ein solches Projekt und setzt Arbeitsteilung und Manufaktur-Arbeit voraus, insgesamt waren 1750 große Bögen zu bedrucken auf einer Heidelberger Zylinderpresse.
Papier innen:	120 g/m² Werkdruck 1,5-faches Volumen	Grammatur (Gewicht) und Volumen des Gewichts mussten so stabil sein, dass Schrift oder Abbildungen nicht durchdrückten oder -schienen.
Papier Umschlag:	300 g/m² Fotokarton grün	300 g/m² schaffen Stabilität, lassen sich aber noch hinreichend gut nuten und falzen.
Typografie:	Handsatz, Bleilettern	Kann je nach Text und Textgröße gewählt werden, Satzspiegel ca. 18 × 18 cm.
Illustration:	Linolschnitte	Lassen sich auf MDF-Platten befestigen und so auf die genormte Schrifthöhe von 23,566 mm bringen.
Farbigkeit:	Schrift in Schwarz	Als Kontrast zu den farbigen Bildern.
Bilder:	Irisdruck, bunte Verlaufs-Varianten	Nach dem ersten Projekttag entschieden sich die Jugendlichen für den farbstarken und variationsreichen Irisdruck.
Heftung:	Fadenheftung, Umschlag mit zwei Klappen umgelegt	Die Fadenheftung des Innenteils kann von Jugendlichen mit der Schulbuchheftung nach kurzem Anlernprozess erfolgen; die Wahl der Lösung für den Umschlag (Dreibruchfalz, bei der zwei Klappen umgelegt werden) entlastet die Buchbindung.

62 | Absprachen zur Gestaltung des Druckprozesses vor Beginn des Projekts

63 | Doppelseite aus „Alltagshelfer" mit Iris-Druck (Schülerarbeit)

Das Projekt begann, anders als beim Vorhaben „BILDTEXTE" (→ Kap. 1.7), direkt mit einer ersten Begegnung mit Bleilettern: Im Rahmen eines Projekttages in der Abteilung „Graphisches Gewerbe" des Museums der Arbeit in Hamburg (https://shmh.de/de/museum-der-arbeit) konnten die Schülerinnen und Schüler in einer komplett ausgerüsteten Buchdruckerei (auf dem Stand der 1960er Jahre) zuerst die Setzwerkzeuge (Winkelhaken, Setzschiff, Lettern, Ausschlussmaterial) in Einzel- und Partnerarbeit in den vier Setzgassen der Handsetzerei kennenlernen und erste Zeilen setzen, zum Teil in kleineren Bleilettern (24 bis 48 pt) oder in großen Holzlettern (bis zu 240 pt). Sie wurden dann auf Handpressen gedruckt, eingeschätzt, wieder verändert. Betreut wurden sie von ehrenamtlich tätigen Schriftsetzern und Buchdruckern (später im Arbeitsprozess auch von Buchbinderinnen), die auch für die Einhaltung der Sicherheitsvorschriften sorgten, und von ihren (mitlernenden) Lehrkräften. Die direkte Erfahrung mit dem Material und mit den strukturierten Arbeitsprozessen übte auf die Jugendlichen eine sehr starke Anziehungskraft aus: Sie erlebten, wie langwierig, aber auch wie direkt und effektiv sich ein Schriftsatz herstellen und drucken lässt. Nach dieser Öffnung für die Welt des Buchdrucks wurde in der Klasse die Idee des Buchprojekts weiterentwickelt – einerseits thematisch, andererseits aber auch schon organisatorisch und gestalterisch.

Vorarbeit: Thematisch einigte sich die Klasse auf den Themenbereich „Alltagshelfer", bei dem sie kurze Texte und auch Linolschnitte zu einem für sie in ihrem Alltag wichtigen Gegenstand entwickeln wollten. In mehreren Schritten wurden zuerst (im Deutsch- und Kunstunterricht) kreative Textideen entworfen, verbessert, auf Umsetzbarkeit im Druck hin geprüft (hier konnten die Jugendlichen bereits auf ihre Erfahrungen des ersten Projekttages zurückgreifen). Gleichzeitig wurde mit der Arbeit an Linolschnitten begonnen. Voraussetzung dafür waren Absprachen zur Gestaltung und zum Druckprozess des Buches. Festgehalten wurden die in der Übersicht zu sehenden Eckpunkte.

Erster und zweiter Projekttag: Nach der Vorarbeit in der Schule wurden an zwei weiteren Projekttagen die Bildentwürfe zeichnerisch in Linolschnitte umgesetzt, die Texte redigiert und dann in der Druckwerkstatt gesetzt (**Abb. 64**). Hier war in Partnerarbeit noch einmal zu kontrollieren, welche Schriftart entsprechend der Textgröße gewählt werden konnte und ob der Charakter

64 | Auswahl und Setzen der Schriften

65 | Probeabzug an der Andruckpresse

der Schrift zum Text passte. Nach Schriftproben, Andrucken und Korrekturen wurde der Text entsprechend dem Umfang des Satzspiegels zu einer Kolumne gestaltet – hier ging es um die Zeilenbreite, den Zeilenfall, Durchschuss zwischen den Zeilen. Mit der Kolumnenschnur wurde die Kolumne gesichert und konnte erst einmal so auf der halbmanuellen Andruckpresse gedruckt werden **(Abb. 64)**. Zu diesem Zeitpunkt des Arbeitsprozesses entstand in der Klasse auch die Layoutidee, dass sich im Buch Text und Bild eines Jugendlichen auf einer Doppelseite gegenüberstehen sollten **(Abb. 63)**.

Damit diese beiden Seiten in einem 52-Seiten-Heft auch genau gegenüberliegen, musste ein „Dummy" des Heftes erstellt werden (wie beim Layout des Gedichtheftes, → Kap. 1.1), dann ein Ausschießmuster für den Druck zu je 4 Seiten für Vorder- und Rückseite eines Druckbogens (auf einen Bogen 50 × 70 cm konnten also insgesamt 8 Seiten des Formats 21 × 25 cm gedruckt werden). Im Ausschießmuster wird festgelegt, wie die Seiten in der Druckform so angelegt werden, dass die bedruckten und gefalzten Bogen später die richtige Reihenfolge der Seitenzahlen beim Druck ergeben. Die Erstellung des Musters ist ein komplexer Prozess für Setzer und Drucker, er wurde den Jugendlichen in Grundzügen am „Dummy" des Heftes erläutert. Enger beteiligt waren die Jugendlichen dann wieder bei der Wahl der Druckfarben, hier wurde viel experimentiert, vor allem, weil immer 4 Schülerarbeiten auf einem Bogen abgestimmt werden mussten. Die Festlegung auf den Irisdruck, bei dem mehrere Farben auf die Farbwalze aufgetragen werden und langsam und schrittweise ineinander verlaufen (wie z. B. bei den Mustern in einigen Banknoten) ermöglichte besondere Farbgebungen (siehe **Abb. 63**).

Der Druck der Auflage sowie des Umschlags auf der Heidelberger Zylinderpresse **(Abb. 66 – 68)** dauerte fast eine Woche. Die fertigen Bögen wurden auf das Doppelseiten-Maß geschnitten, dann maschinell in einem externen Betrieb gefalzt.

Dritter Projekttag: Während eines weiteren Projekttages wurde dann eine kleine Manufaktur für die Schülerinnen und Schüler aufgebaut: Eine Gruppe sorgte für das Ablegen (Zurücklegen) des Schriftsatzes, einer wichtigen und Sorgfalt fordernden Arbeit, denn eine Setzerei kann nur effektiv arbeiten, wenn das Material immer geordnet zugänglich ist. Eine weitere Gruppe erledigte in einer Station das Zusammentragen der 13 Doppelseiten zu einem Heft und kontrollierte dabei auch Qualität und Vollständigkeit der Bögen: Jedes Gruppenmitglied sammelte und ordnete die gefalzten Bögen und kontrollierte sie. Dass die Gruppe dabei einen gemeinsamen Rhythmus für den Arbeitsablauf fand und sich aufeinander einspielte, war für sie eine wichtige Erfahrung, auch im Hinblick auf ihr weiteres Arbeitsleben.

66, 67, 68 | Druckwerk der Heidelberger Zylinderpresse

Vierter Projekttag: Für die buchbinderische Weiterverarbeitung (das Heften und das Anlegen des Umschlags) wurde eine Produktionsanordung aufgebaut, bei der die Gruppe zuerst die Löcher für die Heftung des Innenteils mithilfe einer Schablone und einer Binde-Lade **(Abb. 11)** vorstachen, dann eine Rückenstichbindung mit Nadel und Buchbindergarn ausführten und den Innenteil in den Umschlag und die Umschlagdeckel um die erste und letzte Seite des Innenteils legten.

In dieser Gruppe wurden schnell Arbeitsroutinen aufgebaut, und die Jugendlichen entwickelten großen Ehrgeiz, die Fadenheftung in einer „Erwachsenen-Geschwindigkeit" durchzuführen, und sie landeten am Ende bei einer Herstellungszeit von unter 2 Minuten pro Heftung.

Dann fand eine (letzte) Kontrolle des Produkts statt, die einzelnen Bücher wurden sorgfältig in Pergaminpapier verpackt. Jedes Klassenmitglied erhielt mehrere Exemplare, die Schule konnte Exemplaren an Kooperationspartner weitergeben und schließlich wurde das Buch „Alltagshelfer" auf einer großen Veranstaltung in der Schule in einer Ausstellung präsentiert.

Zu ihr erschienen Eltern, Gäste aus anderen Klassen, Kunstinteressierte, Vertreter aus der Kulturpolitik. Die Jugendlichen trugen ihre Texte vor, berichteten vom Produktionsprozess, zeigten ihre Arbeit auch in einer von ihnen inhaltlich und technisch gestalteten Videoproduktion.

Erfahrungsschatzkiste

Was es bedeutet, gemeinsam mit erfahrenen Handwerkern ein Buch produzieren zu dürfen, hat die Klasse der Lübecker Geschwister-Prenski-Schule bei der Präsentation beschrieben: „Uns wurde mit dem Projekt weit mehr geschenkt, als das Buch, das Sie jetzt in den Händen halten – wir durften das Buch nämlich selbst schreiben, illustrieren, gestalten und unter der Anleitung erfahrener Schriftsetzer, Illustratoren, Drucker und Buchbinderinnen in den Werkstätten des Museums der Arbeit in Hamburg drucken und binden. Dazu legten wir die Smartphones einmal weg und entdeckten für unsere Gedichte und Linolschnitte die Dinge, mit denen wir jeden Tag hantieren, neu. Statt uns durch elektronische Medien zu erweitern, galt es die eigenen Alltagshelfer mit allen Sinnen zu erfahren und zu erleben. Wie fühlt es sich an, über meine Haarbürste zu streichen? Wie sieht ein vollgeweintes Taschentuch aus? Wie riecht das Haarwachs, das ich in meinen Händen verreibe? Wie fühlt es sich an, auf eine Klaviertaste zu drücken? Welches Geschmackserlebnis hält ein Kaugummistreifen bereit?"

Nächster Halt
Stadthalle
rote Jacke, schwarze Locken
Er ist's
Ich ziehe dich vorsichtig
aus der Tasche
in den Mund
Eine Explosion aus Pfefferminz
»Hallo« hauche ich

69 | Ausschnitt aus: „Alltagshelfer" – Kaugummi/nächster Halt

Den Schülerinnen und Schülern haben sich die praktischen Erfahrungen („Linolplatte warmsitzen, damit man sie besser bearbeiten kann"), die Teamarbeit, das kreative Arbeiten und persönliche Begegnungen besonders stark eingeprägt („die Atmosphäre mit den netten Leuten, die uns Schritt für Schritt angeleitet haben"). Sie erfuhren im Arbeitsprozess Wertschätzung (durch Herausforderung, Einbindung, Anleitung) und sie gaben diese Wertschätzung durch Aufmerksamkeit und Engagement auch wieder zurück an das gesamte Projekt.

Für die anleitenden Drucker, Setzer und Pädagogen war überraschend, wie schnell sich die Jugendliche in die einzelnen Arbeitsschritte einarbeiteten und wie sich immer wieder einzelne Schülerinnen und Schüler zu Spezialisten herausbildeten und ihren Mitschülern halfen und sie berieten. Auch wenn einzelne Arbeiten nicht von Jugendlichen erledigt werden konnten (z. B. maschinelles Falzen, Drucken auf der Zylinderpresse), so war es für den Erfolg des Projektes jedoch sehr wichtig, dass sie alle Arbeitsschritte immer beeinflussen konnten. Von besonderer Bedeutung war hier die Kooperation bei der Farbauswahl für den Druck und bei der Heftung des Buches.

Die Präsentation in der Schule hat diese intensive Erfahrung von Selbstwirksamkeit und Selbstbestimmung noch einmal bekräftigt. Mit eigenen Texten und Bildern vor der Schulöffentlichkeit aufzutreten (wie z. B. mit einem Text über den „Alltagshelfer Kaugummi", Abb. 69), das hatten sich die meisten Schülerinnen und Schüler zu Beginn des Projekts nicht träumen lassen.

Aber – es gibt auch ein Aber: Das Projekt erfordert Zeit (4 bis 5 Projekttage), persönlichen Einsatz und eine intensive Kooperation mit einer grafischen Werkstatt oder einer Buchdruckerei, die ein verhältnismäßig umfassendes Projekt mit Jugendlichen noch umsetzen kann (→ Kap. 4.4).

Wenn diese Bedingungen nicht immer erfüllbar sind, so gibt es aber immer noch die Alternative, wesentliche Teile des Produktionsprozesse in digitaler Form durchzuführen (→ Kap. 1.11). Übrigens wurde von den „Alltagshelfern" noch eine Nachauflage gedruckt, allerdings nur in digitaler Form, eine Wiederholung des klassischen Druckprozesses hatte bedeutet, den gesamten Schriftsatz wiederherzustellen, alle Layout- und Passungsprozesse wieder durchzuführen – ein unverhältnismäßig hoher und auch für die Jugendlichen zu großer Aufwand.

1.11 Buchdruck analog und digital: eine produktive Verbindung

ab Klasse 9/10	
Fächer	Deutsch, Kunst, Informatik, Wahlpflichtfächer (je nach Themenschwerpunkt: alle Fächer)
Zeitbedarf	ca. 12 Unterrichtsstunden
Differenzierung	Unterschiedliche Aufgaben, Schwerpunkte und Gruppenkonstellationen ermöglichen fördernde und fordernde Herangehensweisen, ins Projekt können Schülerinnen und Schüler mit Förder- und Forderbedarf gut eingebunden werden.
Material	für Linolschnitt: Linolplatten, Linol- oder Holzschnittmesser, Druckfarbe (wasserlöslich), 2–3 Druckwalzen, Plexiglas, Tischtücher, Zeitungspapier Schriftgestaltung der Entwürfe: Lettern und Andruckmöglichkeiten in einer Buch- oder Schuldruckerei Zugang zu digitaler Druckerei (vor Ort oder online)
Produkt	Buch mit über 40 Buchseiten; Druck in beliebig vielen Exemplaren und wählbarer Ausstattung
technische und räumliche Anforderungen	Klassenraum, Kunstraum, (für Linolschnitt), Druckerei oder Schuldruckerei für Schriftsatz Kooperation mit digitaler Druckerei
Ziele/Kompetenzen	▪ themenorientiert eigene Kurztexte (Lyrik/Prosa) erstellen, sprachliche Ausdruckformen erproben und entwickeln ▪ Entwerfen einer Illustration zum eigenen Text (als Verstärkung, Ergänzung, Gegensatz), Komposition des Text-Bild-Zusammenhangs ▪ Umsetzen der Illustration in Linolschnitt ▪ Schriftwahl (Steckschrift), Satz des eigenen Textes ▪ Mitwirken bei Layout der Druckvorlage, Planung und Entwicklung der Vorgaben für den Digitaldruck; Durchführung von Entscheidungsprozessen für den Druckauftrag, Vergleich analoger und digitaler Buchproduktion ▪ Verpacken der Einzelhefte ▪ das Buch in der Schule präsentieren und vertreiben

Ist die Kooperation mit einer klassischen Buchdruckerei oder einer grafischen Werkstatt nicht möglich oder nicht leistbar, so bleibt als ein Ausweg für eine klassische Buchproduktion noch die Verbindung der analogen Gestaltung (Schriftauswahl, Schriftsatz, Seitengestaltung) mit dem digitalen Druck (online oder vor Ort). Wie im vorherigen Projekt „Alltagshelfer" können Texte mit Lettern gesetzt und gestaltet werden (oder als Textausschnitte am Computer), Linolschnitte können farbig abgedruckt werden.

Alle Texte und Bilder müssen dann mit 300 dpi am besten als JPEG-Dateien eingescannt werden (Farbe). Dabei sollte bei allen Bildern der gleiche Satzspiegel (Größe) eingehalten werden. Der Satzspiegel bestimmt sich nach der geplanten Größe des Buches; die Druckereien geben hier in der Regel Vorschläge für die Maße. Bei der Gestaltung des Satzspiegels muss auch darauf geachtet werden, dass Bilder und Texte nicht zu nah am Rand stehen (10 mm Abstand sinnvoll). Bilder, die über das gesamte Blatt gedruckt werden sollen, müssen etwas größer angelegt werden (Beschnitt), weil die Seiten im Produktionsprozess auf große Bögen gedruckt werden, die dann beschnitten werden müssen – bei ganzseitigen Bildern sollten weiße Stellen am Rand vermieden werden, sie erscheinen im Druck häufig als unschöne „Blitzer".

Bei der Schriftwahl gilt, dass sehr feine und dünne Schriften (mit feinen Serifen) häufig nicht gut lesbar erscheinen. Vorzuziehen sind Schrifttypen, die einen klaren Kontrast zur Weißfläche bilden. Die Schriftentwürfe sollten so erstellt oder ausgedruckt werden, dass

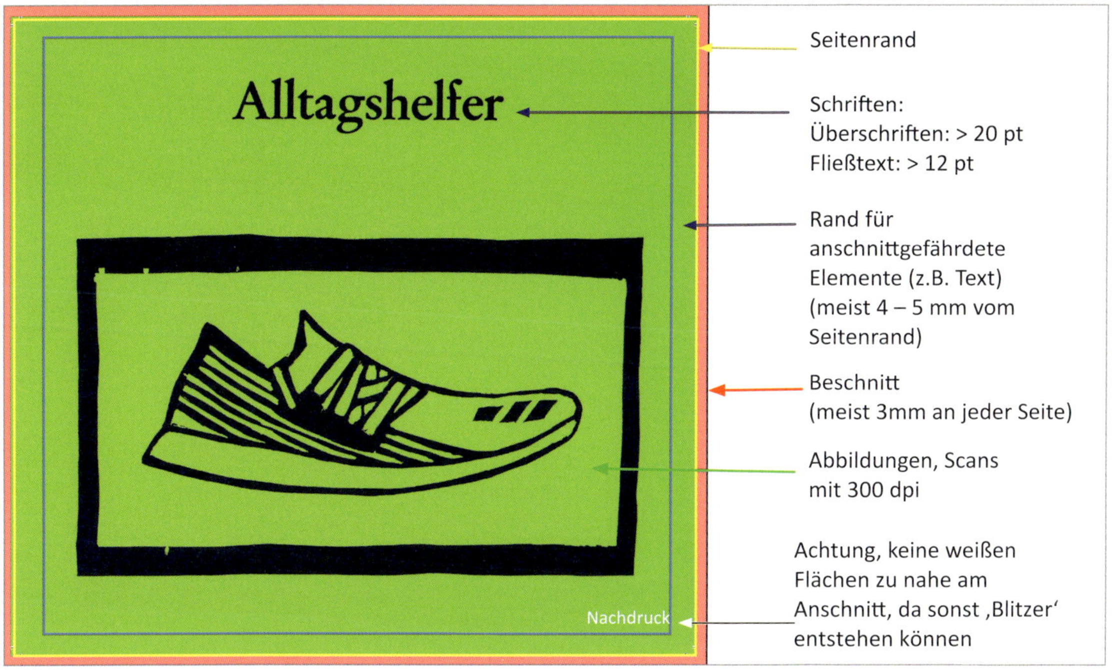

70 | Beispiel für Druckvorgaben bei einem Digitaldruck

sie 1 : 1 in den geplanten Satzspiegel passen und nicht verkleinert oder vergrößert werden müssen (dann sind Qualitätseinbußen möglich).

Es müssen für das Layout weder Dummy noch Ausschießmuster angelegt werden, sondern nur die Reihenfolge und die Gestaltung der Seiten. Die Reihenfolge der Seiten kann sich an folgender klassischer Vorlage orientieren:

- „Schmutztitel" (Vorder- und Rückseite), auf dem eine kleine Grafik und der Titel des Buches platziert werden kann
- Titelseite (Angabe von Autoren, Titel, Erscheinungsort und Jahr)
- Rückseite der Titelseite mit Impressum (Druck, Druckort, eventuell Rechte)
- eventuell: Inhaltsverzeichnis auf rechter Seite (wenn dies mit Textverarbeitungsprogrammen automatisch erstellt wird, unbedingt die Seitenzahlen überprüfen)
- Vorwort oder Einleitung auf rechter Seite (falls notwendig, linke Seite freilassen)
- wenn Bild und Text auf einer Doppelseite gegenübergestellt werden: Beginn auf der nächsten linken Seite, damit immer Bild und Text auf einen Blick erscheinen
- bei einem Band mit Text: Beginn auf der nächsten rechten Seite
- Bei mehr als 20 Seiten empfiehlt sich eine Nummerierung der Seiten.

Wenn alle Seiten produziert und eingescannt sind, kann man sie in den Druck geben: bei einer Druckerei vor Ort oder auch online. Bei Online-Produktion sind die Dateien nach Vorgabe der Druckerei zu bezeichnen, die beiden Seiten des Schmutztitels erhalten die Seitenzahlen 001 und 002, dann geht es mit den restlichen Seiten mit 003 usw. weiter. Die Anlage der Druckbögen und Ausschießmuster etc. erfolgen dann komplett in einer modernen Druckerei.

Bevor man mit der digitalen Gestaltung beginnt, sollte man mit der Klasse gemeinsam dessen Ausstattung bestimmen:

Festgelegt und kalkuliert werden können u. a.

- das Format: Je üblicher es ist (DIN-Formate), umso preiswerter wird später der Druck. Bei Büchern mit Bildern ist das DIN-A4-Format häufig eine gute Wahl.
- Seitenzahl (Innenseiten): Sie sind immer in 4er-Schritten zu berechnen.
- Papier (→ Kap. 3.8): Hier geben die meisten Druckereien eine kleine Auswahl vor. Problematisch für Bücher der Kombination von Text und Bild sind oft glänzende, gestrichene Papiere mit hoher Grammatur (mehr als 100 g/m²). Einfacher zu verarbei-

Orientierungshilfe: Druckgeräte und -verfahren für Schulen

geeignet für	Gerät/Verfahren	Kosten, Qualität (aktuelle Hinweise z. B. bei: http://www.druckerchannel.de)
Einzelblätter, Listen, Folien, maximale Klassensatzstärke	Rotaprint-Druck (altes Offset-Verfahren)	billiges und schnelles Verfahren auch für höhere Auflagen, das z. T. in Schulen noch verwendet wird – vorrangig für Texte
	Schwarzweiß-Laserdrucker	niedrige Betriebskosten, mittlere Druckgeschwindigkeit – Texte, Graudruck
	Multifunktionsgeräte für Büro/Home-Office (meist Tintenstrahler)	mittlere Betriebskosten (geringe Anschaffungskosten) und Druckgeschwindigkeit, praktische Scan- bzw. Kopierfunktion für Home-Bereich, emissionsarm
	Home-Office-Drucker (Tintenstrahler, Laserdrucker/-kopierer)	Farbkopien: Laser meist über 10 Cent. Fotoseiten oft über 50 Cent. Tintenstrahldrucker mit Tanks bzw. No-Name-Patronen schaffen Farbkopien für teils unter 1 Cent. Vorteil von Tintenstrahldruckern: emissionsarm, gutes Druckbild, z. T. schon hohe Druckgeschwindigkeit
mehrseitige Klassensätze, Druckaufträge > 70 Seiten	Kopierer bzw. mulifunktionale Systeme in der Schule oder Verwaltung	über Schulträger bzw. Firmen aufgestellt, „Klickkosten" pro Kopie verbrauchsabhängig, bei Großabnahmen ca. 0,4 Cent (plus Papierkosten, ca. 1 Cent/Seite). Bei Sek.-I-Schulen hilfreich: Sortieren, Verkleinern, Scannen, Heften, Broschüren, Verbraucherkonten, Netzeinbindung von Lehrerarbeitsplatz
größere bzw. spezielle Druckaufträge	externe Anbieter: Copyshop	vorrangig für Kopien; je mehr, je billiger: ab 500 Stück s/w > 3 Cent, Farbe > 25 Cent/Blatt, Qualität abhängig von Shop und Geräten; analoge/digitale Vorlagen
	externe Anbieter: Online-Druckerei	qualitativ und ökonomisch günstig für „besondere" Broschüren, Hefte, Karten, Blöcke, Flyer, Bögen (> DIN A3); digitale Vorlagen mit 300 dpi; z. T. Lieferzeiten; Papierauswahl, (sinnvoll > 90 g/m², matt); Heften, Kleben, Binden
	externe Anbieter (FOTOS): Foto-Druck	sinnvoll und günstig ausschließlich bei Fotobüchern, nicht für Text

71 | Für welchen Zweck ist welches Druckverfahren geeignet?

ten sind z. B. Werkdruck- oder Naturpapiere, weiße matte Papiere. Farbige Papiere sind nicht nur vergleichsweise teuer, die Wirkung des Drucks auf ihnen ist nicht immer leicht abzusehen.

- Art der Bindung/Heftung (Fadenheftung, Klebebindung, Klammerheftung): Inzwischen sind alle Bindungsarten ähnlich haltbar, hier geht es also eher um Geschmacks- und Ressourcenfragen: Fadenheftungen sind in der Regel teurer als Klebe- oder Klammerheftungen.
- Umschlag (Hardcover – fest – oder Softcover als flexibler Karton): Beim Hardcover-Umschlag kann häufig noch die Farbe des Vorsatzpapiers gewählt werden, mit dem Innenteil und Buchdeckel miteinander verbunden werden. Der Preisunterschied zwischen Hard- und Softcover-Umschlägen ist je nach Anbieter relativ gering – gerade bei geringer Seitenzahl kann ein Hardcover das Buch besonders hervorheben. Die angebotenen Umschlag-Veredelungen (Cellophanierung etc.) sind für Produkte im Schulbereich nur selten von Bedeutung.

Manchmal wird bei Schul-Buchprojekten überlegt, als Druckvariante das „Fotobuch" zu wählen. Auch wenn es hier immer wieder preisgünstige und leicht realisierbare Sonderangebote gibt, sollte bei Text- und Bildbüchern in der Regel die Buchdruckvariante vorgezogen werden: Sie reproduzieren die Texte und Bilder nicht auf Fotopapier mit einer entsprechenden Album-Wirkung, sondern als Text- und Bilderdruck und kommen dem Aussehen eines Buches deutlich näher.

Die Einbeziehung der Klasse in solche Gestaltungs- und Entscheidungsprozesse gibt den Jugendlichen viele Einblicke in digitale Buchherstellung und schafft Kompetenzen, die für weitere Arbeit in Studium und Beruf wertvoll sind.

In höheren Klassen ist es durchaus möglich, Layout und Gestaltung des Buches in die Hand einer Arbeitsgruppe oder eines Projekts zu geben, die sich mit digitalem Layout beschäftigen. Softwareprogramme für digitales Layout sind häufig sehr teuer, zum Teil gibt es sie mit Education-Rabatten. Eine Anschaffung für Schulen lohnt nur, wenn Lehrpersonen den Umgang damit anleiten können. Kostenlos für alle Plattformen ist das Programm Scribus, für das iPad gibt es das QuarkDesignPad, kostenpflichtige Rundum-Programme sind u. a. InDesign und QuarkXPress. Sie sind zwar als 30-Tage-Demo-Versionen erhältlich, aber in dieser Zeit ist der Herstellungsprozess eines Buches meist nicht leistbar. Nur bedingt geeignet sind Office-Programme wie Word oder LibreOffice/OpenOffice. Wenn man mit Office-Programmen arbeiten muss, empfiehlt es sich, eine Grunddatei für alle rechten und linken Seiten zu schaffen und jeweils eine Seite in einer Datei zu erstellen (Seitenzahlen dabei als Textfeld setzen). Dies ist auch ein Weg, Schülerinnen und Schüler parallel an Layout-Seiten arbeiten zu lassen.

Im Unterricht kann man den Unterschied zwischen den analogen und digitalen Produktionsprozessen ansprechen, wenn man beispielsweise auf die Darstellung des „Alltagshelfer"-Projekts zurückgreift oder auf die ausführlichere Beschreibung des Buchdrucks (→ Kap. 3.1). Wesentlich sind dabei nicht nur die Unterschiede im Arbeitsergebnis (schon in der Klasse, dann aber vor allem beim fertigen Produkt), sondern vor allem auch im Arbeitsprozess. Im analogen klassischen Buchdruck erfolgt der Arbeitsprozess über viele Stationen, häufig in der Art einer klassischen Manufaktur. Verschiedene Professionen müssen kooperieren, damit es zu einem gelungenen Projekt kommt. Im digitalen Buchdruck erfolgen viele Schritte automatisiert in *einer* Produktionslinie, in der die Herstellung der bedruckten Seiten mit deren Verarbeitung (Binden, Verpacken) miteinander verbunden sind und die zentral gesteuert wird. Ein Eingreifen in den Produktionsprozess (z. B. Korrekturen bei der Farbe) ist beim laufenden Auftrag in der Regel nicht mehr möglich oder mit Kosten verbunden.

Es ist deshalb sinnvoll, bei einem digitalen Druckprojekt zuerst immer ein Probeexemplar drucken zu lassen und es mit der ganzen Klasse genau auszuwerten. Die Arbeit mit dem Probeexemplar

- ermöglicht die Kontrolle der Vorlage (alle Seiten richtig gesetzt, geordnet, gestaltet) und des voraussichtlichen Produkts;
- schafft Einblick in den digitalen Druckprozess, wenn z. B. dann für den endgültigen Auftrag Änderungen oder Korrekturen erfolgen;
- zeigt Möglichkeiten und Grenzen analogen und digitalen Druckens, wenn es um (Nicht-)Umsetzbarkeit bestimmter Vorstellungen geht.

Erst wenn die Klasse gemeinsam das „Imprimatur" erteilt (also die Zulassung zum Druck), sollte der abschließende Druckauftrag gegeben werden: Alle fühlen sich dann mitverantwortlich und tragen dann auch die abschließende Präsentation des Buches in der Schulöffentlichkeit.

Erfahrungsschatzkiste

Ein Buch digital zu erstellen, erscheint auf den ersten Blick als ein Klacks, erweist sich aber in der Praxis als nicht immer so einfach, vor allem, wenn Text und Bilder frei gestaltet und kombiniert werden sollen. Kreativität und Gestaltungsmöglichkeiten werden begrenzt, wenn man sich darauf einlässt, das Buch direkt online auf dem Template (einer Vorlage) eines Anbieters zu erstellen, hier ist man auf Schriften und Layout des Herstellers angewiesen. Ein solcher Erstellungsprozess ist für Jugendliche wie für ihre Lehrpersonen relativ eintönig. Herausfordernd, aber auch mit hohen Lernerfolgen verbunden, ist eine echte digitale Gestaltung der einzelnen Seiten und ein gemeinsam erstelltes Layout, das optimiert wird.
Dass Jugendliche sich in (auch komplizierte) Layoutprogramme einarbeiten können, zeigen sie immer wieder erfolgreich bei Abi-Zeitungen oder Abschluss-Dokumentationen. Diese Erfahrungen und Ressourcen könnte man nützen oder bereits Ende der Mittelstufe aufbauen. Als Zwischenschritt dafür schlagen wir das folgende Unterrichtsvorhaben zur Gestaltung eines Flyers vor.

1.12 Ein Faltblatt/einen Flyer gestalten

ab Klasse 9/10	
Fächer	Deutsch, Politik, Wirtschaft, Wahlpflichtunterricht, Berufswahlvorbereitung
Zeitbedarf	ca. 10 Unterrichtsstunden
Differenzierung	unterschiedliche Intensität von Anleitung und Hilfestellung; Layoutprogramm verfügt über wenig Differenzierungsmöglichkeiten
Material	Entwurfspapier und Stifte für das Scribbeln, Internetzugang, Installation der Opensource-Software Scribus (plattformübergreifend)
Produkt	Flyer (Wickelfalz, dreiteilig, A4)
technische und räumliche Anforderungen	Klassenraum, Zugang zu Computern und mit installiertem Scribus, (Laser-)Drucker
Ziele/Kompetenzen	▪ sich selbst oder ein anderes Thema (z. B. Aufruf zu Kampagne, Werbung) präsentieren ▪ Leser/Zuhörer informieren, überzeugen ▪ Entwurf eines Layouts für einen darstellenden/werbenden Text, Umsetzung des Entwurfs mit Hilfe des Layoutprogramms Scribus (o. Ä.)

Faltblätter und Flyer kennen die Schülerinnen und Schüler aus ihrem Alltagsleben – aus der Werbung, als Veranstaltungs- oder technische Information, als Listen oder Gebrauchsanweisungen. Sie können überall ausgelegt oder verteilt werden, sind leicht zu transportieren, passen häufig sogar in Jacken- oder Hosentaschen. Dass sie so weit verbreitet sind, hängt auch mit den geringen Produktionskosten zusammen: Sie sind schnell (sogar am Kopierer) zu produzieren und weiterzuverarbeiten, haben ein genormtes Endformat (meist DIN-lang), das sich gut verschicken und in Prospektständern unterbringen lässt. Faltblätter, die sich nicht an diesen Formaten orientieren (z. B. als Stanzungen von ungewöhnlichen Formen, Profi-

Wie überzeugt man jemanden, etwas Bestimmtes zu kaufen oder zu tun?

Motive und Emotionen	Anreize	Kundenansprache	eingesetzt vor allem bei
Sicherheit und Stabilität (Balance)	Sicherheit, Stabilität, Verlässlichkeit, Kontinuität, Geborgenheit, Geselligkeit, Gemeinschaft	Bindung	Mitgliedschaften, Kundenbindungsprogramme (z. B. Kundenkarten), Gruppenreisen
		Fürsorge	Kindernahrung, Pflegeprodukte, Tierprodukte, Ökoprodukte, Finanzprodukte, Versicherungen, Immobilien
entdecken, unterhalten, belohnt werden (Stimulanz)	Entdeckung, Interesse, Abwechslung, Individualität, Unterhaltung, Belohnung, Fröhlichkeit	Appetit	Lebensmittel, Genussmittel (z. B. Schokolade, Kaffee und Alkohol)
		Spiel	Spielwaren, Lotto, Medienprodukte (z. B. Fernseher, Mobiltelefon), Aktionsangebote
Macht und Attraktivität (Dominanz)	Konkurrenz, Verdrängung, Aktivität, Macht, Durchsetzung, Status, Autonomie, Fortpflanzung, Attraktivität, Eroberung	Sexualität	Parfums, Kosmetik, Statussymbole (z. B. Schmuck), Mode
		Wettkampf	Sportprodukte, Statussymbole (z. B. Autos)

72 | Motiv- und Emotionssystem bei Werbung (Böhringer/Bühler u. a. 2014, S. 60) len oder Silhouetten) sind deutlich teurer und schwerer zu platzieren.

Jugendliche haben aber auch schon bei sich selbst die Erfahrung gemacht, wie häufig solche Flyer einfach nicht beachtet werden, weil sie

- ihr Anliegen nicht adressatengemäß, interessant und ansprechend vorbringen und es ihnen nicht gelingt, in wenigen Sekunden die Aufmerksamkeit des Lesers zu binden;
- in der Flut von Werbematerialien untergehen;
- zur falschen Zeit, am falschen Ort in der falschen Form präsentiert und platziert werden.

Das relativ kurze Unterrichtsvorhaben kann bei der Schülererfahrung mit Flyern ansetzen: Welche Faltblätter/Flyer haben mich positiv aufmerksam gemacht, welche haben mich wie beeinflusst? Die Schülerinnen und Schüler können hier Beispiele aus ihrem Umfeld in den Unterricht einbringen und mit Filzstift markieren, was sie als Stärke oder Schwäche des jeweiligen Faltblatts empfinden. Fast alle Flyer lassen sich danach einordnen, welche Motive und Emotionen sie ansprechen (**Abb. 72**).

In welcher Form dabei die Emotionen oder Motive der Leser oder Betrachter angesprochen werden, kann sehr unterschiedlich ausfallen: unterhaltsame Text-Bild-Kombination, Kontraste, Fragen, ein- oder zweideutige Texte, vertrauenerweckende Bilder oder Texte („sicher, Garantie, Tradition, Gewinn …"), stimulierende und aktivierende Anreize (Farben, Symbole, Bilder, Wörter), Vergrößerungen, Betonungen, Humor etc. Schülerinnen und Schüler können die Flyer auf diese Elemente und die mit ihnen verbundenen Wirkungsabsichten hin untersuchen. Sie werden dabei auch erkennen können, dass die Wirkung der Flyer darüber hinaus immer von Gegenstand/Thema/Ziel sowie den Interessen und der Situation der Adressaten/Konsumenten und der Produzenten abhängt.

Diese erste Orientierung über Faltblätter und ihre Wirkungselemente und -mechanismen bildet die Grundlage für den nächsten Schritt, einen eigenen Flyer (Wickelfalz) zu erstellen. Günstig ist, wenn die Klasse oder der Kurs hier ein gemeinsames Rahmenthema wählen kann (Selbstdarstellung: „Mein Bewerbungsflyer"; Info-Flyer: „Unsere Klasse", „Unsere Schule – das Wichtigste, was man über sie wissen muss – und warum …") – hier sind humorvolle und spielerische Ansätze ebenso möglich wie an der (zukünftigen) Wirklichkeit ausgerichtete Aufgaben. Die Rahmenbedingungen für die Gestaltung des Flyers sollten so realitätsnah wie möglich sein, z. B.

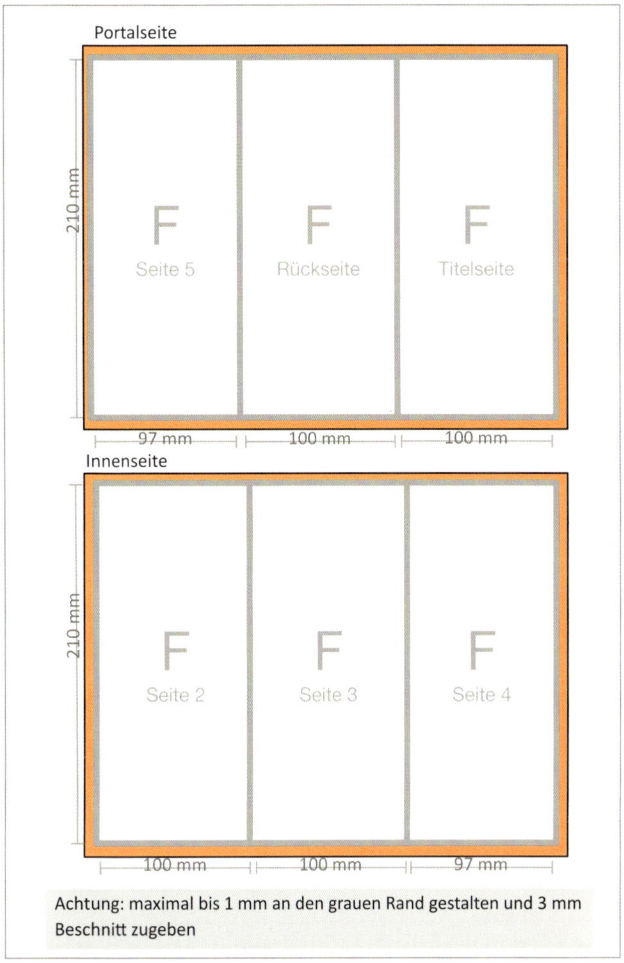

73 | Entwurf eines Layoutbogens für eine 3-teilige Wickelfalz DIN-lang (Gesamtformat A4)

- Gestaltung des Flyers als Faltblatt (!) zum Thema „…", Ziel: … (z. B. Werbung, Information);
- Gesamtformat: DIN A4, beidseitig bedruckt, farbig, quer in Wickelfalz liegend mit insgesamt 6 „Seiten" (denkbar sind auch andere Falzformen wie Zickzack- oder Altarfalz, sie haben jeweils leicht andere Abmessungen);
- Layout nach **Abb. 73**: Es verlangt von den Schülerinnen und Schülern gleich, sich in das Gesamtlayout hineinzudenken und zu klären, was sie auf Rück- und Titelseite als besonders wichtig hervorheben wollen, wie die 3 nebeneinander liegenden Innen-

74 | Scribble für eine Portalseite (Schülerarbeit, Klasse 10)

75 | Scribble für Innenseite eines Faltblatts (Schülerarbeit, Klasse 10)

seiten gestaltet werden sollen; hier ist zwar eine Gestaltung über die ganze Seite hinweg denkbar, allerdings würden die Wickelfalze die Wirkung sehr beeinträchtigen – deshalb sollte die 3-Teilung verfolgt werden.

Die Gestaltung mit einem Office-Programm würde angesichts der unterschiedlichen Spaltenbreiten oder als Tabelle hohe Anforderungen stellen. Besser geeignet und in der Studien- und Arbeitswelt weiter verbreitet sind Layoutprogramme wie Scribus, das plattformübergreifend und kostenlos eingesetzt werden kann.

Zur Vorbereitung der Arbeit mit dem Layoutprogramm ist unbedingt die Anlage einer Skizze (Scribbeln) erforderlich. Dazu werden die Bemaßungen und Einteilungen der Layoutvorlage auf A4-Entwurfsbögen kopiert **(Abb. 73)**, die Schülerinnen und Schüler können dann mit Bleistift oder Filzstift entwerfen, wie sie sich ihr Faltblatt vorstellen **(Abb. 74, 75)**. Texte werden dabei nur grob angedeutet und nicht ausformuliert, Überschriften nur stichwortartig notiert. Es geht darum, einen Gesamteindruck des Faltblatts zu bekommen (zur Technik des Scribbelns, → Kap. 4.1, Minikurs II).

In Gruppen- oder Partnerarbeit werden die Scribbles dann ausgetauscht, weiterentwickelt, Text- und Bild-Ideen dazu gesammelt. Erst dann wird ein erster Entwurf für den Flyer erstellt, diesmal mit den beabsichtigten Texten und Bildern. Wenn möglich, werden sie auf einen Layoutbogen aufgeklebt (diese Technik kennen die Schülerinnen und Schüler schon vom Heft- oder Buchdruckprojekt).

Bei der Umsetzung mithilfe des Layoutprogramms ist zu Beginn darauf zu achten, dass das richtige Dokumentlayout und die richtigen Aufteilungen eingegeben werden. Weil die Wickelfalz unterschiedliche Breiten der einzelnen Spalten für Portal- und Innenseite hat, wird jeweils eine DIN-A4-Seite gewählt **(Abb. 76)**, darauf werden dann jeweils zwei Hilfslinien eingezogen (Befehl bei Scribus: Seite/Hilfslinie bearbeiten, dann mit Cursor auf linkes Lineal gehen, nach rechts ziehen und bei 97 bzw. 197 mm markieren; für die Innenseite bei 100 und bei 200 mm).

Layoutprogramme arbeiten mit Text- und Bildrahmen. Wenn man also einen Text schreiben oder ein Bild einsetzen will, zieht man mit gedrückter rechter Maustaste einen Rahmen an der entsprechenden Stelle auf und schreibt den Text oder fügt das Bild ein. Wichtig: Bilder für den Flyer sollten sich in einem eigens dafür angelegten Ordner befinden und dann nicht mehr verschoben werden, weil Layoutprogramme sonst die Bilder nicht mehr wiederfinden. Die Arbeit mit Text- und Bildrahmen erinnert in vielerlei Hinsicht an den Layoutprozess beim Drucken (Heft, Buch). Und anders als bei Office-Programmen können Bilder, die in den Bilderrahmen eingefügt werden, differenziert bearbeitet und angepasst werden.

Die einzelnen Schritte der Schrift- und Absatzgestaltung sowie des Schriftsatzes können mit den in der Werkzeugleiste angebotenen Verfahren erprobt werden.

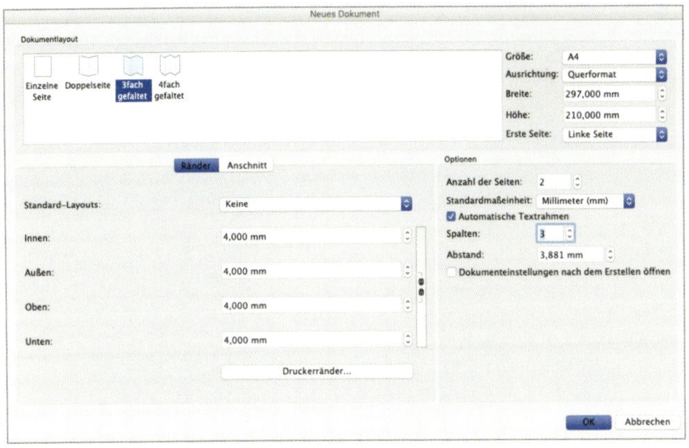

76 | Scribus: Dokumentenlayout für Flyer Wickelfalz

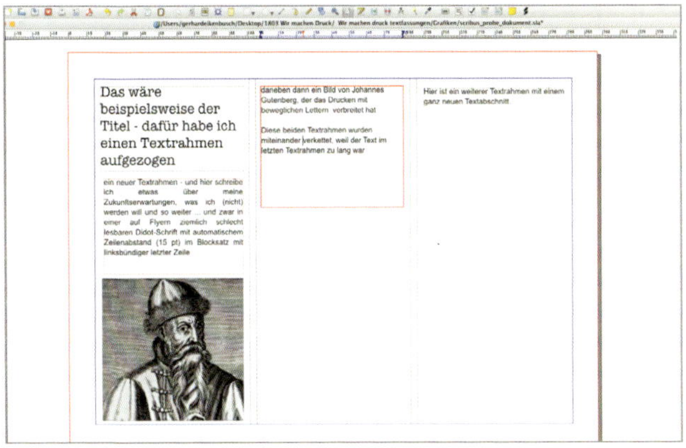

78 | Scribus: Layoutraster mit Bild- und Textrahmen

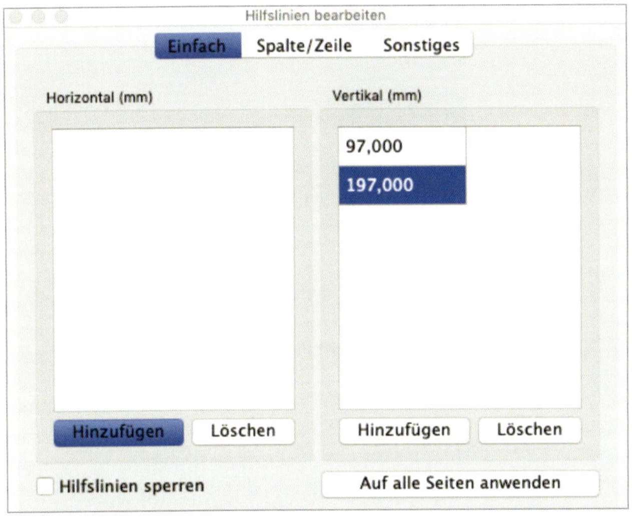

77 | Scribus: Einziehen der Hilfslinien für Seitenaufteilung

Die Arbeit mit Layout-Programmen bietet hier die Gelegenheit, Lernergebnisse und Erfahrungen aus früheren Druckprojekten wieder aufzugreifen, andererseits kann sie aber auch ein Einstieg in die Beschäftigung mit dem klassischen Drucken sein, weil die Programme im Vorgehen und in der Anlage oft auf klassische Gestaltungsprinzipien zurückgreifen. Die grundlegende Handhabung der Layoutprogramme lässt sich über Tutorials oder Wiki-Kurse erlernen (z.B: https://de.wikiversity.org/wiki/Kurs:Scribus).

Der letzte Schritt der Erstellung des Flyers ist immer der Ausdruck der Druckvorlage: Sie erfolgt über eine PDF-Datei mit 300 dpi (Einstellung: hohe Druckqualität) am besten auf dem Laserdrucker. Hier können dann auch weitere Exemplare hergestellt werden.

Erfahrungsschatzkiste

Dieses Unterrichtsvorhaben ist fast immer ein „Selbstläufer", bei dem Lehrer vor allem noch im ersten Drittel gefragt sind, wenn es um Analyse von Flyern und Kriterien für eine Gestaltung geht und wenn Entwürfe gescribbelt und optimiert werden. Bis zu diesem Schritt sind keine Kenntnisse über Layoutprogramme notwendig.
Die Einführung in die Layoutprogramme (z. B. Scribus) sollte gemeinsam erfolgen über die Schritte

- Festlegung des Formats,
- Einziehen der Hilfslinien und
- Prinzip der Text- und Bildrahmen.

Alle weiteren Schritte erarbeiten sich die Jugendlichen in der Regel selbst (in der Regel immer in Teams von 2–3 Mitgliedern). Lehrpersonen sollten darauf achten, dass die Arbeit in einzelnen Gruppen nicht stockt, nicht von Spezialisten dominiert wird und sich nicht auf die Erfindung von Workarounds (technisch unbefriedigende Ersatzlösungen, um weiterzukommen) konzentriert.
Vor dem Ausdruck der Druckvorlage kann eine Redaktionskonferenz simuliert werden, bei der Autoren und Gestalter ihren Entwurf vorstellen und die anderen Mitglieder den Entwurf beurteilen aus zwei Perspektiven:

- Auftraggeber-Perspektive: Wird der Flyer den beabsichtigen Zweck erfüllen?
- Adressaten-Perspektive: Wie wirkt der Flyer auf mich? Welche Wirkungen erzielt er (nicht)?

Ausdrucke der Flyer können dann für eine spätere Präsentation eventuell noch vergrößert und als Lernplakate aufgehängt werden.

1.13 Schrift und Gestaltung bei Bewerbungsschreiben

ab Klasse 9/10	
Fächer	Deutsch, Politik, Wirtschaft, Berufswahlvorbereitung
Zeitbedarf	ca. 2–4 Unterrichtsstunden, eingebettet in Unterrichtsvorhaben zur Berufsorientierung
Differenzierung	nach Komplexität und Umfang der Gestaltungsaufgabe, Entlastungsmöglichkeiten durch Vorgaben/Hilfen und kooperatives Arbeiten
Material	unterschiedliche Papiersorten (A4), Arbeitsblätter: Abb. 79 und 81
Produkt	Checklisten
technische und räumliche Anforderungen	Klassenraum, Zugang zu Rechnern mit Office-Programmen Drucker
Ziele/Kompetenzen	▪ Bedeutung und Wirkung von Schrift und Gestaltung in schriftlicher (formaler) Kommunikation erkennen ▪ Strategien zur sach- und adressatengerechten Gestaltung des standardisierten Format Bewerbung anwenden ▪ Grundlagen erwerben für eine Vertiefung der Beschäftigung mit Typografie und Gestaltung, die dann in der Sekundarstufe II weiter differenziert werden können.

Bewerbungen zu schreiben, gehört zu den Standard-Aufgaben im letzten Drittel der Sekundarstufe I. Dabei ist ein wichtiges Ziel im Deutsch-, Politik- oder Wirtschaftsunterricht, sie als standardisierte Formate so zu vermitteln, dass Schülerinnen und Schüler in ihrem späteren Berufsleben auf sie als Vorlagen zurückgreifen können. Vermittelt wird unter anderem, welche Inhalte in den Schreiben enthalten sein müssen, wie sie gegliedert und geordnet werden sollten und welche formalen oder rechtlichen Vorgaben zu beachten sind. Schrift und Gestaltung werden in diesem Zusammenhang eher als formale Aspekte der äußeren Form behandelt: Bewerbungen sollen gegliedert, übersichtlich, gut lesbar sowie fehlerfrei und sorgfältig erstellt sein, zentrale Informationen sollen schnell auffindbar sein und zugeordnet werden können. Häufig sehen Bewerbungen einer Klasse oder Jahrgangsstufe dann einander sehr ähnlich – und wenn dann die Bewerbungsmappen in der Klasse noch eingesammelt werden und als Stapel auf dem Lehrertisch liegen, wird darin das Dilemma von Bewerbungssituationen für alle Beteiligten deutlich: Schülerinnen und Schüler erfahren sinnlich, dass ihre standardisierte Bewerbung nur eine unter vielen gleichförmigen Bewerbungen ist – und Lehrpersonen sind in der schwierigen Situation, dennoch Unterschiede darin zu sehen und sie auch zu machen. Natürlich wissen Lehrpersonen wie auch Schüler, dass die schriftlich formulierten Bewerbungen heutzutage eine geringere Rolle bei Bewerbungsverfahren und Personalauswahl spielen als früher – hier gewinnen informelle Kontakte, mündliche und schriftliche formlose Kommunikation, Bewerbungs- und Testverfahren stärker an Bedeutung. Und natürlich wissen beide, dass es für Bewerbungen inzwischen ein kaum noch übersehbares Angebot an Formatvorlagen, Templates und Vorlagen gibt, auf die man bei Bedarf einfach zurückgreifen kann.

Dennoch ist die Situation, eine Bewerbung schreiben zu müssen, für Schülerinnen und Schüler wie für Lehrkräfte eine gewichtige Erfahrung: Sie erleben, wie Bewertungs- und Auswahlprozesse auf der einen Seite gesteuert werden durch sachliche Gründe, Argumente und Informationen sowie auf der anderen Seite durch Gefühle, Einstellungen, Vorlieben und Vorurteile. Sie wissen, dass schon ein fremd klingender Name oder eine Adresse beim Lesenden Assoziationen wecken und Entscheidungen auslösen kann. Und weil man in diesen standardisierten Schreibformaten bestimmte

Informationen von sich angeben muss (z.B. die Adresse, die letzte besuchte Schule, Schulzeit) und nicht die Unwahrheit sagen darf, wird nach Möglichkeiten gesucht, dennoch die Botschaft zu vermitteln, die man unbedingt überbringen will: dass man sich bemüht und angestrengt hat, dass man trotz schwieriger Umstände doch noch relativ gute Noten erreicht hat.

Das hier vorgestellte Unterrichtsvorhaben setzt bei dieser Suche an: Wie kann man in Bewerbungen durch Schrift und Gestaltung etwas ausdrücken, das auf den ersten Blick deutlich werden soll? Wie kann man so über die erste Bewerbungshürde hinwegkommen?

Ausgangspunkt des Unterrichtsvorhabens ist das Anschreiben für die Bewerbung. Dafür gelten im Unterricht häufig enge Vorgaben, weil man sich an der DIN-Norm 5008 für Geschäftsbriefe orientiert **(Abb. 79)**, die auch als Fensterbrief verschickt werden können. Einerseits soll so gezeigt werden, dass die Schülerinnen und Schüler die Gestaltung nach dieser Norm gelernt haben und sie beherrschen. Und andererseits sorgt die Orientierung an dieser Norm auch dafür, dass die Anschreiben schnell und zielgerecht im Unternehmen verarbeitet werden können. Man könnte (auch in der Klasse) darüber diskutieren, ob diese Norm sinnvoll, funktional und ästhetisch ansprechend ist – aber genau das soll hier nicht erfolgen: Hier geht es nur darum, wie man mit Schrift und Gestaltung innerhalb einer vorgegebenen Norm eigene Akzente setzen kann (und wie besser nicht).

An vier inhaltsgleichen Beispielen **(Abb. 81)** können Schülerinnen und Schüler nach einer ersten allgemeinen Einschätzung die Makro-Typografie (Konzeption der Gestaltung im Großen und Ganzen, Wahl der Schriften, Farben, Papier, Komposition) genauer untersuchen:

- Schriftarten, Schriftstile (fett, kursiv, regular) und ggf. Schriftmischung: Welchen Charakter hat die Schrift? Wie wirkt die Schrift auf den Leser/Betrachter, was signalisiert sie?
- Gestaltung: Welche Akzente werden gesetzt durch Formatierung und Gestaltung, z.B. Zeilenabstand, Ausrichtung (linksbündig, Blocksatz, rechtsbündig), Leerzeilen?
- Gesamteindruck: Welches Bild vom Bewerber vermitteln Schrift und Gestaltung?

Die Analyse dieser drei Aspekte soll dann die Frage beantworten, welches Bewerbungsschreiben die größte Chance verspricht, die Stelle zu bekommen.

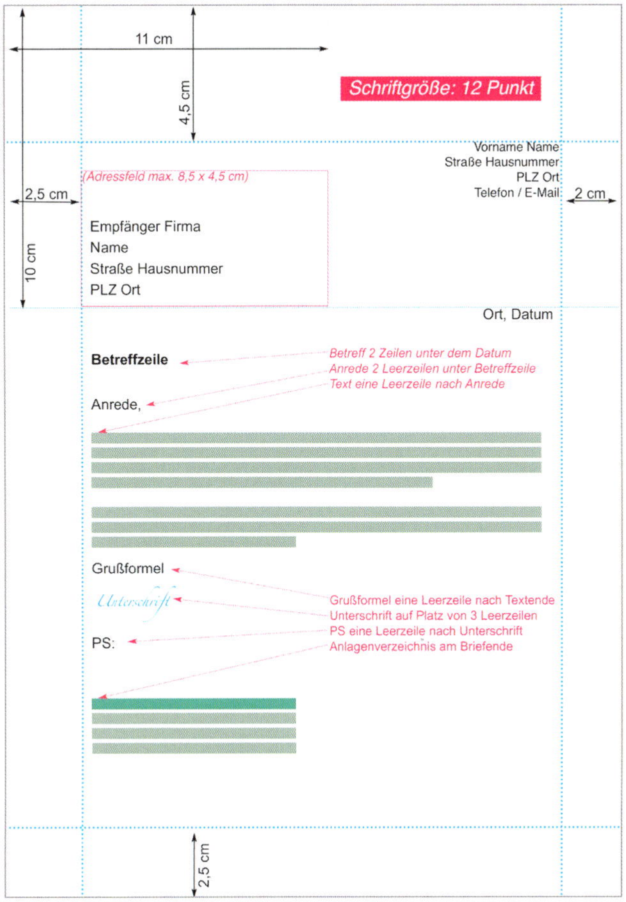

79 | Bewerbungsschreiben nach den Vorgaben für Geschäftsbriefe (DIN 5008)

Bei der Schrift kann zurückgegriffen werden auf das Bewertungsschema und die Anregungen aus dem Unterrichtsvorhaben über die Entwicklung einer eigenen Schrift (→ Kap. 1.6). Weitere Informationen finden sich im Zweiten Teil des Buches über Grundlagen der Typografie (→ Kap. 3.3).

Bei den Beispielen wurden verschiedenartige Schriften verwendet **(Abb. 80)**. Auffällig ist beispielsweise, dass die Schriften trotz gleicher Größe unterschiedlich gut lesbar sind, dass das Verhältnis von Höhe zu Breite bei den Schriften unterschiedlich ist. Und während die serifenlose Arial eher schmal und kompakt, modern und klar wirkt (aber eben auch gedrängt, sachlich, nüchtern), erscheint die Chancery mit ihren ausgeprägten Serifen, deren Linie unterbrochen ist, eher verspielt und ist schwerer lesbar, zumal sie auch mit relativ engem Zeilenabstand gesetzt ist und so die Zeilen fast miteinander verkettet wirken. Die Garamond im

Wie wirkt eine Bewerbung in dieser Schrift?

	Brief 1	Brief 2	Brief 3	Brief 4
Schriftart	Arial	Apple chancery	Garamond	ColorTube, Fette Haenel Fraktur, COPPERPLATE GOTHIC, Comic sans
Schriftgröße	12 pt			
Schriftstile	regular, fett			regular, fett, multicolour, Kapitälchen
Serifen	nein	ja	ja	ja
Zeilenabstand	12,5 pt	12 pt	14 pt	13 pt
Ausrichtung	links- und rechtsbündig			

80 | 4 × Bewerbung: verwendete Schriftarten

3. Beispiel, eine der meistbenutzten Schriften, ist auch klein noch relativ gut lesbar, vor allem bei etwas größerem Zeilenabstand: Ihre Serifen bilden eine Linie, der das Auge leicht folgen kann. Durch ihre häufige Verwendung beim Druck literarischer Bücher wird sie in Geschäftsbriefen zum Teil als fehlplatziert empfunden (zu seriös und ernst). Im 4. Beispiel werden mehrere Schriftarten gemischt, darunter ein seit Neuestem einsetzbarer Colorfont, der besonders gern in der Werbung verwendet wird. Daneben steht eine klassische Fraktur, die an die Schriftschnitte von Johannes Gutenberg erinnert – 500 Jahre sind diese beiden Schriften voneinander entfernt. Weiterhin wird die Adresse in einer verspielten Gothic-Schrift gestaltet, in der Barock-Zeit gebräuchlich, heute ist sie eher ein Signal für eine bestimmte politische Richtung. Dazu ist die Adresse auch noch in Kapitälchen gesetzt (Kleinbuchstaben als verminderte Großbuchstaben), was die Lesbarkeit in der Regel erschwert (u. a. die elektronische Lesbarkeit durch Scanner). Schließlich wurde noch die serifenfreie und breite Comic-Sans eingesetzt, die immer wieder als krakelige und kindliche Schriftart verschrien wurde und von deren Anwendung in seriösen Zusammenhängen abgeraten wird.

Hinsichtlich der *Gestaltung* ist auffällig, wie sehr bereits kleine Unterschiede im Zeilenabstand die Lesbarkeit und damit auch den Gesamteindruck des Bewerbungsschreibens verändern können. Während der enge Zeilenabstand von 12 pt (bei einer 12 pt-Schrift) gedrängt wirkt und schwer zu lesen ist, trägt beim 4. Beispiel die Erhöhung des Zeilenabstandes (immerhin um über 10 %) relativ wenig zur Verbesserung der Lesbarkeit bei (bei größerem Zeilenabstand würden die Zeilen als jeweils für sich allein stehend empfunden). Beim 3. Beispiel dagegen hat die Erhöhung des Zeilenabstandes auf 14 pt zu einer deutlichen Verbesserung der Lesbarkeit und Übersichtlichkeit beigetragen, er ist eventuell sogar etwas zu groß.

Dass in allen Beispielen eine linksbündige Ausrichtung der Absätze gewählt wurde (mit Ausnahme der Absender-Angabe, die oben rechts die Seite begrenzt) ist für DIN-Geschäftsbriefe die Norm und ergibt hier auch Sinn – Blocksatz würde die Schreiben weniger individuell und unpersönlich erscheinen lassen, es würde außerdem häufiger verzichtbare Trennungen erzeugen. Auffällig ist auch der weitgehende Verzicht auf Auszeichnungen und Schriftstile (vor allem: keine Unterstreichungen und Kursivierungen): Alles im Bewerbungsschreiben ist gleich wichtig und auch so übersichtlich dargestellt, dass dem Leser eine Orientierung leicht fällt. Andere Schriftstile wären hier aufdringlich und überflüssig.

Auf der Grundlage dieser Beobachtungen können die Schülerinnen und Schüler dann einen *Gesamteindruck* zu den unterschiedlichen Bewerbungsschreiben formulieren und eine Entscheidungssituation simulieren: Wenn Schrift und Gestaltung des Bewerbungsschreibens immer auch etwas über den Bewerber (seine Vorlieben, seine Fähigkeiten, sein Geschmack, seinen Fleiß …) aussagen – welches Bewerbungsschreiben verspricht dann die größte Chance, die erwünschte Stelle zu sichern?

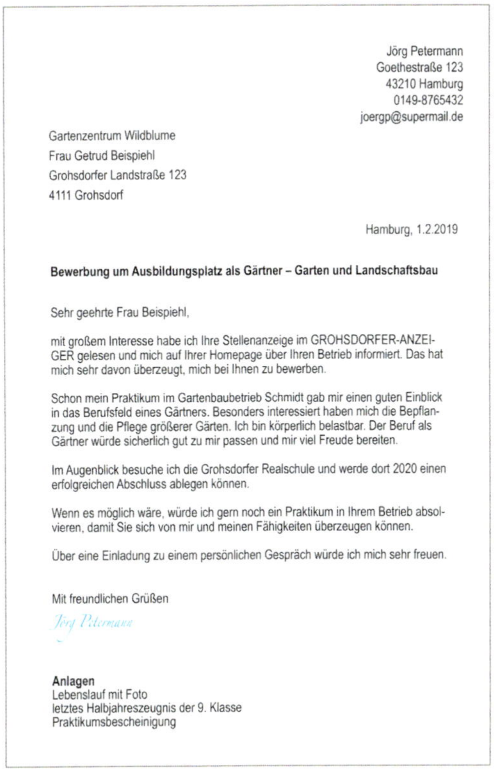

Jörg Petermann
Goethestraße 123
43210 Hamburg
0149-8765432
joergp@supermail.de

Gartenzentrum Wildblume
Frau Getrud Beispiehl
Grohsdorfer Landstraße 123
4111 Grohsdorf

Hamburg, 1.2.2019

Bewerbung um Ausbildungsplatz als Gärtner – Garten und Landschaftsbau

Sehr geehrte Frau Beispiehl,

mit großem Interesse habe ich Ihre Stellenanzeige im GROHSDORFER-ANZEIGER gelesen und mich auf Ihrer Homepage über Ihren Betrieb informiert. Das hat mich sehr davon überzeugt, mich bei Ihnen zu bewerben.

Schon mein Praktikum im Gartenbaubetrieb Schmidt gab mir einen guten Einblick in das Berufsfeld eines Gärtners. Besonders interessiert haben mich die Bepflanzung und die Pflege größerer Gärten. Ich bin körperlich belastbar. Der Beruf als Gärtner würde sicherlich gut zu mir passen und mir viel Freude bereiten.

Im Augenblick besuche ich die Grohsdorfer Realschule und werde dort 2020 einen erfolgreichen Abschluss ablegen können.

Wenn es möglich wäre, würde ich gern noch ein Praktikum in Ihrem Betrieb absolvieren, damit Sie sich von mir und meinen Fähigkeiten überzeugen können.

Über eine Einladung zu einem persönlichen Gespräch würde ich mich sehr freuen.

Mit freundlichen Grüßen
Jörg Petermann

Anlagen
Lebenslauf mit Foto
letztes Halbjahreszeugnis der 9. Klasse
Praktikumsbescheinigung

1

Jörg Petermann
Goethestraße 123
43210 Hamburg
0149-8765432
joergp@supermail.de

Gartenzentrum Wildblume
Frau Getrud Beispiehl
Grohsdorfer Landstraße 123
4111 Grohsdorf

Hamburg, 1.2.2019

Bewerbung um Ausbildungsplatz als Gärtner – Garten und Landschaftsbau

Sehr geehrte Frau Beispiehl,

mit großem Interesse habe ich Ihre Stellenanzeige im GROHSDORFER-ANZEIGER gelesen und mich auf Ihrer Homepage über Ihren Betrieb informiert. Das hat mich sehr davon überzeugt, mich bei Ihnen zu bewerben.

Schon mein Praktikum im Gartenbaubetrieb Schmidt gab mir einen guten Einblick in das Berufsfeld eines Gärtners. Besonders interessiert haben mich die Bepflanzung und die Pflege größerer Gärten. Ich bin körperlich belastbar. Der Beruf als Gärtner würde sicherlich gut zu mir passen und mir viel Freude bereiten.

Im Augenblick besuche ich die Grohsdorfer Realschule und werde dort 2020 einen erfolgreichen Abschluss ablegen können.

Wenn es möglich wäre, würde ich gern noch ein Praktikum in Ihrem Betrieb absolvieren, damit Sie sich von mir und meinen Fähigkeiten überzeugen können.

Über eine Einladung zu einem persönlichen Gespräch würde ich mich sehr freuen.

Mit freundlichen Grüßen
Jörg Petermann

Anlagen
Lebenslauf mit Foto
letztes Halbjahreszeugnis der 9. Klasse
Praktikumsbescheinigung

2

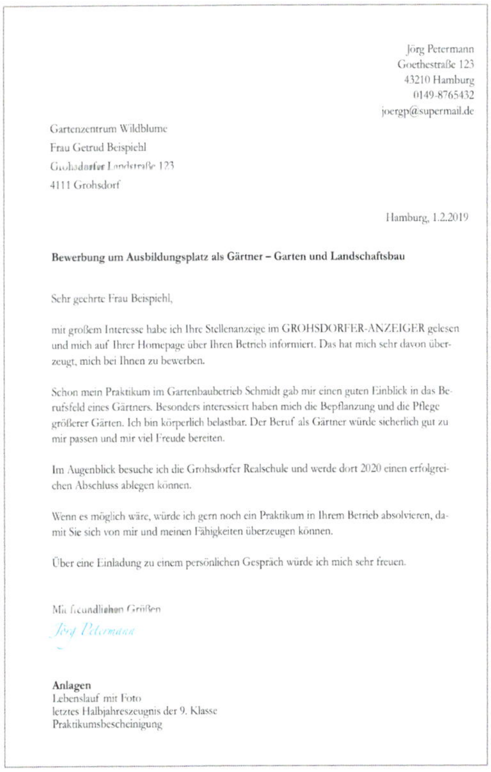

Jörg Petermann
Goethestraße 123
43210 Hamburg
0149-8765432
joergp@supermail.de

Gartenzentrum Wildblume
Frau Getrud Beispiehl
Grohsdorfer Landstraße 123
4111 Grohsdorf

Hamburg, 1.2.2019

Bewerbung um Ausbildungsplatz als Gärtner – Garten und Landschaftsbau

Sehr geehrte Frau Beispiehl,

mit großem Interesse habe ich Ihre Stellenanzeige im GROHSDORFER-ANZEIGER gelesen und mich auf Ihrer Homepage über Ihren Betrieb informiert. Das hat mich sehr davon überzeugt, mich bei Ihnen zu bewerben.

Schon mein Praktikum im Gartenbaubetrieb Schmidt gab mir einen guten Einblick in das Berufsfeld eines Gärtners. Besonders interessiert haben mich die Bepflanzung und die Pflege größerer Gärten. Ich bin körperlich belastbar. Der Beruf als Gärtner würde sicherlich gut zu mir passen und mir viel Freude bereiten.

Im Augenblick besuche ich die Grohsdorfer Realschule und werde dort 2020 einen erfolgreichen Abschluss ablegen können.

Wenn es möglich wäre, würde ich gern noch ein Praktikum in Ihrem Betrieb absolvieren, damit Sie sich von mir und meinen Fähigkeiten überzeugen können.

Über eine Einladung zu einem persönlichen Gespräch würde ich mich sehr freuen.

Mit freundlichen Grüßen
Jörg Petermann

Anlagen
Lebenslauf mit Foto
letztes Halbjahreszeugnis der 9. Klasse
Praktikumsbescheinigung

3

Jörg Petermann
Goethestraße 123
43210 Hamburg
0149-8765432
joergp@supermail.de

Gartenzentrum
Wildblume
FRAU GETRUD BEISPIEHL
GROHSDORFER LANDSTRASSE 123
4111 GROHSDORF

Hamburg, 1.2.2019

Bewerbung um Ausbildungsplatz als Gärtner – Garten und Landschaftsbau

Sehr geehrte Frau Beispiehl,

mit großem Interesse habe ich Ihre Stellenanzeige im GROHSDORFER-ANZEIGER gelesen und mich auf Ihrer Homepage über Ihren Betrieb informiert. Das hat mich sehr davon überzeugt, mich bei Ihnen zu bewerben.

Schon mein Praktikum im Gartenbaubetrieb Schmidt gab mir einen guten Einblick in das Berufsfeld eines Gärtners. Besonders interessiert haben mich die Bepflanzung und die Pflege größerer Gärten. Ich bin körperlich belastbar. Der Beruf als Gärtner würde sicherlich gut zu mir passen und mir viel Freude bereiten.

Im Augenblick besuche ich die Grohsdorfer Realschule und werde dort 2020 einen erfolgreichen Abschluss ablegen können.

Wenn es möglich wäre, würde ich gern noch ein Praktikum in Ihrem Betrieb absolvieren, damit Sie sich von mir und meinen Fähigkeiten überzeugen können.

Über eine Einladung zu einem persönlichen Gespräch würde ich mich sehr freuen.

Mit freundlichen Grüßen
Jörg Petermann

Anlagen
Lebenslauf mit Foto
letztes Halbjahreszeugnis der 9. Klasse
Praktikumsbescheinigung

4

81 | 4 × Bewerbung: Schrift-Unterschiede in Bewerbungsschreiben: Welche Schrift wirkt wie?

Die dreizehn Druckprojekte in der Sekundarstufe I: eine „Schatzkarte“

82, 83, 84 |
Druckprojekte können und sollten in der Schule fest verankert sein

Die dreizehn Projekte sollen nicht systematisch nacheinander absolviert werden, sondern sind als „Schatzkarte" für Lehrkräfte gedacht, die zeigt, wie in jedem Jahrgang Anknüpfungspunkte oder Fundstellen für eine Beschäftigung mit dem Drucken zu finden sind. Damit das Drucken in der Schule einen guten Platz findet, sind drei Aspekte wichtig:

Geordnete und funktionale Ausstattung

Ausgangspunkt bei Projekten ist häufig die Frage: „Was brauchen wir, um ...?" Wir schlagen aber einen anderen Ausgangspunkt vor: „Was haben wir bereits, was können wir einfach bekommen oder organisieren?" Denn meist gibt es in der Schule bereits viele Ressourcen (z. B. in anderen Fachgruppen oder Klassen, beim Hausmeister, in Fachräumen), nur ist das nicht bekannt – oder sie wurden vergessen – oder „weggehortet".
Wer in der Schule Druckprojekte verankern will, braucht dafür aber eine geordnete und funktionale Ausstattung – Scheren, Lineale, Stifte, Papier, Klebstoff, Plakate. Sie geordnet zu halten, ist Aufgabe für Lehrende wie Lernende gleichermaßen (und fällt Ersteren manchmal ebenso schwer wie Letzteren). Manche Schulen haben das gelöst durch Moderationskoffer mit Grundausstattungen für die Klassen, durch Materialkisten oder durch Materialvorräte im Lehrerpult.

Anerkannte und wahrgenommene Verantwortlichkeit

Es braucht in Schulen eine Person oder eine Gruppe, die die Möglichkeiten der Druckprojekte im Blick behält, Ideen und Anregungen gibt, Kontakt zu möglichen Kooperationspartnern eröffnet. Hierzu reicht es oft schon, wenn der Verantwortliche jedes Jahr selbst ein Druckprojekt durchführt oder organisiert und dabei Kollegen einbezieht. (Häufig übernehmen Lehrkräfte aus dem Fachbereich Kunst die Initiative.) Allerdings funktioniert das nur, wenn Schulleitung und Schule dies auch anerkennen, unterstützen und nach außen positiv vertreten.

Gute und anregende Vorbilder

Die vorgestellten Projekte sollen erkennbar machen, wie interessant und anregend es sein kann, sich mit dem Drucken zu beschäftigen. Ob das auch nachhaltig wirkt und sich als Kompetenzen und Erfahrungen einprägt, hängt wesentlich davon ab, was nach den Projekten geschieht: Werden die Inhalte und Lernergebnisse aus den Projekten im laufenden Unterricht aufgegriffen und weiterentwickelt? Können Schülerinnen und Schüler sehen, dass sich die Schule langfristig und andauernd für Aspekte des Druckens interessiert? Und vor allem: Erfahren die jungen Menschen im Unterricht, dass auch ihre Lehrpersonen Druckprojekte aufgreifen, und zwar nicht nur inhaltlich, sondern auch ganz praktisch?
Gerade beim Drucken sind Lehrkräfte Vor-Bilder, denn sie zeigen täglich etwa durch ihre Arbeitsblätter, Tafelbilder, Präsentationen und Materialien, wie wichtig und wie ernst ihnen gelungene Gestaltung sowie die Beherrschung von Arbeitstechniken und -verfahren ist.

Bei dieser Frage kommen Schülerinnen und Schüler sehr schnell auf den Aspekt der Passung: Vielleicht wird der verspielte Bewerber (4) am besten zur Belegschaft der Gärtnerei passen – oder der seriöse Bewerber (3) ist am besten geeignet, weil es viele große Geschäftskunden gibt … Unabhängig davon, für welches Bewerbungsschreiben sich die Klasse ausspricht, es wird deutlich, dass Schrift und Gestaltung für einen Unterschied im Hinblick auf die Wirkung beim Adressaten sorgen können.

Nach dieser Auseinandersetzung mit Textbeispielen können die Schülerinnen und Schüler nun daran gehen, ihr eigenes Schreiben gestalterisch zu überarbeiten: Welche Schriftart passt zu mir und meinem Anliegen? Wie kann ich Übersichtlichkeit und Lesbarkeit herstellen? Überhaupt: Welchen Eindruck will ich in meinem Bewerbungsschreiben erwecken?

Den Schlusspunkt dieses kurzen Unterrichtsvorhabens bildet die Frage nach dem geeigneten Papier für das Bewerbungsschreiben: Aus unterschiedlichen Papiersorten soll das für das persönliche Bewerbungsschreiben passende Papier gewählt werden.

Als Experiment bietet sich zu Anfang an, die Schülerinnen und Schüler mit verbundenen Augen unterschiedliche Papiersorten ertasten und fühlen zu lassen (→ Kap. 3.8):

- Wie fühlt sich das Papier an: glatt, rau, strukturiert, geprägt, eben, uneben?
- Wie lässt sich das Papier anfassen: steif, kantig, weich, knittrig, hart, dick, dünn?
- Wie lässt sich das Papier bearbeiten: faltbar, stabil, instabil?

Dann können weitere Eigenschaften untersucht werden (evtl. mit Lupe, Farbtafel, Papierwaage): Farbe (hellweiß, mattweiß, pastellfarben usw.), Grammatur (Gewicht des Papiers), Volumen, Struktur (geprägt, Bütten/faserig, glatt), Oberfläche (gestrichen, ungestrichen). Wie bedeutsam die Bedeutung der Papierwahl für die „Botschaft" sein kann, lässt sich durch eine kleine *Zwischenübung* erfahrbar machen: Wählt aus den Papieren jeweils einen Bogen für einen Liebesbrief und einen Beschwerdebrief aus!

Bevor die Jugendlichen „ihr" Papier aussuchen, sollten sie in Kleingruppen erst andere Sichtweisen einholen: Erzeugt das gewählte Papier die erwartete Wirkung?

Nach dem Ausdruck auf dem Papier muss noch beurteilt werden, wie sich der Druck auf dem Papier verhält, ob er die typografische Gestaltung unterstützt oder ob er ihr zuwiderläuft (als fiktives Extrembeispiel: Verwendung von lachsrotem Papier und der Schriftart Garamond).

Erfahrungsschatzkiste

Sich – noch einmal – mit dem Bewerbungsschreiben beschäftigen zu sollen, stößt zu Beginn des Unterrichtsvorhabens zum Teil auf Vorbehalte – die Jugendlichen sehen nicht, was sie in diesem Bereich noch Neues oder Wichtiges lernen könnten. Deshalb wird der Einstieg über die Analyse und die Bewertung unterschiedlich gestalteter Bewerbungsschreiben vorgeschlagen. Dadurch nehmen die Jugendlichen eine Adressatenposition ein und können (vielleicht auch ihre eigenen) Bewerbungsschreiben unter einer Wirkungsperspektive sehen.
Die Gestaltungsexperimente beim eigenen Bewerbungsschreiben sollten direkt am Computer mit Office-Programmen erfolgen. Zu beachten ist dabei, dass viele Schülerinnen und Schüler (noch) nicht wissen, dass Zeilenabstände (unter Format/Absatz/Zeilenabstand/genau) auch in Punkt-Schritten exakt gewählt werden können. Hier können jeweils kleine Veränderungsschritte zu großen Wirkungen führen.
Gelernt zu haben, wie selbst durch kleine Änderungen oder einfache Wahlentscheidungen bei der Gestaltung gezielt Wirkungen erzielt werden können, ist für die Jugendlichen eine gute Grundlage für einen sensiblen und aufmerksamen Umgang mit Schrift und Typografie – sie können sie im Beruf anwenden und in der Sekundarstufe II immer wieder nutzen (Information zur Typografie → Kap. 3).

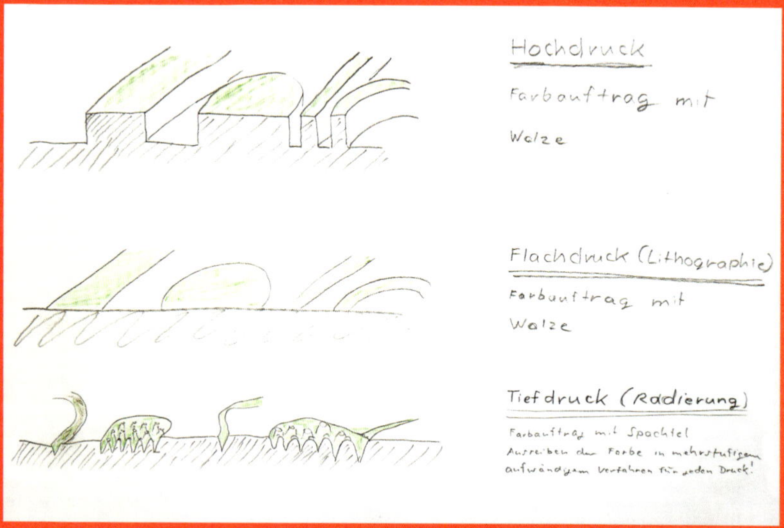
Hochdruck
Farbauftrag mit
Walze
Flachdruck (Lithographie)
Farbauftrag mit
Walze
Tiefdruck (Radierung)
Farbauftrag mit Spachtel
Ausreiben der Farbe in mehrstufigem
aufwändigem Verfahren für jeden Druck!

Reiber 'runter
Reiber hoch

ZWEITER TEIL

Grundlagen: Drucken in der Sekundarstufe I

Drucken in der Schule hat Konjunktur: Neben klassischen Techniken wie Linol- und Holzschnitt und Radierung haben andere Verfahren Eingang in die Sekundarstufe gefunden (z. B. Stempel-, Schablonen- und Materialdruck). Auch digitale Medien (bis hin zum 3D-Druck) werden bei Druck, Reproduktion und Vervielfältigung angewandt (vgl. Miller 2015). Grafische Drucktechniken werden zunehmend integriert in Flyer, Plakate und kleinen Publikationen.

Dass Vermittlung von und Auseinandersetzung mit grafischen Drucktechniken und mit dem Schriftdruck in der Sekundarstufe I großen Sinn machen, wird nicht mehr infrage gestellt. Das war nicht immer so. Auch wenn Drucktechniken in Deutschland schon lange verbreitet waren (z. B. Holzstich bzw. -schnitt sowie Radierung seit dem 15. Jahrhundert, Lithografie seit 1796), so wurden sie vergleichsweise spät Gegenstände des Schulunterrichts. Das lag zum einen daran, dass Drucken als etwas angesehen wurde, dass außerhalb der Schule als Handwerk oder autodidaktisch zu lernen war. Zum anderen dominierten in den Anfängen des Kunstunterrichts in Deutschland seit der Mitte des 19. Jahrhunderts die Kunstbetrachtung klassischer Werke sowie Zeichenlehre mit elementaren Grundübungen (wie z. B. in **Abb. 85**) sowie Formenlehre (vor allem an Gewerbeschulen für Handwerker) (Legler 2004, S. 41 f.). Um dies vermitteln zu können, mussten Lehrkräfte übrigens weder Zeichnen noch Drucktechniken beherrschen, sie brauchten auch nicht Kunst studiert haben, sondern konnten sich noch bis über die 1920er Jahre hinaus an Zeichenhefte, Leitfäden (Stuhlmann 1870) und vorgegebene Übungen halten – bis hin zu Vorlagen für das „Zeichnen nach Diktat".

Nicht zuletzt angesichts der großen sozialen Missstände, mit denen Lehrkräfte insbesondere in den Großstädten (wie z. B. Hamburg) konfrontiert wurden, wuchs Ende des 19. Jahrhunderts ihr Widerstand gegen die Sozial- und Schulpolitik. (Legler 2017, S. 160) Dass sich ausgerechnet im Fach Kunst (bzw. Zeichenlehre) immer wieder Lehrkräfte dem Uniformitätsdruck der alten Schule widersetzten und sich politisch engagierten, lag zum einen daran, dass sie gerade in diesem Fach viele Möglichkeiten sahen, Kinder etwas Eigenes, Unverwechselbares und die Selbsttätigkeit ihrer Kräfte hervorbringen zu lassen (Legler 2004, S. 46), zum anderen war es darin begründet, dass das Fach weniger im Blickpunkt von Aufsicht war und auch konservative Liberale nach Veränderungen gegen eine protzige Repräsentationskultur suchten (ebd., S. 46).

Wie aber Kinder und Jugendliche in diesem Sinne künstlerisch gebildet werden sollten, darüber gab es in der Lehrerschaft, bei Reformpädagogen und in der Kunsterziehungsbewegung unterschiedliche Positionen: Während auf der einen Seite (z. B. Lange und Selle) die jungen Menschen eher als Produzenten von Kunst gesehen wurden, deren Fantasie, Bewegung und Leben es durch Schaffen von Kunst zu entfalten gelte, sah die andere Seite (z. B. Lichtwark und Otto) es als vorrangig an, junge Menschen zur Kunst heranzuführen, sie dafür zu sensibilisieren und zu kompetenten Rezipienten von Kunst zu bilden.

Solche Positionen wurden nach 1910 auch im Hinblick auf den unterschiedlichen Umgang mit Drucktechniken und -grafik im (Kunst-)Unterricht deutlich:

- Dass Techniken wie Holzschnitt, Radierung und Lithografie im deutschen Expressionismus eine bedeutende Rolle spielten, war für Vertreter der Position „Erziehung zur Kunst" Anlass, sich im Unterricht der Betrachtung von Kunstwerken der Druckgrafik stärker zu widmen und dabei auch auf deren künstlerische Wurzeln z. B. in der Renaissance einzugehen. Die Möglichkeit der Vervielfältigung (Auswirkungen auf Kunstmarkt, Produktionsmöglichkeiten etc.) hatte hier keine große Bedeutung (Kirschenmann 2010, S. 7).
- Die andere Position betonte, jungen Menschen die technischen und gestalterischen Elemente von Druckgrafik im Unterricht handelnd zu vermitteln. Dabei spielten auch Vervielfältigung und Veröffentlichung der selbstgestalteten Arbeiten eine Rolle.

85 | „Freies Zeichnen" im viktorianischen Klassenzimmer in England

Diese Position entwickelte sich in zwei Richtungen: Bei der einen standen freie Spielversuche, Ausdruck, Experiment und schöpferische Tätigkeit im Vordergrund, bei der anderen dagegen die material- und zweckgerichtete Arbeit. Hier wurden nicht nur Prinzipien und Arbeitsweisen des Handwerks auf den Unterricht übertragen (Sorgfalt, Genauigkeit, Ausdauer), sondern auch Inhalte und Verfahren (z. B. Gestaltung von Ornamenten aus der Volkskunst) übernommen. Wenn beispielsweise beim Materialdruck experimentiert wurde, ging es eher um Prüfung und Erprobung neuer (günstiger und leicht zu bearbeitender) Materialien als um künstlerischen Ausdruck (Kirschenmann 2010, S. 2).

Wenn Drucktechnik und -grafik ab den 1920er Jahren in den Kunstunterricht einbezogen wurden, handelte es sich dabei meist um Hochdrucktechniken, vor allem um Linol- und Stempelschnitte. Sie wurden aber immer stärker nur als Übungsverfahren im Bereich Komposition, Form- und Farbempfinden sowie in Anlehnung an die Volkskunst eingesetzt, der reformpädagogische Aspekt der selbstgestalteten freien Druck-Arbeit trat in den Hintergrund. Auch wenn das Drucken zum Teil von der Fachdidaktik aufgenommen wurde, fand dies „jedoch in der Schulpraxis [...] nur eine dürftige Entsprechung" (Kirschenmann 2010, S. 2).

Die Ablösung des Themenbereichs Drucktechnik und -grafik von reformpädagogischen Ansätzen ließ es zwar zu, dass Holz- und Linolschnitt auch im Kunst- und Werkunterricht des Nationalsozialismus praktiziert werden konnten – unter thematischen Vorgaben und in traditionellen, handwerklich volkskünstlichen Formen – allerdings wurde das Drucken den anderen Bereichen des Kunstunterrichts deutlich nachgeordnet. Dagegen wurde der Schriftgestaltung deutlich mehr Beachtung geschenkt – hier wurden Beschriftungen

Jung muß man zum Drucken sein. Drucken ist ein Abenteuer. »Ich hab's gewagt« sagt der bedruckte Bogen. Im Prozeß des Druckens, des Schneidens kann die Dynamik aus Gewaltsamkeit, Glück und Verzweiflung ausgelotet werden. Drucken ist eine Begegnung des Zufalls mit dem Sinnvollen. Drucken ist selbst das Erlebnis. Drucken ist Rausch des Machens und gleichzeitig Kontrolle darüber. Spannung, Gewalt des Ausdrucks, Triebkraft, Radikalität, die uns das Gesetz des Computers für immer wegnehmen will. Drucken ist stets eine junge Kunst gewesen. Laßt sie euch nicht stehlen!

86 | „Drucken ist ein Abenteuer" (Grieshaber 1978, S. 3)

und ganze Schriftsätze verschiedenster Art „mit einem Höchstmaß an Sauberkeit und Exaktheit" (Lieberodt 2011, S. 88) geübt.

Auch im Kunstunterricht in Deutschland nach dem Zweiten Weltkrieg spielten Drucktechnik und -grafik zuerst eine eher nachrangige Rolle, erst in der musisch orientierten Kunsterziehung der 1950er Jahre fanden allmählich auch experimentelle Verfahren vervielfältigenden Bilderdrucks Beachtung, unter anderem die Monotypie und der Materialdruck (Kirschenmann 2010, S. 4). Auch hier schienen die alten Positionen über den Umgang mit Drucktechniken im Kunstunterricht wieder auf: Einerseits wurden Drucktechniken als motivationale Momente und Anstoß zur Experimentierfreudigkeit sowie als Gegenpol eng führender Gestaltungslehren gesehen, andererseits wurde auf disziplinierendes handwerkliches Arbeitsethos und Genauigkeit großer Wert gelegt (Kirschenmann 2010, S. 4).

Erst durch den kunstpädagogischen Ansatz der Visuellen Kommunikation Ende der 1960er Jahre erfolgte eine grundlegende Neuorientierung im Hinblick auf die thematische, methodische und mediale Dimension des Druckens in der Schule. Plakate, Werbeanzeigen, Bilder, Collagen fanden jetzt ihren Eingang in den Kunstunterricht, Drucken wurde in seiner Verbindung zur Vervielfältigung und Veröffentlichung gesehen, demgegenüber rückten methodische oder mediale Aspekte in den Hintergrund. Genutzt wurden plötzlich nicht mehr nur die alten Holzschnitt- und Linolschnitt-Techniken, sondern die Vervielfältigungsgeräte in Schulen und aus dem Bürobereich (Fotokopierer, Matrizendrucker, Wachsmatrizen). Sie waren einfach handhabbar, ermöglichten schnelle und kostengünstige Produktionen und erlaubten schnelle Umsetzung von Entwürfen (Mumm 1978). Diese Verfahren ließen stärker als bei anderen Techniken die Verwendung von Bild *und* Schrift zu, förderten gemeinschaftliche Arbeit sowie Partizipation und Intervention in Prozesse (z. B. der Meinungsbildung). Drucken wurde (besonders in der Freinet-Pädagogik) als gemeinsam erlebter kooperativer Arbeitsprozess gestaltet und erfahren, die künstlerische Intention des Druckens trat häufig hinter die kommunikative Intention zurück (Kirschenmann 2010, S. 5). In der Bewegung der Schuldruckereien und nachhaltigen Plädoyers für das Drucken in der Schule (Honig 1992) fand diese Umorientierung ebenso ihren Ausdruck wie in zahllosen Experimenten mit neuen Materialien und Farben, Schülerzeitungen, Schülerbüchern und -heften. Auch durch die neuen einfacheren Druckmöglichkeiten wuchs seit der Jahrtausendwende das Interesse an den inzwischen klassisch gewordenen Drucktechniken von Holz- und Linolschnitt wieder: In ihnen wurde und wird eine Chance gesehen, ergebnis- und prozessorientiert zu arbeiten, gestalterische Ergebnisse ästhetisch ansprechend zu präsentieren und zu vervielfältigen. Es kam hinzu, dass neue Verfahren für die Schule eingerichtet werden konnten (z. B. Siebdruck) oder sich so variieren ließen, dass dabei auch Fotografien verwendet oder Materialien unterschiedlichster Art (z. B. T-Shirts) bedruckt werden konnten. Nach wie vor

87 |
Drucken als Experimentier-, Spiel- und Gestaltungsprozess: Fehlerirritation (Dieckhoff 2005)

wurden mit den neuen Techniken und Verfahren aber überwiegend klassische ästhetische Ausdruckformen realisiert, experimentelle Gestaltungen und Ergebnisse waren eher selten. Häufig wurde der Prozess des Druckens dabei als ein Abenteuer dargestellt (Berger 1999a) – und auf Grieshabers einprägsamen Buchtitel *Drucken ist ein Abenteuer* (1978) verwiesen. Dabei hatte der Holzschneider von der Achalm in Reutlingen einen umfassenderen Begriff vom Drucken als Abenteuer und verstand darunter auch Wagnis und Bewältigung von Zufall *und* Kontrolle, von Gestaltung *und* Experiment **(Abb. 86)**. Drucken ist also nur dann ein Abenteuer, wenn man Druck macht.

Im Titel unseres Bandes *Wir machen Druck!* versuchen wir, ein solch umfassendes Verständnis vom Drucken sichtbar werden zu lassen: zum einen als einen Erlebnis-, Experimentier-, Spiel- und Erfahrungsprozess **(Abb. 87)**, zum anderen als einen Vorgang des Gestaltens, Formulierens und Produzierens, mit dem man sich ausdrücken, Adressaten etwas vermitteln und so (Ein-)Druck machen kann, dass es sie bewegt.

Das „Wir" betont dabei das Gemeinsame und Kooperative, das „Machen" die Gerichtetheit der Arbeit: etwas auszuprobieren, sich auszudrücken, etwas zu veröffentlichen und Reaktionen hervorzurufen.

Wir machen Druck! ist also eher ein Laboratorium, in dem man mit Drucktechniken seine Texte und Bilder, seine Gedanken und Vorstellungen in einem Produkt kreativ miteinander in Beziehung bringen kann, sodass es von anderen angenommen wird. Dabei können Schülerinnen und Schüler u. a.

- Drucken als historische Kulturtechnik erleben, die die Heranbildung der Wissensgesellschaft wesentlich geprägt hat und immer noch ein wichtiger Bestandteil der medialen Wirklichkeit ist;
- Vervielfältigen als ästhetisches Erlebnis und in seiner Kommunikation erfahren;
- komplexe technikimmanente Denkweisen und Lösungsstrategien erwerben;
- direkte und handgreifliche Materialerfahrung sowie Sinneswahrnehmung und Selbstwirksamkeit erleben;
- Objekte aus der Lebenswelt individuell gestalten. (Miller 2015, S. 7–8).

Drucken in der Schule vermittelt dabei eine Reihe spezifischer Arbeits- und Gestaltungserfahrungen, u. a.

- ein gegenüber dem Zeichnen und Malen sekundäres Verfahren zu erlernen, bei dem die Ergebnisse nicht sofort sichtbar und häufig noch verändert und variiert werden können;
- sich mit dem Verhalten und den Eigenschaften von Materialien auseinanderzusetzen und den Widerstand des Materials (z. B. bei Radierungen) technisch und bildnerisch zu bewältigen;
- „blind" zu arbeiten, wenn Entwürfe seitenverkehrt, in Positiv- oder Negativform umzusetzt sind;
- Druckwirkungen einzuschätzen und herzustellen (bzw. zu manipulieren) und sich mit unerwarteten Druckwirkungen auseinanderzusetzen. (Zacharias 1970a, S. 303 f.)

2 Grafische Drucktechniken für die Schule

Wenn Drucken auch in der Schule immer ein Laboratoriumsprozess sein soll, bei dem experimentiert werden kann, dann sind prinzipiell auch alle möglichen Drucktechniken in der Schule denkbar – und zwar für den Druck von Bildern wie von Texten. Es gibt keine Technik, die von vorneherein auszuschließen wäre, allerdings sind einige besser und leichter im Unterrichtsalltag einsetzbar als andere. So wird es wohl für nur wenige Schulen räumlich, technisch und sicherheitsmäßig machbar sein, den klassischen Steindruck (Lithografie) anzubieten oder mit lösungsmittelhaltigen Farben oder Werkstoffen umzugehen. Nicht jede Schule wird schon über eine Ausstattung mit digitalen Medien verfügen, mit der sie z. B. selbst kleine Broschüren produzieren könnte. Und nur in seltenen Fällen wird eine funktionsfähige Schuldruckerei mit einem Angebot an unterschiedlichen Lettern und Pressen zur Verfügung stehen.

Wir gehen bei der Vorstellung der folgenden Techniken auch nicht davon aus, dass jede Schule sie in ihren Räumen und mit ihren Möglichkeiten realisieren kann. Aber wir setzen darauf, dass es für jede Schule einige Techniken gibt, die mit vorhandenen Mitteln realisiert werden kann (z. T. auch ohne Einsatz von Pressen, Miller 2015) und dass für jede Schule immer auch eine Gelegenheit besteht, extern auf solche Techniken zuzugreifen, z. B. in Werkstätten, in Museen, alten Druckereien, Künstlerateliers usw. (→ Kap. 4.4). Durch Kooperationen im Kunst- und Bildungsbereich lassen sich oft neue und überraschende Zugänge zu Drucklaboratorien öffnen. Gleichzeitig sind viele der vorgestellten Techniken selbst schon in Klassenräumen nutzbar.

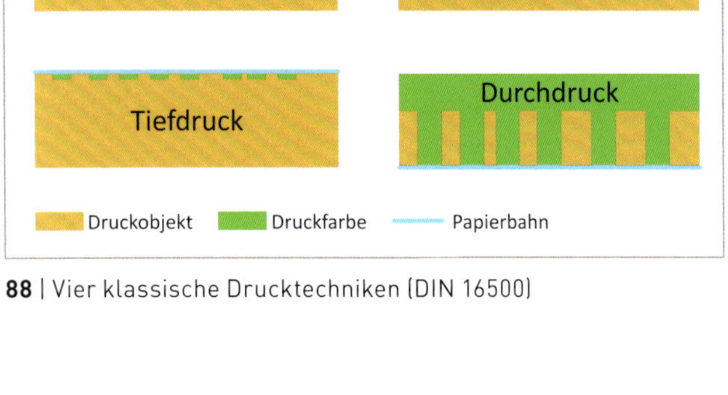

88 | Vier klassische Drucktechniken (DIN 16500)

Welche der möglichen Drucktechniken im Unterricht eingesetzt werden soll, hängt ab von den pädagogischen Zielsetzungen und von den Kompetenzen, die die Schülerinnen und Schüler erwerben sollen (vgl. Unterrichtsbeispiele im ersten Teil). Dann erst stehen die Fragen von Drucktechnik, Materialien und Form der Arbeitsprozesse an.

Prinzipiell werden vier klassische Drucktechniken unterschieden (nach DIN 16500), mit denen man Bilder und Texte drucken kann **(Abb. 88)**:

- Beim *Hochdruck* sind die druckenden Stellen erhaben, abgedruckt werden die erhöhten Druckflächen. Der Hochdruck ist das älteste Verfahren und war lange die dominierende Technik im Buch- und Zeitungsdruck – seit den 1980er Jahren sind hier vermehrt Flachdrucktechniken im Einsatz.
- Beim *Tiefdruckverfahren* sind die zu druckenden Stellen leicht vertieft (in Metallplatten). Nur diese Vertiefungen („Näpfchen") werden beim Druckvorgang gefüllt und dann gegen das Druckobjekt gepresst.
- Im *Flachdruck* liegen die druckenden Stellen auf derselben Ebene wie die nichtdruckenden Stellen. Der Druck basiert also nicht auf Höhenunterschieden, sondern auf der Platte/Folie sind die zu druckenden Teile fettfreundlich aufgebracht, nichtbildende Teile nehmen Wasser auf und stoßen Farbe ab, die fettfreundlichen Teile nehmen die Farbe an und geben sie an das Papier weiter.
- Beim *Durchdruckverfahren* wird eine Schablone auf ein Kunststoffgewebe aufgebracht – die Ausschnitte der Schablone werden dann gedruckt, in dem durch die Schablone die Farbe auf das Papier gedrückt wird.

Neben diesen klassischen Techniken hat sich inzwischen der Digitaldruck (z. B. beim Kopieren, Fotodruck) mit einer Vielzahl von Verfahren etabliert. Bei ihm werden keine statischen Druckträger mehr verwendet. Eingesetzt werden insbesondere

- *elektrografische Verfahren* mit Toner (95 % aller Produktionssysteme im kommerziellen Druckbereich), bei dem zuerst (auf einer Trommel) ein Fotohalbleiter elektrostatisch geladen, dann mit einem latenten Bild belichtet und mit Toner entwickelt wird, um es dann auf den Bedruckstoff (Papier) zu übertragen **(Abb. 89)**.
- *Ink-Jet-Verfahren* (thermisch oder piezo), bei denen durch kleinste Düsen die Pigmente und Farbstof-

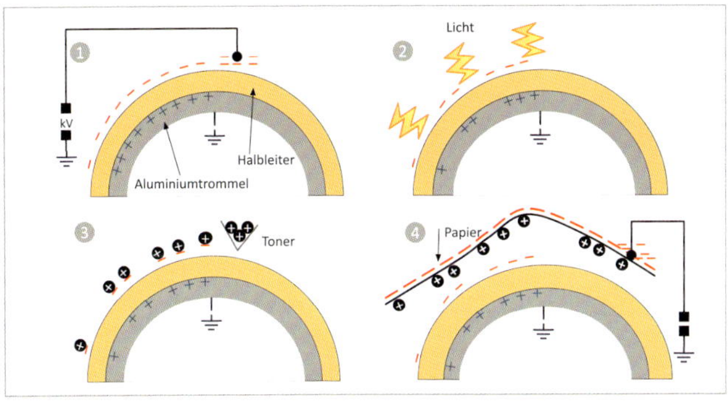

89 | Elektrofotografischer Prozess beim Digitaldruck (nach: Schlözer 2008)

fe in Wasser oder Lösemitteln gelöst auf das Papier gespritzt werden. Diese Verfahren wurden so weiterentwickelt, dass sie inzwischen auch für höhere Auflagen wirtschaftlich eingesetzt werden können. Aktuell werden in der Druckindustrie vor allem Flachdruck- und Digitaldruckverfahren genutzt, Hoch- und Tiefdruck haben dort quantitativ an Bedeutung verloren.

In der Schule können klassische und digitale Drucktechniken auf vielfache Weise umgesetzt werden. Einfach unterscheid- und voneinander abgrenzbar sind sie unter zwei Aspekten:

- Material und Herstellungsprozess des Druckobjekts;
- Material und Bearbeitung des Druckträgers.

Was das Material und die Bearbeitung des Druckträgers angeht, gilt: Alles, was zu einer flachen Druckfläche formbar ist, lässt sich auch bedrucken – wenn man nur die richtige Drucktechnik, eine passende Farbe und einen die Farbe annehmenden Druckträger findet. So lassen sich selbst Aluminiumfolien, Bleche, Steine, Lebensmittel und sogar Pflanzen (z. B. Rasen) bedrucken, wenn man es unbedingt will. Man muss allerdings immer prüfen, ob der Druck (insbesondere die Farben) dabei den Druckträger verändern bzw. für andere Zwecke unbrauchbar machen. So lassen sich beispielsweise Tortenbilder mit dem Tintendrucker auf entsprechende Oblatenfolien bringen – und sogar essen, wenn man dabei Lebensmittelfarben verwendet und den Drucker vorher sehr sorgfältig gereinigt hat (bei einem Druck mit normalen Ink-Jet-Farben sollte man das besser lassen).

Neben dem Experimentieren mit Druckträgern aller Art sollten im Unterricht im Laufe der Sekundarstufe I gezielt Erfahrungen mit den nachfolgend aufgestellten fünf Materialgruppen und ihrer Behandlung vermittelt werden, die sowohl experimentierendes wie gezieltes Drucken ermöglichen **(Abb. 90)**.

Druckträger

Material	Technik	Varianten	Farbe(n)	Hinweise
Papier, Pappe, Karton	H, F, T, D	saugend – glatt, dünn – hochvolumig, schwer – leicht, opak – deckend, hell – dunkel, fest – empfindlich	alle	evntuell vorbereiten durch z. B. Anfeuchten (Flachdruck) oder Grundieren
Tapete, Packpapierrolle	H D	für Rollstempel, Drucken mit beweglichen Elementen	deckende Farben	genügend Arbeitsfläche, um größere Werkstücke trocknen zu können
Gewebe	H	häufig Seide, Leinen, seltener: Baumwolle	Textilfarbe	Appretur aus neuen Stoffen entfernen, Arbeitsflächen schützen, Farben fixieren (z. B. Bügeln); Waschbarkeit beachten (bis 40°), an kleinen Werkstücken erproben
Holz	H	glänzend – matt, deckend – lasierend, Lettern/Platten	Acryl, Druck, Lack	ggf. Holzflächen glätten und – wenn lackiert – entfetten; Sicherheitshinweise bei Lackfarben
Stein	H, D	glatt – rau, saugend – poliert, strukturiert – monochrom	Lack, Acryl	Sicherheitshinweise bei Lackfarben

90 | Die für die Sekundarstufe I geeigneten Druckträger (H: Hochdruck; T: Tiefdruck; F: Flachdruck, D: Durchdruck)

Die folgenden Kapitel sollen nun die für die Sekundarstufe I bedeutsamen und dort auch realisierbaren Drucktechniken vorstellen und ihren praktischen Einsatz näher beschreiben. Vorab dazu eine Übersicht.

Druckobjekte und Drucktechniken

Material	Herstellungsprozess	Technik	Grenzen	Vorteile
Alltagsmaterial, strukturiert (Netze, Kordeln, Oberflächen, Klebstoff)	Alle strukturierten Materialien etwa gleicher Höhe können mit Farbe eingewalzt oder darin eingetaucht werden. Sie werden eingefärbt auf den Druckträger gelegt, ggf. angedrückt oder gepresst, können für Endlosdruck auf Rollen geklebt werden Farbe wird in Vertiefungen strukturierter Materialien (z. B. Furnier) gebracht, die Oberfläche abgewischt, saugfähiges Papier darauf gepresst (Radierpresse)	Materialdruck komplexere Gestaltungen erfordern Erfahrung in der Komposition H leicht für einfache Gestaltungen, beliebige Kombinierbarkeit und Variation, schnelle Vervielfältigung durch Stempeltechnik T		
Alltagsmaterial, erhaben	Durchreiben von erhabenen Oberflächen (Schriftplatten, Mustern, Reliefs) z. B. mit Grafit oder Kreidetampons	Frottage D		
Radiergummi, Linolplatten	Formen werden aus den Platten freigeschnitten, die erhabenen Stellen werden mit Farbe eingewalzt und abgedruckt (Abklatsch, Presse) Linien werden in Platten eingeschnitten, mit Farbe eingerieben, die Platte wird oberflächlich abgerieben, saugfähiges Papier auf die Platte gepresst (Radierpresse)	Linol- oder Gummidruck H T	Verletzungsgefahr, wenn Schnittwerkzeug nicht sicher beherrscht wird	leicht bis mittelschwer zu bearbeiten, klare Details, glatte Oberfläche
Blei- oder Holzlettern	in Blei gegossen oder in Holz gefräste Lettern werden gesetzt, fixiert, mit Druckfarbe eingewalzt und abgedruckt Möglich ist auch die Nutzung von Lettern als Stempel	Buchdruck, Plakatdruck, Stempeldruck H	Arbeit mit längeren Texten zeitaufwändig; Materialpflege	einfache Vervielfältigbarkeit, kooperative Arbeitsprozesse, Gestaltungsexperimente
Holzplatten oder -stöcke	Formen werden aus den Platten freigeschnitten (Benutzung eins Schneidebretts!), die erhabenen Stellen werden mit Farbe eingewalzt und abgedruckt (Abklatsch, Presse), Nutzung auch als Stempel möglich	Holzschnitt H	Verletzungsgefahr bei unsicherer Handhabung, räumliche Wirkungen schwierig, Schrift spiegelverkehrt	gut vervielfältigbar, komplexe Ergebnisse, serielles Drucken
Kupfer-, Zinkplatten	Einritzen oder -kratzen von Linien und Schraffuren (Kaltnadel), Farbe wird in Vertiefungen gebracht, die Oberfläche abgerieben, saugfähiges Papier darauf gepresst (Radierpresse)	Radierung, Kupferstich T		handwerkliche Erfahrung, Sorgfalt bei Bearbeitung, präsentables Ergebnis
Kunststofffolien (z. B. Rhenalon)	Einritzen oder -kratzen von Linien und Schraffuren oder Wegkratzen nichtdruckender Teile	Radierung, Schnitt T H	Herstellung von Flächigkeit	seitenrichtiges Gestalten von Schriften, leichtere Bearbeitung als Kupfer u. Ä.
Siebgewebe	Befestigen von Schablonen auf/unter auf Rahmen gespanntes Siebdruckgewebe bzw. Aufbringen des Motivs auf Gewebefläche z. B. durch Wachsmalstift – Schließen des Siebgewebes (z. B. mit Leimlösung) und Auswaschen der Form – Durchdrucken der aufgebrachten Farbe mit einer Rakel	Siebdruck D	technischer Aufwand z. T. hoch, hoher Farbverbrauch (10 x mehr als andere Verfahren)	einfache und große Formen realisierbar, große Farbpalette, kooperatives Arbeiten

Material	Herstellungsprozess	Technik	Grenzen	Vorteile
Schablonen (Papier, Metall)	Ausschneiden von Schablonen (Formen/Schriften) in Papier, Pappe oder Metall, Druck durch Abtupfen freier Flächen	Schablonendruck D	Gestaltung von inneren Flächen (z. B. Auge)	einfach handhabbar, schnell erlernbar
Drucke	ein mit Lösungsmittel (Terpentin) befeuchtetes Blatt wird auf ein bedrucktes Blatt gelegt und (leicht) durchgerieben – die geriebene Fläche wird spiegelverkehrt auf die Rückseite des befeuchteten Blattes übertragen	Nitro-Frottage D	Sicherheitsvorschriften: Lösungsmittel	Hinführung zu Digitaldruck bzw. Flachdruck
Karton oder Pappe (Getränke- oder Glanzkarton)	Linien werden in die glänzende Seite geritzt (z. B. mit Kugelschreiber). Linien mit Farbe einreiben (vgl. Radierung), saugfähiges Papier auf die Platte pressen (Radierpresse). Fläche mit Farbe vorsichtig einreiben (vgl. Holzschnitt).	Radierung T Schnitt als Weißliniendruck H	kleine Formate, bei Weißlinienendruck wenig flächige Gestaltungsmöglichkeiten	feine Linien, einfaches Material, sofort druckbar
Finger, Hände, Füße	lösungsmittelfreie Farbe wird auf Haut aufgetragen, dann auf Druckträger abgedruckt	Abdruck H		kombinatorische Vielfalt, Gestaltungsmöglichkeiten, kooperatives Arbeiten
Kartoffeln, Auberginen, Zwiebeln etc.	Formen werden in glatte (halbierte) Flächen geschnitten und gestempelt	Stempeldruck H	wässeriges Druckbild, reduzierte Formen	schnell zu erlernen, additives Verfahren
Moosgummi und Karton	Ausschneiden von Druckformen mit Cutter/Schere, Aufkleben auf plane Unterlage/Stempel, bei Karton ggf. „Imprägnieren" der Druckvorlage z. B. mit Lackfarbe, Auftragen der Farbe auf die erhabenen Formen mit einer Walze, Abdruck (Presse, Abklatsch)	Stempeldruck H	detailliertes Arbeiten nur bedingt möglich, Drucken erst nach Trocknung des Klebers	einfache „Einsteigertechnik", Mehrfarbendruck möglich, große Formate, kostengünstig
Knetmasse (Platte oder Stempel) oder Gips	in dünn ausgerollte Knetmassen-Platten werden Muster gestanzt, geprägt oder eingeritzt, die Platten werden gehärtet und können dann als Druckstock verwendet werden	Knetmassendruck H, T	empfindliche Platte, wenig Details möglich	preiswert, Flächengestaltung
Kalksandstein (Offset-Folien)	auf Kalksandstein werden die zu druckenden Teile mit Fettkreide oder Tusche aufgebracht und fixiert, beim Druckvorgang werden Stein bzw. Platte befeuchtet und dann mit Farbe eingewalzt. Die zu druckenden Teile nehmen Farbe auf, die nichtbildenden Teile haben Wasser aufgenommen und nehmen keine Farbe an. Das Papier wird auf den Stein gepresst, die Farbe von den zu druckenden Teilen dadurch abgenommen.	Lithografie F	klassisches Verfahren auf Kalksandstein; in Schule technisch schwer zu bewältigen	bei externer Durchführung und Betreuung hohe Lerneffekte und Einblick in komplexere Drucktechnik
Glatte Platten als Farbflächen	Druckstock ist eine Platte mit glatter Oberfläche, eine oder mehrere Farben (haselnussgroß) werden auf die Platte aufgebracht (Druckfarbe, Leimfarbe mit Kleister). Zeichnen in die gewalzte Fläche: Die Farbschicht kann durch Ritzen, Spachteln usw. bearbeitet werden. Abdruck (eventuell mehrere Ex.) – Auf eingefärbte Platte vorsichtig das Papier andrücken, dann mit Stift o. ä. auf Papier so zeichnen, dass die Farbe auf der Gegenseite angenommen werden kann. Papier vorsichtig abheben (1 Abdruck).	Monotypie F	zügiges Arbeiten unbedingt notwendig, damit Farben nicht eintrocknen	leicht und schnell umzusetzen, unmittelbare Bearbeitung des Druckbildes, überraschende Gestaltungsformen
Farben, Farbreste	Auswalzen der Farben auf einer glatten Oberfläche, dann mit Walzendruck auf Druckträger übertragen	Farbwalzendruck F		Verbindung von Farb- und Formexperimenten, sehr einfach

91 | Drucktechniken für Bilder und Texte
(H: Hochdruck; T: Tiefdruck; F: Flachdruck, D: Durchdruck)

2.1 Kaltnadelradierung

Bedeutung

Die Tiefdrucktechnik der Kaltnadelradierung gehört in vielen Lehrplänen des Kunstunterrichts ab der Jahrgangsstufe 7 zur Obligatorik. Gefordert sind z. B. das Umsetzen einer Zeichnung in eine Kaltnadelradierung, das selbstständige Ausführen einfacher Druckvorgänge des Tiefdrucks und das Erproben technischer Varianten zur Veränderung der Wirkung.

Die Tiefdrucktechnik der Kaltnadelradierung entwickelte sich schon in der zweiten Hälfte des 15. Jahrhunderts aus Goldschmiede- und Metallarbeiten und der daraus folgenden Technik des Kupferstichs.

Minimalausstattung

Radiernadeln und/oder Stichel, Kunststoff- oder Metallplatten (Kupfer, Zink) (größer DIN A6) oder CD-Rückseiten, kleine Walzen, Glas- oder Kunststoffplatte für Farbe, Linolfarbe o. Ä., Gaze, Baumwolltücher, Bütten- oder Japanpapier, Druckfilz (evtl. auch eine Doppelschicht Moosgummi), Handdruckpresse oder ggf. auch Hebeldruckpresse. Besonders beim Druck ist kooperatives und koordiniertes Arbeiten erforderlich.

Nach unserer Erfahrung verfügen sehr viele Schulen über Handdruckpressen, allerdings sind sie häufig außer Gebrauch. Pressen, die längere Zeit nicht genutzt werden, verstauben und rosten, werden schwergängig. Allein das Ziel, das zu verhindern, spricht schon viel für regelmäßige Druckprojekte.

Verfahren

In den grundlegenden Arbeitsschritten sind historische Verfahren und Techniken bis heute erkennbar:

❶ Mit einem Stichel werden Vertiefungen in das Druckobjekt (Kunststoff- oder Metallplatte) eingeschnitten, -geritzt oder -gekratzt. Diese Vertiefungen nehmen später die Druckfarbe auf. Je nach Härte des Druckobjekts eignen sich dafür Kugelschreiber oder Nägel (bei weichen Druckobjekten wie Getränke- oder Glanzkarton), einfache Radiernadeln (bei Kunststofffolien wie Rhenalon, Plexiglas, CDs; vgl. Lange-Weber 2008) oder Stichel (gekröpft), Stahlnadeln und Polierstähle (z. B. für Kupfer- oder Zinkplatten, deren Ränder vorher entgratet werden sollten). Zinkplatten sind relativ weich und bieten nur wenig Widerstand beim Ritzen, nutzen sich aber schnell ab (Auflage bis 10 Exemplare).

Geritzt wird direkt in die Fläche mit leicht schräg gehaltener Nadel – immer vom Körper weg. (Wird die Nadel beim Ritzen im Winkel von etwa 30° gehalten, ergibt sich nur ein Grat und eine breite Linie, bei senkrecht gehaltener Linie ergeben sich häufig im Druck Doppellinien.) Das Druckobjekt kann zusätzlich gegen das Werkzeug gedreht werden, um z. B. Bögen oder Rundungen leichter zu schneiden. Der Arbeitsfortschritt beim Ritzen lässt sich durch eine kleine Kontrolle feststellen: Man kann ein wenig Druckfarbe auf die Platte aufgetragen, die Platte dann mit dem Handrücken blank reiben. Wird die Platte dann vor einen Spiegel gehalten, lässt sich das zu erwartende Druckergebnis schon einschätzen.

Sicherheitstipp: Um Verletzungen bei scharfen Schnittgraten vorzubeugen, kann man den Handballen mit Heftpflaster bekleben oder unter die Hand etwas Pergamentpapier legen.

Bei nichttransparenten Druckobjekten müssen die Motive spiegelverkehrt auf die Platten übertragen werden. Dies ist besonders bei Vorlagen mit Schriften wichtig. Bei transparenten Vorlagen (Kunststofffolien) kann die Vorlage auf Transparentpapier angelegt und dann schon mit der Rückseite unter der Folie befestigt und dann nachgeritzt werden – dies erspart den spiegelverkehrten Übertragungsvorgang.

❷ Nach Beendigung des Einritzens ist der nächste Arbeitsschritt die Vorbereitung des Druckträgers. Für Kaltnadelradierungen eignen sich am besten Kupfertiefdruckkartons und vor allem Büttenpapier. Sie werden auf ein Format geschnitten, das jeweils 1–2 cm über den Plattenrand hinausgeht. Vor dem Druck wird das Papier von beiden Seiten mit einem Schwamm leicht angefeuchtet und ggf. zwischen Trockentücher zwischengelagert (Feuchtigkeit des Papiers muss gehalten werden).

❸ Dann wird auf die gesäuberte Platte etwas Farbe (Druckfarbe) mit einer Farbwalze eingewalzt und in alle Richtungen aufgetragen, damit die Vertiefungen mit Farbe gefüllt werden. Vorsichtig wird das Druckobjekt auf die Handfläche gelegt und mit einem weichen Lappen (Tüll, Wischgaze) in Rundbewegungen

Gut zu wissen

Dass diese Technik als „Kaltnadelradierung" bezeichnet wird, hat nichts mit dem Werkzeug o.Ä. zu tun, sondern mit dem Prozess des Einbringens der Linien in das Druckobjekt: Bei der Kaltnadelradierung erfolgt dies direkt ohne Einwirkung von chemischen Prozessen. Demgegenüber wird bei der Radierung (z.B. Strichätzung, Tiefätzung, Vernis Mou) das Druckobjekt (in der Regel eine Metallplatte) lackiert (z.B. mit Schellack), dann wird die Lackschickt eingeritzt oder abgeschabt. Die Platte kommt dann in ein Ätzbad, das alle nicht von Lack bedecken Stellen einätzt. Nach Abtragung der Lackschicht liegt eine Platte mit eingeätzten Tiefen vor, die im Tiefdruckverfahren gedruckt werden kann. Weil durch die chemischen Prozesse beim Ätzverfahren in der Regel Wärme entsteht, spricht man auch von „warmen Verfahren" (Autenrieth, 2010). Neben diesen Verfahren gibt es noch photochemische Verfahren, bei denen lichtempfindliche Schichten auf der Platte belichtet und dann geätzt werden.

Sowohl photochemische Verfahren wie Ätzungen lassen sich nur mit erheblichem Aufwand und unter Einhaltung von Sicherheitsvorschriften (ähnlich wie bei Experimenten im Chemieunterricht) durchführen – sie sind leichter mit externen Partnern in speziell dafür eingerichteten Werkstätten durchzuführen.

wird die Farbe von der Oberfläche gewischt – und dabei noch in die Vertiefungen gedrückt.

❹ Die Druckplatte wird dann auf dem Druckschlitten der Druckpresse standgenau positioniert, darauf das angefeuchtete Papier und schließlich die etwa 4 mm dicke Filzunterlage. Nach Einstellung der Druckspannung wird der Druckschlitten zwischen den beiden Walzen durchgeführt, wobei bei Kaltnadelradierungen ein relativ hoher Druck (obere Walze) eingestellt werden muss, damit das Papier die Farbe aus den Vertiefungen annimmt.

Sicherheitstipp: die Klasse vorab gut in die Handhabung der Presse einweisen (Klemmgefahr, falsche Einstellungen usw.).

Ist die Kaltnadelradierung gepresst worden, hebt man den Druckfilz vorsichtig ab. Um das Druckblatt abzunehmen, verwendet man zwei ca. 3–4 cm breite Kartonstreifen, die man in der Mitte eingeknickt hat, als Zange. Die fertigen Druckbögen können gestapelt und leicht gepresst werden, zwischen jede Radierung sollte ein Blatt Makulaturpapier gelegt werden, um ein Beschmutzen der Rückseite zu verhindern (vgl. Autenrieth 2010). Wenn die Platte mit dem richtigen Druck gepresst worden ist, zeigt sich auf dem Blatt in der Regel ein „Plattenton" als Hintergrundfarbton, der von der Restfarbe auf der Oberfläche stammt, sowie ein leicht eingeprägter Plattenrand als Umrandung.

Praxis der Kaltnadel-Radierung: Projekt „BILDTEXTE"

Einen vergleichsweise leichten Einstieg in die Technik der Kaltnadelradierung (mit Einbindung von Schrift) bietet die Benutzung einer transparenten Platte aus Kunststoff (mindestens 0,4 mm stark, z.B. Rhenalonplatten 0,5 mm oder transparentes Acrylglas – auf Rollen) als Druckträger. Sie lässt sich mit dem Cutter oder der Schere auf das gewünschte Format schneiden, in unserem Projekt „BILDTEXTE" (→ Kap. 1.7) kleiner als DIN A5. Der Entwurf für die Radierung muss – vor allem, wenn er Schriftelemente enthält – seitenverkehrt angelegt sein und auf den Druckträger übertragen werden.

- Dies kann man bei *nichttransparenten Druckträgern* (z.B. Kupfer- oder Zinkplatte) mithilfe von Graphit- oder Pauspapier erledigen: Man nimmt normales Zeichenpapier, festigt auf der Rückseite das Pauspapier mit der Schichtseite zum Papier und zeichnet mit Bleistift oder Kugelschreiber die Skizze. Auf der Rückseite befindet sich dann ein spiegelverkehrter Entwurf, den man auf die Platte durchdrücken kann.
- Bei *transparenten Kunststoffplatten* ist das Verfahren noch leichter: Der Entwurf wird auf Transparentpapier gezeichnet, dann spiegelverkehrt unter die Kunststoffplatte gelegt und beides auf einer Unterlage rutschfest befestigt **(Abb. 92)**. Mithilfe einer Radiernadel kann der Entwurf jetzt direkt in die Platte geritzt werden **(Abb. 93)**. Nach Fertigstellung des ersten Entwurfs kann man die Kunststoffplatte (umgedreht) mit einem Overheadprojektor an die Wand

92 | Radieren auf transparenter Kunststoffplatte mit spiegelverkehrtem Entwurf (Vorlage auf umgedrehtem Transparentpapier unter der Folie fixiert)

93 | Umsetzung des Entwurfs mit der Holz-Radiernadel

94 | Auftragen der Farbe auf die Kunststoffplatte mit einer Rakel

95 | Radieren auf transparenter Kunststoffplatte – Einreiben der Farbe

96 | Abreiben der Farbe mit Wischgaze und später mit dem Handballen

97 | Positionierung der Radierung auf dem Druckschlitten der Walzendruckpresse

98 | Vorbereitung des Drucks auf der Presse: Ausrichten, Pressenwagen bis zum Papieransatz vorfahren

99 | Auflage des angefeuchteten Büttenpapiers und des Filzes

projizieren und so erstmalig das zukünftige Ergebnis einschätzen und Korrekturen anbringen (auf Kunststoffplatten können allerdings keine Ritzungen rückgängig gemacht werden).

Dann wird die Farbe auf die Kunststoffplatte aufgetragen **(Abb. 94)** – möglichst lösungsmittelfreie Farbe (z.B. *Aqua Wash*, *Caligo Safe Wash*) – und mit Wischgaze **(Abb. 96)** und später dem Handballen abgerieben, sodass nur noch in den geritzten Flächen und Linien Farbe bleibt. Dies lässt sich im Gegenlicht gut kontrollieren. Die Kunststoffplatte wird auf den Pressentisch positioniert, das angefeuchtete Büttenpapier (dessen Zellstoffporen durch die Feuchtigkeit so geöffnet sind, dass sich die Druckplatte ins Voluminöse verankern kann) behutsam daraufgelegt, mit einem Filz überdeckt **(Abb. 97, 98, 99)**. Dann wird der Wagen der Walzendruckpresse unter der Walze durchgezogen und wieder zurückgefahren. Nach Entfernen des Abdeckfilzes kann man das Blatt mit einer Klemme von der Platte lösen **(Abb. 100)** und die Radierung anschließend trocknen.

100 | Nach Rückfahren des Pressenwagens: Ablösen der Radierung von der Druckplatte mit einer Papp-Klemme

2.2 Getränke- und Glanzkartondruck

Minimalausstattung

Getränkekarton (aluminiumbeschichtet) oder Glanzkarton, Bleistift, Kugelschreiber, Cutter, Leim, Druckfarbe, Walzen und Walzflächen; Gaze- oder Ledertücher für den Farbauftrag.

Verfahren

Getränke- und Glanzkarton (z. B. Tetra-Pak-Milch- oder Safttüten) lassen sich als einfaches und billiges Material für Druckobjekte verwenden. Mit ihnen können die Verfahren des Hoch- und Tiefdrucks im Klassenzimmer leicht umgesetzt werden. Grundlage ist ein Stück glatter, gut gereinigter Getränke- bzw. Glanzkarton (keine Nähte, Kanten oder Knicke). Format und Form des Kartons sind beliebig.

Hochdruck-Verfahren (Weißlinienschnitt): Das Motiv wird mit einer Kugelschreiberspitze kräftig in die glänzende Seite des Kartons eingedrückt. Flächen können durch Punkte, Linien oder andere Strukturen gestaltet werden. Ist das Motiv fertig, wird sehr wenig Linolfarbe gleichmäßig auf die glatte Kartonfläche gewalzt – die eingeritzten Linien sollen *nicht* mit Farbe gefüllt werden. Dann wird Papier auf den Karton gelegt und z. B. mit einer (unbenutzten) Farbwalze überrollt oder mit einem Holzlöffel oder Falzbein abgerieben.

Tiefdruck-Verfahren (Weißliniendruck): Das Motiv wird etwas feiner als beim Hochdruck in den Karton eingeritzt (z. B. mit Kugelschreiber, Zirkelspitze o. Ä.). Die eingeritzten Linien werden als Weißliniendruck erscheinen, deshalb wird mit einem Gazetuch nur etwas Farbe in die Linien eingerieben, die Flächen werden vorsichtig abgewischt. Die Platte kann dann in einer Walzen- oder Spindelpresse gedruckt oder mit der Rückseite eines Löffels kräftig abgerieben werden. Es erscheint dann ein Weißliniendruck **(Abb. 101)**.

Für das Hochdruck-Verfahren (Weißlinien) gibt es zwei weitere interessante Varianten:

- In die Getränkefolie kann eine Schablone eingeschnitten werden, die dann beim Druck als freie Fläche erscheint **(Abb. 102)**.
- Es werden Abzüge eines Weißlinienschnitts im Hochdruckverfahren (auch mit unterschiedlich gefärbten Flächen) hergestellt. Dann werden auf dem getrockneten Karton des Druckobjekts die Linien mit

101 | Andruck von Getränkekarton (Schülerarbeit, 5. Klasse Gymnasium, Hamburg 2019 bei Matthias Taube)

102 | Druckform für Weißlinien- und Schablonendruck auf Getränkekarton (Schülerarbeit 5. Klasse Gymnasium, Hamburg 2019 bei Matthias Taube)

einem breiten schwarzen Filzstift (3–4 mm) nachgezogen und markiert. Der Druckstock wird links und rechts entlang der Linien des Filzstifts mit dem Cuttermesser eingeschnitten, die Flächen werden herausgenommen. Als Druckstock bleiben die schwarzen Linien stehen (Stege evtl. mit Leim fixieren). Der Druckstock wird mit einer dunkleren Farbe als der des ersten Abzugs eingefärbt und auf die erste Form abgedruckt – sodass konturierte, dunkle Linien auf dem Druck bleiben.

Gut zu wissen

Dieses Verfahren lässt sich in wenigen Unterrichtsstunden umsetzen, die Prinzipien von Hoch- und Tiefdruck sind daran schnell und direkt nachvollziehbar. Wichtig ist, dass bei der Tiefdrucktechnik die Linien tief genug in den Karton gedrückt werden, sonst kann nicht genügend Farbe aufgenommen werden. In höheren Klassen bietet sich vor allem die Tiefdruckvariante oder der mehrfarbige Druck an, weil beides mehr Feinheiten und komplexere Gestaltungen zulassen.

Milchtütendruck

Getränke- und Glanzkartondruck sind auch deshalb inspirierende Verfahren für die Schule, weil technische und künstlerische Anforderungen auf höchst unterschiedlichen Stufen gestellt werden können. Von einfachen Skizzen bis zu feiner differenzierter Gestaltung sind alle Stufen möglich. Das Ausgangsmaterial regt häufig Schülerinnen und Schüler an, in ihrer Freizeit mit diesen Verfahren zu experimentieren. Dass dabei mit etwas Ausprobieren eine herkömmliche Nudelmaschine als Druckpresse genutzt werden kann, übt einen zusätzlichen Anreiz aus: Auf ein passendes Stück Filz wird ein Stück Haushaltskrepp gelegt, darauf die Druckplatte, weiter das Druckpapier, wieder Krepppapier und dünner Filz – und schon kann man dies zusammen durch die Pastamaschine „nudeln".

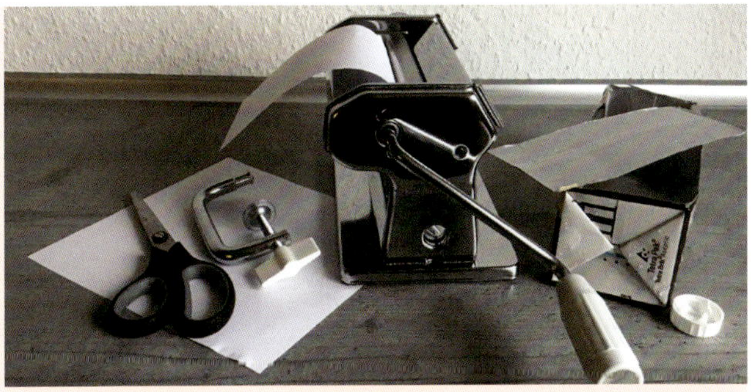

103 | Ein motivierendes Experiment: Nudelmaschine als Druckpresse

104 | *Schafe*, Fingerspitzendruck von Christel Eikenbusch, 2016

2.3 Hand- und Fingerabdrücke (und mehr)

Minimalausstattung

Wasserlösliche Farbe, glatte Platte (zum Ausrollen der Farbe), Walze – mehr nicht!

Verfahren

Auf eine glatte Platte (Glas, Holz, Kunststoff) wird wasserlösliche Farbe dünn ausgerollt. Hand oder Finger (je nachdem, was man abdrucken will) werden vorsichtig daraufgelegt oder abgerollt (nicht wischen!) – dann auf ein Blatt Papier gedruckt.

Im Beispiel in **Abb. 104** wurde mit mehreren Farben und unterschiedlicher Farbdicke gearbeitet, einige Abdrücke durch kurze Striche (mit gleicher Farbe) gestaltet. Sehr feine Finger- oder Handabdrücke lassen sich mithilfe der Küchenlithografie (→ Kap. 2.4) erzielen, wenn man die Abdrücke sehr sorgfältig aufbringt.

Soll man sich wirklich in der Sekundarstufe I noch mit Hand- und Fingerabdrücken beschäftigen? Gehört das nicht eher in die Primarstufe? – An diesem Verfahren wird deutlich, dass es für den Einsatz im Unterricht darauf ankommt, was man daraus macht und in welchen Kontext man es stellt: Körperabdrücke (besonders Hand- und Fußabdrücke) gehören zu den ersten persönlichen Zeichen, die Menschen schaffen (**Abb. 106**). Sie zu dokumentieren, zu analysieren und dann eventuell gestalterisch mit ihnen umzugehen – das ist eine spannende Sache: Wie verändern sich eigene Abdrücke über die Zeit, wie verhalten sich Abdrücke von Eltern und Kindern, Jungen und Mädchen zueinander?

Zu den spannendsten Aufgaben, die man in einer Mittelstufe stellen kann, gehört der Auftrag, herauszufinden, wodurch genau (!) sich die Fingerabdrücke von zwei Menschen unterscheiden. Dabei geht es weniger um den kriminologischen Aspekt (aus der Tatort-Spurensicherung), sondern um die Analyse von „Lebensbildern" und der Suche danach, was Individualität genau ausmacht und wie die inzwischen durch Sensoren (beim Handy-Home-Button) erkannt werden kann: Wie kann ein Handy wissen, was einen Abdruck von einem anderen unterscheidet? Und wie weit darf der eigene Abdruck verändert werden (z.B. kleine Verletzungen), bis er als „falsch" eingestuft wird?

Gut zu wissen

Hand- und Fingerabdrücke eignen sich auch in der Sekundarstufe sehr gut als Übungsform für bildnerische Kompositions- und Gestaltungsaufgaben, weil hier mit sparsamsten Mitteln von Farbauftrag, Druck und Komposition unterschiedliche Wirkungen und auch differenzierte bildnerische Gestaltungen erzielt werden können. Als Beispiel für einen solch gestalterischen Umgang nennt Ernst H. Gombrich (1980, S. 202) die Verwendung von Fingerabdrücken in Arbeiten von Saul Steinberg **(Abb. 105)**.

Schließlich können Finger- oder Handabdrücke auch genutzt werden, um „Klassenbilder" herzustellen, in denen sich alle Schülerinnen und Schüler zu bestimmten Ereignissen verewigen können. Der Vergleich einer Wandzeitung mit Handabdrücken aus der 5. Klasse mit einer aus der 10. Klasse zeigt Entwicklung und (Nicht-) Veränderungen sinnfällig.

105 | Saul Steinberg. *Passport Photo* (1953), Fingerabdruck auf Papier (aus: Steinberg 1979)

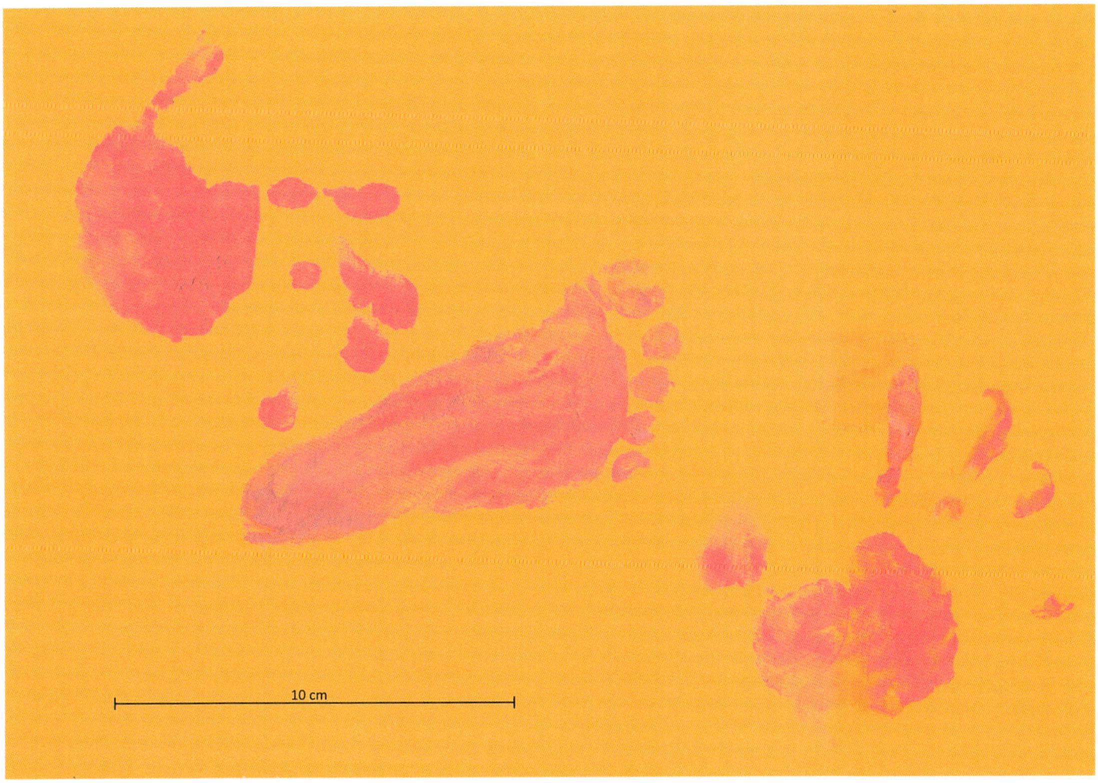

106 | Ein- und Abdrucke in der zweiten Lebenswoche – Hand- und Fußflächen (mit Wasserfarbe)

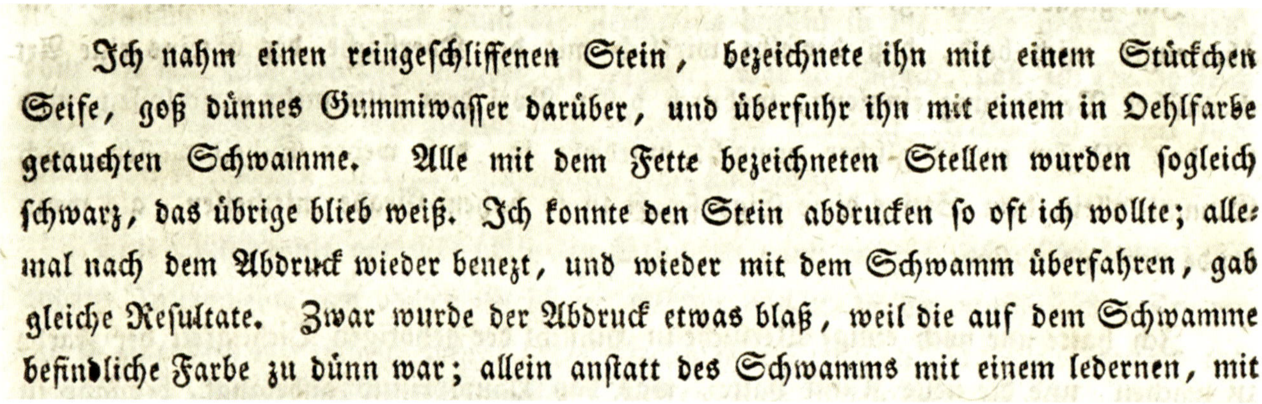

Ich nahm einen reingeschliffenen Stein, bezeichnete ihn mit einem Stückchen Seife, goß dünnes Gummiwasser darüber, und überfuhr ihn mit einem in Oehlfarbe getauchten Schwamme. Alle mit dem Fette bezeichneten Stellen wurden sogleich schwarz, das übrige blieb weiß. Ich konnte den Stein abdrucken so oft ich wollte; allemal nach dem Abdruck wieder benezt, und wieder mit dem Schwamm überfahren, gab gleiche Resultate. Zwar wurde der Abdruck etwas blaß, weil die auf dem Schwamme befindliche Farbe zu dünn war; allein anstatt des Schwamms mit einem ledernen, mit

107 | Alois Senefelders Beschreibung seiner ersten gelungenen Steindruckversuche (Senefelder 1818, S. 37)

2.4 Lithografie/Steindruck: chemisch drucken – auch mit Cola in der Küche …

Bedeutung und Hintergrund

Wie das Verfahren des Steindrucks funktioniert, lässt sich besonders gut an dessen Entstehung und Entwicklung zeigen. Gerade bei der Beschäftigung mit diesem Druckverfahren ist der Einstieg über einen historischen Zugriff lohnend.

Was sich in der Beschreibung des Erfinders des Steindrucks (der Lithografie) in **Abb. 107**, Alois Senefelder (1771–1834), so relativ einfach anhört, hat das Druckwesen revolutioniert: Mit dieser ersten Flachdrucktechnik waren auch hohe Druckauflagen von Karten, Bildern und Texten schnell herzustellen, Abbildungen konnten detailliert und farbig wiedergegeben werden. Auf den von Senefelder erarbeiteten Prinzipien des Steindrucks basieren die heute vielfach eingesetzten Offset-Verfahren.

Verfahren

Auf ein Druckobjekt (Kalksandstein, Aluminiumblech) werden die zu druckenden Teile (spiegelverkehrt) mit Tusche, Kreide oder Farbe aufgebracht und fixiert, die Platte wird gewässert. Dann kann von dieser Platte gedruckt werden: Die Platte wird mit Farbe eingewalzt, diese bindet sich an die zu druckenden Teile, während die Flächen, die mit Wasser benetzt wurden oder farbabstoßend sind, keine Farbe binden. Mit hohem Druck kann dann Papier gegen die Platte gepresst werden.

Bis dieses Verfahren qualitativ akzeptable Ergebnisse brachte, hatte Senefelder mit einer Vielzahl von Materialien und Verfahrensschritten immer wieder experimentiert – und selbst nachdem die Grundlagen für diese Flachdrucktechnik erarbeitet waren, stellte der Druckprozess immer noch sehr hohe technische und handwerkliche Anforderungen, denn – und dies war die entscheidende Neuerung dieser Drucktechnik – es ging nicht mehr wie beim Hoch- oder Tiefdruck nur um mechanische Abläufe, sondern um chemische Prozesse: Nicht ohne Grund nannte Senefelder sein Verfahren auch „chemische Druckerey". Ob und wie das Flachdrucken gelang, hing u. a. ab von

- der Beschaffenheit des Steins (hier erwies sich der Solnhofer kohlensaure Kalkstein als am besten geeignet) und dessen Zurichtung (plan schleifen, säubern);
- der verwendeten Tinte und Farbe (z. B. mit Stearin- und Ölsäure), die sich durch Seifenmoleküle ($C_{17}H_{35}COONa$) an die Platte binden;
- dem wasserbindenden Mittel für die Ätzung der zeichnungsfreien Partien (Gummiarabikum),
- der Fixierung der zu druckenden Teile (z. B. durch Salpetersäure 2 HNO_3) und ihrer Verstärkung mit einer Mischung aus 4- bis 6-prozentiger Gummiarabikum-Salpetersäure-Mischung);
- der Druckfarbe (mit sehr feinen Farbpigmenten, die sich gleichmäßig auf das Papier übertragen), die keine Verbindung (Emulsion) mit dem Wasser eingehen darf und die richtige Konsistenz beim Auftrag haben muss;
- einem Papier, das die Druckfarbe gut aufnimmt; die Eignung kann man z. B. akustisch prüfen, indem man eine Probe durch Daumen und Zeigefinger zieht oder dagegen schnippt (Zeidler 1994, S. 64): ist es

„geräuscharm", nimmt es die Farbe besser auf, als wenn es hart klingt;
- der Presse (Reiberpresse oder später Steindruck-Schnellpresse).

Dieses Druckverfahren – so wichtig und entscheidend es für die Entwicklung des Druckwesens und der Kunst auch ist – lässt sich in der klassischen Form nur in Ausnahmefällen in Schulen selbst durchführen. Möglich ist dies aber in zahlreichen Druckwerkstätten und Museen (→ Kap. 4.4), die entsprechende Demonstrationen, Workshops oder Projekte anbieten. So konnten wir im Rahmen des Vorhabens „BILDTEXTE" (→ Kap. 1.7) mit einer Klasse in der Druckwerkstatt des Hamburger Museums der Arbeit Lithografien im klassischen Verfahren herstellen und den Arbeitsprozess dokumentieren.

Angesichts der großen Bedeutung von Steindruck und Lithografie für das Druckwesen heute und insbesondere auch für die Entwicklung der Druckgrafik in der Kunst (z. B. bei Käthe Kollwitz, Henri Toulouse-Lautrec, Ernst Ludwig Kirchner, Edvard Munch, Emil Nolde, Francisco de Goya, Paul Cézanne, Pablo Picasso, Marc Chagall) haben Kunstpädagogen immer wieder nach Wegen gesucht, wenigstens das Prinzip des Steindrucks im Rahmen des Kunstunterrichts zu vermitteln. Genutzt wurden dabei Verfahren mit angepassten Materialien (z. B. Litho-Sketch) oder technische Vereinfachungen wie die Transferlithografie, bei der Laserkopien mit Gummiarabikum behandelt und gewässert werden, um dann mit Ölfarbe abgedruckt zu werden (Auflagen meist 5–15 Exemplare, danach löst sich das Papier auf). Reduziert lässt sich das Prinzip des Flachdrucks auch bei der Erstellung von Monotypien zeigen.

Einen neuen, spannenden und sehr einfachen Ansatz, den Prozess des Steindrucks auch als „chemische Druckerei" in der Schule nachzuvollziehen, hat die französische Künstlerin Émile Aizier seit 2011 mit ihrer „Küchenlithografie" (als einer Variante der Algrafie auf Aluminiumplatten) erarbeitet (Aizier 2013). Er kann im Unterricht ausgezeichnet eingesetzt werden und auch gut auf eine weitere Beschäftigung mit dem Steindruck (in Werkstätten) vorbereiten.

Minimalausstattung für „Küchenlithografie"

Aluminiumfolie, Coca-Cola (classic), Speiseöl, fette Seife und Pinsel oder Fettkreide, Wasser, Tesafilm. Arbeitsmittel: 2 Schwämme, Baumwolltuch, Haushaltspapier, Waschbecken, dünne glatte Platte, Glas- oder Kunststoffplatte, Föhn, Druckfarbe, Druckerwalze – wenn möglich: Walzendruckpresse oder Plastikfolie (A4-Umschlag).

Die Arbeitsschritte bei diesem Verfahren gleichen weitgehend denen des klassischen Steindrucks und werden von Émile Aizier auch im Internet auf Videos anschaulich demonstriert:

❶ *Druckobjekt:* Zuschneiden einer Aluminiumfolie (an den Seiten mindestens 3 cm schmaler als die glatte Platte): Folie mit den Fingern nur am äußersten Rand anfassen und mit der matten Seite nach oben plan auf die Platte legen, mit einem Baumwolltuch vorsichtig andrücken, sodass möglichst wenig Falten entstehen, an den Seiten mit Tesafilm festkleben.

❷ *Zeichnung:* Mit Fettkreide (Stift) oder mit fetter Seifenlösung (und Pinsel) ein Bild auf die matte Folienoberfläche zeichnen. Achtung: Fingerabdrücke (fetthaltig!) vermeiden, sie zeichnen sich später ab. Zeichnung ggf. mit einem Föhn trocknen.

❸ *„Ätzung":* Im Waschbecken (oder einer Plastikwanne) das Druckobjekt langsam mit Coca-Cola übergießen (Alternative: in einer Wanne in Cola eintauchen), Cola einwirken lassen (experimentieren: 5–30 Sek.) Die Phosphorsäure der Cola reagiert mit dem Aluminium und führt zu einer Veränderung der Oberfläche.

Gut zu wissen

Ursprünglich wurde die neue Technik des Steindrucks als „Polyautografie" oder als Drucken in Handzeichnungsmanier bezeichnet – 1804 einigte man sich dann auf „Lithografie" (griechisch *lithos* = Stein, *graphein* = schreiben) – bei deren Herstellung zwei Berufe beteiligt waren: der Lithograf, der auf den Stein zeichnete, und der Steindrucker, der dann den Stein an der Presse abdruckte (Zeidler 1994, S. 11). Lithografien wurden häufig in der Werbung oder als Aufkleber bei Verpackungen eingesetzt (z. B. Streichholzschachteln oder Glanzpapierbildern). Neben ihrer Anwendung im Druck- und Grafikbereich findet das Lithografie-Verfahren aktuell auch Anwendung in der Halbleitertechnik (Herstellung mikroelektronischer Schaltkreise durch Fotolithografie) bei der Übertragung einer Fotomaske auf eine Schicht mit Fotolack.

108 | Abschleifen des Litho-Steins

109 | Übertragen des Entwurfs mit Fettkreide auf den Stein

110 | Übertragen des Entwurfs mit Fettkreide auf den Stein

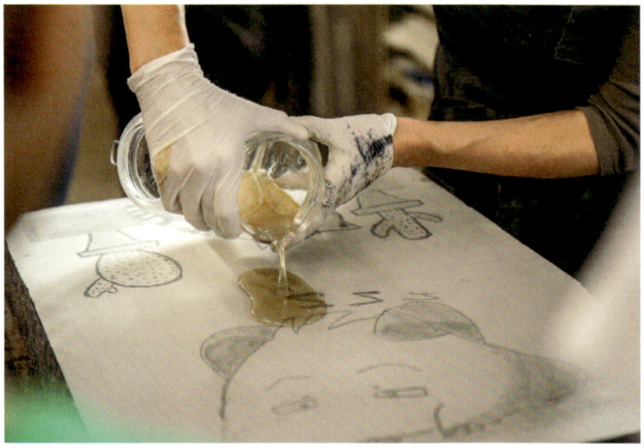

111 | Ätzen des Steindrucks (Vorbereitung für den Druck)

4 *„Fixierung“:* kurz Wasser über die gesamte (!) Druckfläche laufen lassen. Platte plan auf den Tisch legen, etwas Speiseöl (1 Teelöffel) daraufgeben und damit mit dem Haushaltspapier die Druckfläche insgesamt abreiben, bis keine Farb- oder Seifenreste mehr aufstehen.
5 *Wässern* der Druckfläche mit dem zweiten Schwamm (damit kein Öl dazugelangt) und Fläche mit dem Wasserschwamm leicht abreiben, sodass sie feucht (aber nicht nass) bleibt. Den nächsten Arbeitsschritt sofort anschließen.
6 *Farbauftrag:* Farbe auf einer Glasplatte auswalzen und dann auf die Druckfläche ausrollen. Die Druckplatte sofort mit dem feuchten zweiten Schwamm (der etwas Farbe von den glatten Stellen aufnimmt) nachwischen. Die Umrisse der Zeichnung werden auf den zu druckenden Flächen sichtbar. Den Vorgang mehrfach wiederholen (Farbe einwalzen, befeuchten), bis die zu

112 | Einwalzen des Litho-Steins mit Druckfarbe (wasserunlöslich)

113 | Vorsichtige Auflage des Papiers auf den Litho-Stein, danach Abdeckung mit dünner fester Pappe (Pressdeckel)

114 | Niederdrücken des Reibers der Presse, dann Durchziehen des Pressenwagens (Kurbel): wenn zweite Markierung (Pfeil) erreicht ist, wird der Reiber gelöst, der Wagen in die Ausgangsposition gefahren

115 | Vorsichtiges Ablösen des Papiers vom Litho-Stein

druckenden Flächen/Linien deutlich Farbe aufgenommen haben. Zuletzt wieder feucht mit dem Schwamm abwischen. Sind die nicht zu druckenden Stellen trocken, werden sie mitgedruckt!

❼ *Druck:* Den Druckträger auf den Pressenwagen legen, leicht angefeuchtetes, saugfähiges Papier auflegen, darauf den Druckfilz – und langsam drucken. Wenn keine Walzendruckpresse zur Verfügung steht, kann der Druck auch mit der Hand (z. B. mit der Rückseite eines Löffels) abgerieben werden; dann sollte auf das Druckpapier eine Schicht Haushaltspapier und eine Plastikfolie (A4-Hülle) gelegt werden, um das Blatt beim Abreiben nicht zu beschädigen.

Mit diesem Verfahren können Schülerinnen und Schüler intensiv experimentieren, z. B. bei der Vorbehandlung der Aluminiumfolie (Anrauen mit feinem Schleifpapier, danach sorgfältige Reinigung mit etwas Essig), bei der Verwendung der Zeichenfarben (bis hin zu Litho-Tusche). Statt mit Cola kann auch mit weißem Essig geätzt werden, der Vorgang dauert dann aber ca. 6–8 Minuten, die Folie muss ganz in Wasser eingetaucht sein.

Vom Druckobjekt können bei sorgfältiger Arbeit während des Prozesses bis zu ca. 250 Abzüge gemacht werden – Nachbearbeitungen oder „Auffrischungen“ des Druckobjekts zeigen meistens keine guten Ergebnisse.

Praxis der klassische Lithografie: Projekt „BILDTEXTE“

❶ Bei der Lithografie ist zuerst der Litho-Stein so plan wie möglich mit der Hand abzuschleifen **(Abb. 108)** und zu säubern, dann wird der Entwurf mit Fettkreide auf den Litho-Stein übertragen – ein Arbeitsprozess, der große Sorgfalt und Achtsamkeit erfordert, damit z. B. keine Fettabdrücke der Hand auf dem Stein entstehen und ein Druckmuster bilden **(Abb. 109, 110)**.

❷ Der fertige Stein wird auf der Reibepresse für den Druck vorbereitet (Ätzung mit einer Mischung aus Salpetersäure, Gummi arabicum und Wasser) **(Abb. 111)** befeuchtet und mit nicht wasserlöslicher Linolfarbe eingewalzt (die wasserführenden Flächen stoßen die Farbe ab, die geätzten gezeichneten Linien und Flächen nehmen die Farbe an) **(Abb. 112)**. Auf den Stein wird vorsichtig der Papierbogen gelegt **(Abb. 113)** darauf der Pressdeckel (aus Pressspan). Dann wird der Litho-Stein bis zu einer Markierung unter den Reiber der Presse vorgefahren und heruntergedrückt **(Abb. 114)**.

❸ Der Pressenwagen wird dann (mit viel Kraft) durchgezogen (Kurbel), bis die zweite Markierung (Pfeil) erreicht ist. Dann wird der Reiber gelöst, der Wagen in die Ausgangsposition gefahren. Der Pressdeckel wird entfernt und das Papier vorsichtig (saubere Finger oder Klemme!) abgelöst **(Abb. 115)**.

2.5 Monotypie

Hintergrund

Eigentlich … ist die Monotypie gar keine richtige Drucktechnik, sondern eher eine Technik, bei der Malerei, Zeichnung und Grafik miteinander verbunden werden und (in der Regel) nur ein einziger Abdruck entsteht. Dabei wird das Bild nicht von einer Druckform bestimmt, sondern von der Art und Weise, wie Farbe auf eine Fläche aufgetragen und wieder abgenommen wird. Dass sie dennoch zu den Druckgrafiken gerechnet wird, hat u. a. damit zu tun, dass für Monotypien häufig Druckfarben eingesetzt wurden und dass die Bildfläche nicht direkt, sondern mittelbar über einen Druckträger bearbeitet wird.

116 | Monotypie im direkten Druck (drei Farben) – Schülerarbeit

Minimalausstattung

Glasscheiben oder Kunststoffbrettchen, Plexiglasscheiben, Metallplatten, Farbwalze, Lappen, Spachtel, Pinsel, Farbe (Druckfarbe, Linolfarbe), Papier.

Verfahren

Grundsätzlich gibt es zwei Verfahrensweisen:
Beim *direkten Druck* wird durch Farbauftrag auf die Platte gezeichnet, gepinselt, gewalzt, getupft oder gewischt – auf der Platte entsteht das (Spiegel-)Bild dessen, was gedruckt werden soll **(Abb. 116)**. Dann wird das Papier auf die Platte gelegt, angedrückt oder gepresst, je nachdem, ob möglichst viel der Farbe des Druckobjekts auf das Papier übertragen werden oder Halbtöne erreicht werden sollen oder ob man noch weitere Abdrucke versuchen will (dann ggf. Platte vorsichtig mit Wassernebel besprühen, um die Farbe etwas feucht zu halten).

Beim *Durchdrückverfahren* wird wieder Farbe auf die Platte gebracht und ausgewalzt. Wichtig ist hier zu bedenken, dass im späteren Druck nicht die ganze Fläche, sondern nur einzelne Linien aus der Platte zu sehen sein werden. Im nächsten Schritt wird das Papier vorsichtig auf die eingefärbte Platte gelegt (die Farbe darf nicht angetrocknet sein). Dann kann man mit sanftem Druck auf der Rückseite zeichnen (z. B. mit Pinselende, Falzbeinspitze, Stift) und erhält einen Farbliniendruck. **Abb. 117** zeigt ein Beispiel von Tita do Rêgo Silva, von der auch eine Originalgrafik (Farbholzschnitt) abgedruckt ist (→ Kap. 5). Bei diesem Verfahren ergibt saugfähiges Papier eher schärfere Konturen; gestrichenes Papier nimmt dagegen weniger Farbe auf, wirkt etwas blasser und lässt eventuell mehrere Drucke zu.

Beide Verfahren können auch miteinander kombiniert werden, wenn bestimmte Bereiche stärker angepresst werden (erstes Verfahren), während andere Bereiche nur für die Gestaltung der Farblinien genutzt werden.

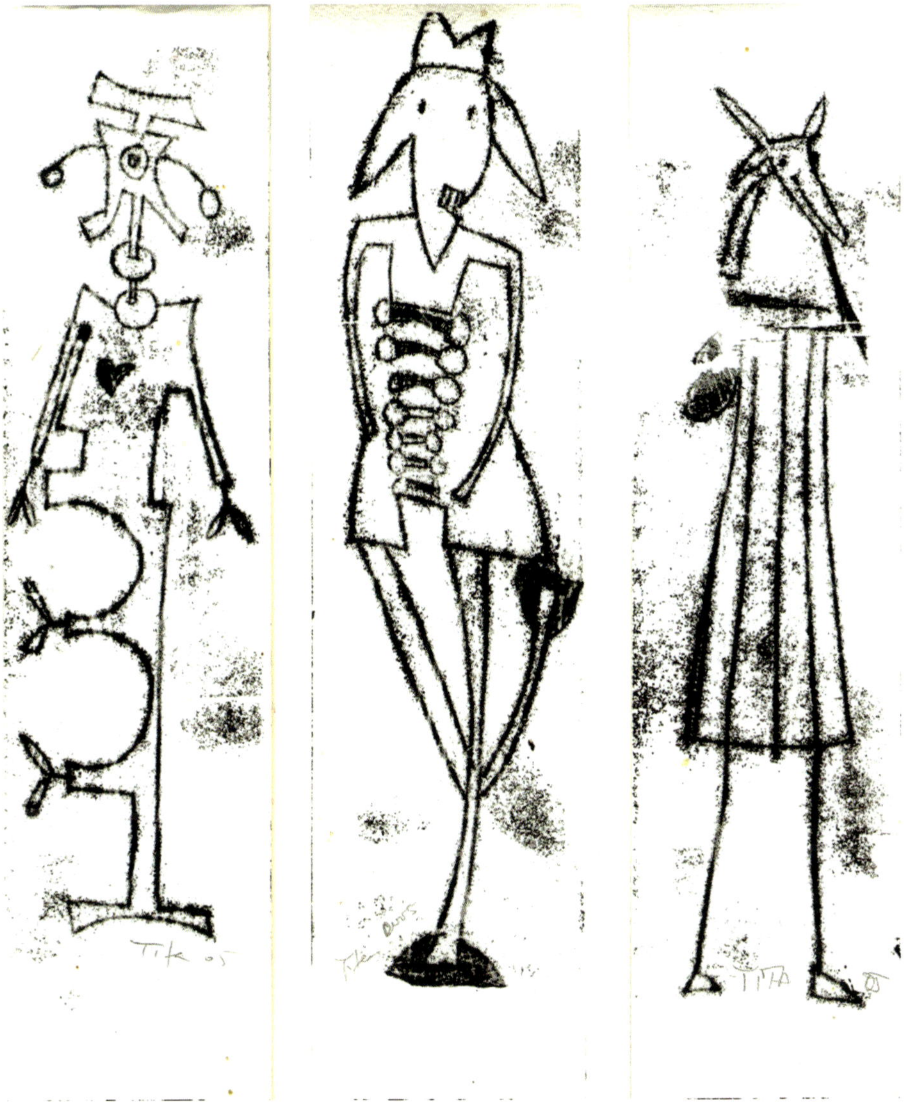

117 |
Tita do Rêgo Silva:
drei Monotypien
(Durchdrückverfahren)

Gut zu wissen

Beide Verfahren sprechen der Spontaneität und der Experimentierfreude von Schülerinnen und Schülern sehr zu und führen oft zu einem aleatorischen, also durch Zufall geprägten Arbeitsprozess. Durch kleine Aufgabenstellungen kann man diesen Prozess weiter vorantreiben und entwickeln, z. B. durch die Aufforderung, in bestimmten Bereichen die Farbe ganz zu entfernen oder bestimmte Formen kombinatorisch einzusetzen. Eine Herausforderung ist auch, Halbtöne durch Anreiben mit Daumen und Handballen zu erzeugen oder Farben unterschiedlicher Fetthaltigkeit gestalterisch zu verwenden.

Monotypien können auch in mehreren „Zuständen" gedruckt werden, wenn der erste Abdruck auf der Platte noch einmal bearbeitet und dann auf den vorherigen Zustand gedruckt wird. Anregend ist auch die Möglichkeit, die fertigen Monotypien digital weiterzubearbeiten, Farben zu wechseln, Ausschnitte zu vergrößern oder neu zu kombinieren (Miller 2005, S. 79). Monotypien können als Kunstwerke für sich stehen, sie können aber auch in Büchern oder Broschüren illustrativ verwendet werden – oder als Fond oder Hintergrund für Textdrucke genutzt werden.

2.6 Holz- und Linolschnitt

Minimalausstattung

Eigentlich benötigt man nur: eine Linol- oder Holzplatte; Schneidewerkzeug: Linolbesteck mit Geißfuß, Rilleisen und Hohleisen oder Holzschnittmesser; eine Walze zum Farbauftrag, Linoldruckfarbe (wasserlöslich) – aber wenn man sich in die Druckverfahren etwas vertiefen und gute Ergebnisse erreichen möchte, braucht es noch etwas mehr **(Abb. 118)**.

Für den Linoldruck verfügen Schulen in der Regel über die notwendigen Werkzeuge (bzw. lassen es von Schülerinnen und Schülern anschaffen). Spezielle Holzschnittwerkzeuge sind dagegen seltener vorhanden – sie müssen gepflegt werden und sind nicht gerade billig.

Besonders wenn mit etwas härterem Holz gearbeitet werden soll, sind spezielle Holzschnittwerkzeuge wichtig – aus Sicherheitsgründen und weil Holschneiden mit stumpfen Messern keinen Spaß, sondern nur Blasen macht.

Sehr zu empfehlen sind aus Sicherheitsgründen auch Schneidebretter **(Abb. 119)** oder ein Linolschnitt-Handschutz aus Kunststoff. Sie verhindern Schnittverletzungen und sorgen dafür, dass die Druckobjekte nicht verrutschen, wobei sich Rundungen oder längere gewundene Linien leichter mit dem Handschutz machen lassen. Schneidebretter lassen sich übrigens leicht anfertigen, wenn man vorn an der Unter- und hinten an der Oberseite der glatten Schneidebretter eines schwedischen Möbelhauses (ca. 10 €) eine Leiste (2 × 2 cm) anbringt (leimen und schrauben!).

Hintergrund und Bedeutung

Holz- und vor allem Linolschnitt haben einen festen Platz im Kunstunterricht: Sie werden spätestens in der Sekundarstufe I als (Hochdruck-)Techniken praktisch vermittelt und haben bei Kunstbetrachtung, -analyse und -geschichte eine prominente Position. Am Holzschnitt als ältester Form des Hochdrucks lassen sich exemplarisch Entwicklungen und Veränderungen in der Kunst nachvollziehen.

118 | Holzschnitt: Was man braucht … (Anne von Karstedt 2005, S. 64)

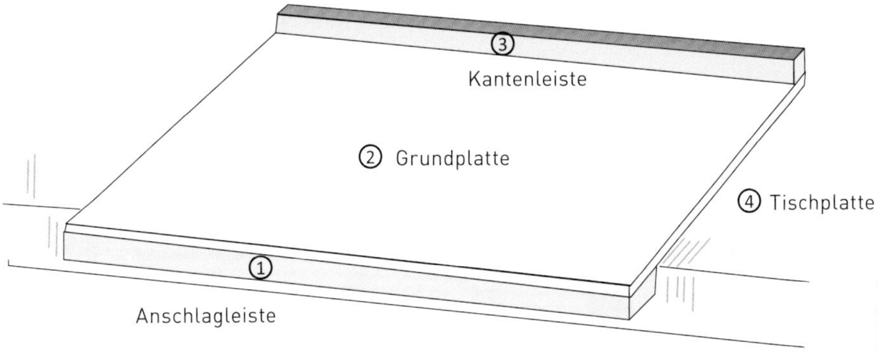

119 |
Schneidebrett für Holz- und Linolschnitt

Von den frühen Formen des Holzschnitts (z. B. Spielkarten) entwickelte er sich schon in der zweiten Hälfte des 15. Jahrhunderts zu einer Technik, die u. a. durch Schraffuren oder Binnenzeichnungen schon Raum- und Lichtwirkungen realistischer darstellen konnte und dramatische Kompositionen (z. B. bei Albrecht Dürer oder Lucas Cranach d. Ä.) zuließ. Nach einer Phase, in der Radierung und Kupferstich eine bedeutendere Rolle spielten, gewannen sie auch durch das Verfahren des Holzstichs in der zweiten Hälfte des 18. Jahrhunderts, z. B. als feine und detailreiche Buchillustration, wieder an Bedeutung und Beliebtheit. Als Mitte des 19. Jahrhunderts bei Künstlern ein Interesse für „Künstler- und Druckgrafik" einsetzte, geriet der Holzschnitt dabei noch nicht in den Blick. Mit der Öffnung von Japan (nach 1867) wurde in Europa die japanische (Farb-) Holzschnittkunst (häufig ohne Bildmittelpunkt und mit angeschnittenen Figuren und ungewöhnlichen Blickwinkeln) in europäischen Künstlerkreisen bekannt, was wichtige Impulse gab und auch eine Neubelebung der Holzschnittkunst anstieß (z. B. durch die Holzschnitte von Ukiyo-e und Hokusai).

Eine zentrale Rolle spielte der Holzschnitt im Expressionismus z. B. bei Erich Heckel, Ernst Ludwig Kirchner, Max Pechstein, Karl Schmidt-Rottluff, Edvard Munch, Wilhelm Morgner – sie griffen die elementare Schwarz-weiß-Technik auf, arbeiteten mit endlosen Linien, harten Konturen und starken Kontrasten, nutzten die Zeichnungen und Eigenschaften des Holzes und gestalteten ihre Schnitte häufig intuitiv. Die handwerkliche Arbeit und die Auseinandersetzung mit dem widerständigen, gewachsenen und harten Material vermittelten ein Gefühl von Ursprünglichkeit und Urwüchsigkeit und führten zu Bildern, die mit Konventionen und Traditionen brachen. Korrekturen konnten nachträglich nicht mehr angebracht werden, gefordert war die direkte bildnerische Aussage.

Sichtbar wird dies in der inhaltlichen und in der formalen technischen Gestaltung. So wird beispielsweise in Plakaten von Max Pechstein **(Abb. 120)** der Aufbruch der expressionistischen Kunst auch deutlich durch die spiegelverkehrte Gestaltung einiger Buchstaben: Die scheinbaren Druckfehler auf den Plakaten signalisieren Anti-Perfektionismus und dass diese Kunst sich nicht an die herrschenden Regeln halten will.

Ein wichtiger Grund für die große Bedeutung der Holzschnitttechnik im Expressionismus war auch, dass mit diesem Verfahren mit einfachen Mitteln Druckgrafik in höherer Auflage hergestellt bzw. einfach reproduzierbare Schwarz-weiß-(Druck-)Vorlagen etwa für Zeitschriften geschaffen werden konnten (z. B. Drucke von Originalholzstöcken für die Zeitschriften *Aktion* und *Sturm*). Die einfachere Reproduzierbarkeit von Holzschnitten erlaubte es, mehr „Originale" zu schaffen (als solche werden die Holz- und Linolschnitte der Expressionismus-Zeitschriften heute z. B. auf Internetplattformen gehandelt), gleichzeitig aber auch mit dem Ritual der „Echtheit" (Benjamin 1980/1936, S. 475 f.) zu brechen und Holzschnitte auch für die Gestaltung von Plakaten und Kampfschriften zu nutzen.

Wiederbelebung und Erneuerung des Holzschnitts durch den Expressionismus wurden beendet durch die Nationalisierung der „deutschen Kunst" im Nationalsozialismus, die sich gegen die angebliche Primitivität und die „entarteten Formen" richtete (vgl. Ruppert 2015). So finden sich im Beschlagnahmein-

120 | Max Pechstein: *Badende*, 1910, Holzschnitt

121 | Ernst Ludwig Kirchner: Titel-Holzschnitt zum Werkverzeichnis des Euphorion-Verlags (1923)

ventar „Entartete Kunst“ über 4500 Holzschnitte expressionistischer Künstler verzeichnet – darunter von Ernst Barlach, Max Beckmann, Jankel Adler, Peter August Böckstiegel, Heinrich Campendonk, Otto Dix, Lyonel Feininger, Conrad Felixmüller **(Abb. 122)**, Erich Heckel, Karl Hofer, Käthe Kollwitz, Wassily Kandinsky, Gabriele Münter, Emil Nolde, Ernst Ludwig Kirchner **(Abb. 121)**, Franz Marc, Franz Masareel, Wilhelm Morgner, Otto Müller, Max Pechstein, Christian Rohlfs, Karl Schmidt-Rottluff, Maria Uhden (Forschungsstelle „Entartete Kunst“ 2019). Populär im Nationalsozialismus waren dagegen „markige“ und idealisierte Holzschnitte, deren Motive sich an nationalsozialistischer Weltanschauung orientierten (z.B. Heimatidyll, Heldenverehrung) und ins Bild nordischer bzw. „deutscher Kunst“ passten.

Künstlern, die nach dem Zweiten Weltkrieg in Deutschland wieder die Technik des Holzschnitts anwenden wollten, sahen sich vor eine zweifache He-

122 | Conrad Felixmüller: Holzschnitt-Mappe, 1952 – der Holzschneider als kritischer Chronist, Holzschnitt

123 | Wolfgang Mattheuer: *Der Poet*, 1996, Linolschnitt

rausforderung gestellt: Zum einen galt es, sich von der markigen Holzschnittkunst des Nationalsozialismus abzugrenzen, zum anderen ging es darum, die Kunst des Expressionismus differenzierend weiterzuentwickeln und neue Ausdrucksformen zu finden. Bei einigen Künstlern führte dies dazu, von der flächigen, kontrastierenden und häufig rauen Ästhetik des Holzschnitts verstärkt zur Radierung und zur Lithografie zu wechseln. Bei anderen führte es zu dem Bemühen, im Holzschnitt und Holzstich wieder zu Differenzierung, Sachlichkeit und Präzision zu finden und damit Aussagen und Visionen (Zacharias 1970b, S. 281 f.) zur Geltung zu bringen **(Abb. 122)**. Andere Holzschnittkünstler suchten dagegen nach neuer Bild- und Formensprache – sie wollten einen deutlichen Schnitt mit der Geschichte und auch in ihrer Kunst machen, eine eigenständige Handschrift in ihrer Kunst entwickeln.

Als Künstler, die die Entwicklung des Holzschnitts in Deutschland ab den 1960er Jahren beeinflusst haben, lassen sich exemplarisch nennen: besonders HAP Grieshaber, Wolfgang Mattheuer **(Abb. 123)**, A. R. Penck, die Mitglieder des Künstlerkollektivs Rixdorfer Werkstatt (Uwe Bremer, Johannes Vennekamp, Ali Schindehütte, Günter Bruno Fuchs u. a.), Jörg Immendorff, Curt Mühlenhaupt, Anselm Kiefer. Dabei entwickelten sie auch neue technische Herangehensweisen, nutzten moderne Werkzeuge, arbeiteten mit ungewöhnlichen (großen) Formaten, zitierten und collagierten alte Holzschnittelemente, verwendeten sie zum Teil ironisch und belebten sie neu, griffen Elemente unterschiedlichster Kunstrichtungen auf. Während einige dabei ihren Schwerpunkt im Bereich des illustrativen bzw. klassischen Druckgrafik-Holzschnitts setzten (wie die Rixdorfer), schufen andere bildnerisch-monumentale Holzschnittwerke, in denen auch der Druckstock Teil des präsentierten Werkes war (wie bei Kiefer), oder sie verwendeten vor allem den Farbholzschnitt als fast malerisches Gestaltungsmittel (vgl. **Abb. 129**).

Insgesamt haben sich seit der zweiten Hälfte des 20. Jahrhunderts beim Holz- und Linolschnitt wie in der Druckgrafik überhaupt die Funktionsbereiche und Techniken (unter Einbeziehung von Computer und Fotografie) erweitert – klassische Druckgrafik und Formen visueller Kommunikation wurden miteinander verzahnt, ineinander integriert oder kontrastiv gegenübergestellt (Berger 1999a, S. 5–6). Gleichzeitig wurden neue Präsentations- und Wirkungskonzepte erprobt (z. B. Ausstellung von Schnittserien oder -staffelungen in der Größe von Wandbildern – wie bei Kiefer) und Gattungsgrenzen und Konventionen überschritten durch Einbezug neuer Materialien als Druckträger oder -objekte.

124 | Pablo Picasso: *Jacqueline au chapeau noir*, 1962, Linolschnitt in vier Farben von einer Platte: Beige, Rot, Braun, Schwarz auf Velinpapier, 64,0 x 52,7 cm

Diese Öffnung im Umgang mit dem Linol- und Holzschnitt hat sich bis heute fortgesetzt und neues Interesse daran geweckt – bis hin in die Schule und den Kunstunterricht. Druckgrafiken werden nachgefragt, Druck- und Grafikwerkstätten (→ Kap. 4.4) bieten Professionellen wie Laien viele Möglichkeiten, auch größere und technisch anspruchsvolle Formate umzusetzen. Dagegen scheint das Interesse an originalgrafischen Kunstbüchern (mit originalgrafischen Illustrationen oder beigefügten Originalgrafiken) etwas zurückzugehen, auch weil die Produktion solcher Bücher häufig sehr aufwendig und damit teuer ist und der Käuferkreis für diese Bücher kleiner geworden ist.

Verfahren

Die Arbeitsweisen beim Holzschnitt und beim Linolschnitt sind prinzipiell gleich: Bei beiden beginnt man mit dem Einrichten des Arbeitsplatzes (→ Kap. 4.2), hier insbesondere dem Vorbereiten der Werkzeuge und dem Freiräumen einer Arbeitsfläche, der Vorbereitung des Druckobjekts (Abwaschen der Linolfläche mit geeignetem Lösungsmittel, Entgraten der Seiten des Holzblocks) sowie mit der Übertragung der Entwurfszeichnung auf das Druckobjekt (freies Schneiden ohne Entwurf oder Skizze führt häufig zu enttäuschenden Ergebnissen).

Beim Entwurf des Schnitts müssen die Schülerinnen und Schüler bereits einige formal-gestalterische Entscheidungen treffen und dabei bedenken, dass der Wert der Plattenoberfläche positiv ist und alles von der Oberfläche farbdruckend ist, das nicht eingeschnitten worden ist. Die negative Form entsteht als Einschnitt, die positive bleibt bestehen. Unter anderem müssen sie folgende Aspekte bedenken:

- die Wahl der Gestaltung als *Außen- oder Binnenumriss:* z. B. im Weißlinienschnitt **(Abb. 125)**, Schwarzlinienschnitt **(Abb. 126)** oder Flächenschnitt, bei dem große Flächen komponiert werden (lineare, tonflächige oder strukturierende Arbeits- bzw. Abstraktionsweise; Berger 1999b, S. 24); Weißlinienschnitt ist technisch und zeitökonomisch einfacher, führt aber zu manchmal befremdenden Negativbildern; um das abzumildern, kann man Weißlinienschnitte in Schwarz auf helles Papier drucken;
- damit verbunden das *Muster:* Schwarz auf Weiß oder Weiß auf Schwarz;
- *Figur-Grund-Gliederung:* Kennzeichnung der Lage im Raum (z. B. durch Überdeckung);
- *Koordinierung einzelner Bildelemente:* ggf. auch Schrift wie im Unterrichtsvorhaben „BILDTEXTE“ (→ Kap. 1.7);
- die *Struktur* (Strichelung, Entwicklung von Flächen durch Punkte/Striche – negativ oder positiv) und ggf. die *Richtung* (z. B. durch Falten, Hinweise) und Bewegung **(Abb. 129)**;
- *geplante Farbwahl* (so können Holzschnitte auch weiß auf schwarzes bzw. farbiges Papier gedruckt werden).

Der Entwurf für einen Schnitt muss spiegelverkehrt auf das Druckobjekt aufgebracht werden. Dazu gibt es mehrere Verfahren:

- Entwurf auf ein Blatt zeichnen, unter das ein Blatt Kohlepapier mit der Kopierseite nach oben gelegt wird. Die Zeichnung drückt sich auf die Rückseite ab und kann dann auf das Druckobjekt gerieben werden.

- Entwurflinien mit dünner Ahle stricheln (durchstechen), dann Blatt umgedreht auf Druckobjekt legen und mit einem Stift oder Graphitpulver durchzeichnen.
- Entwurf spiegelverkehrt kopieren und auf das Druckobjekt durchpausen.
- Fotokopie des Entwurfs mit Nitro-Verdünnung auf die Platte abklatschen (Sicherheitsvorschriften beachten: Belüftung, Vermeidung von Augenkontakt).

Schon durch diesen Übertragungsprozess wird deutlich, wo Linien eventuell zu fein, zu kompliziert angelegt sind, um noch in sprödes Material wie Linoleum oder in hartes und faseriges Material wie Holz geschnitten zu werden. Bewährt als Druckobjekt für die Schnittkunst haben sich

- frische Linolplatten: Sie werden flexibler und leichter zu bearbeiten, wenn man sich eine Weile darauf setzt. Linolplatten lassen sich leichter handhaben, wenn man sie auf eine Holzplatte aufklotzt.
- MDF-Holzplatten: Sie lassen sich in alle Richtungen schneiden, sind plan und relativ weich, quellen allerdings bei Kontakt mit Wasser auf.
- Tischlerplatten: Langholz, längs zur Faser geschnitten – besonders geeignet sind Linde oder Pappel, die allerdings leichter splittern – oder Furnier-Sperrholzplatten (> 6,5 mm).
- Sperrholzplatten (Nadelholzfurniere): mit starker Maserung geeignet für flächiges Arbeiten.

Holzplatten haben (bis auf die MDF-Platten) eine eigene Oberflächenstruktur, gestalten den Schnitt besonders in den Flächen mit und verleihen ihm dadurch Lebendigkeit. Linolplatten haben eine geschlossene Oberfläche ohne Eigenstruktur, schmale Stege können nicht so zuverlässig wie in Holz geschnitten werden, da das Material nicht so stabil ist. Allerdings kann die geschlossene Oberfläche des Linoleums mit Schleifpapier etwas bearbeitet werden, um so eine gebrochene Struktur zu erreichen.

Platten, die auf einer Andruckpresse (z. B. in Grafikwerkstätten) gedruckt werden sollen, benötigen meist eine Höhe von ca. 22 mm und müssen ggf. auf MDF-Platten o. Ä. aufgeblockt werden. Wie groß die Linol- bzw. Holzschnitte angelegt werden können, wird bestimmt durch die Fähigkeiten der Schülerinnen und Schüler und die technischen Druckmöglichkeiten – die meisten Druckpressen in der Schule ermöglichen Drucke von 20 × 30 cm bis zu 40 × 60 cm.

125 | Weißlinienschnitt (Linol) (Schülerarbeit)

Als Einstieg in die Arbeit mit Linol- oder Holzschnitt empfehlen sich Druckobjekte in der Größe von DIN A5 bis A4. Kleinere Platten lassen sich schlechter handhaben und halten (Verletzungsgefahr!). Werden größere Drucke angestrebt, können sie aus mehreren Platten kombiniert werden (Stempeldruck).

126 | Farblinienschnitt (Linol) (Schülerarbeit)

127, 128 | Druckstöcke im Weiß- und Farblinienschnitt (Projekt „Textbild")

Beim Weißliniendruck werden dann die gezeichneten Linien freigeschnitten, beim Schwarzliniendruck bleiben nur die Entwurfslinien bzw. von ihnen eingefassten Flächen stehen. Für das Schneiden werden unterschiedliche Schnittmesser, Hohleisen und Stichel verwendet:

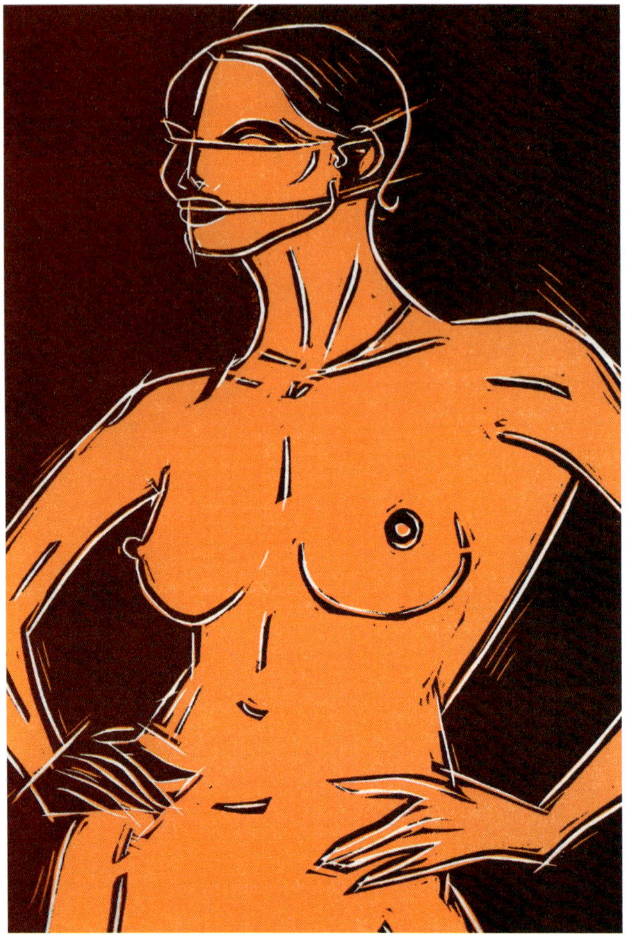

129 | Bewegung und Richtung – Artur Dieckhoff, Akt (zweifarbiger Holzschnitt, verlorene Form), 2004

- Grabstichel für randgerade und -parallele Linien;
- Geißfüße (Riller/Bockeisen), die V-förmige Vertiefungen schneiden;
- Rundstichel mit runder Schneideform, mit denen breite Linien in einer Schnittbewegung herausgeschnitten werden können;
- Hohl- und Flacheisen (> 6 mm), um größere nichtdruckende Partien wegzuschneiden;
- Konturenmesser (Gradmesser) oder Cutter für das Durchtrennen von Fasern (bei Schnitt gegen die Faserrichtung).

Alle Werkzeuge sind dabei so zu führen, dass sie vom Körper und besonders von den Fingern weg gerichtet sind. Wenn eine Druckplatte mit der nichtschneidenden Hand gehalten werden muss, dann immer nur auf der Fläche *hinter* der zu schneidenden Fläche oder Linie.

Beim Eckenschnitt soll der Schnitt bis genau in die Eckspitze geführt werden, ohne den Linoleumspan herauszuheben. Dann von der anderen Seite der Ecke in die Spitze einschneiden, damit der Span von selbst herausfällt. Von beiden Seiten in Richtung der Ecke zu schneiden, führt häufig dazu, dass man gerade an der Ecke abgleitet. Rundungen können leichter geschnitten werden, wenn man die Platte langsam gegen die Klinge lenkt (dann kein Schneidbrett verwenden).

Zum Holz- und Linolschnitt gehören immer auch Werkspuren, sie sind charakteristisches Gestaltungsmerkmal, und auch der Schnittcharakter (und nicht der Zeichencharakter) – deshalb sollte nicht auf technisch perfekten, spurenfreien Druckstöcke bestanden werden.

Der Druck der Stöcke erfolgt ähnlich wie in den anderen Druckverfahren: Farbe (Offset- oder Buchdruckfarbe, die sich gut drucken, allerdings nur mit Lösungsmitteln verwenden lässt – bzw. wasserlösliche Druckfarbe, die schnell trocknet und oft eine stumpfe Oberfläche aufweist) wird auf einer glatten Platte dünn ausgewalzt, dann wird der Druckstock eingewalzt (hier kann mit dem Farbauftrag variiert werden). Begrenzte Bereiche können eventuell mit einer anderen Walze eingewalzt werden.

Bewährt hat sich bei Handabzügen die Einrichtung einer „Druckerstation", bei der für den Druck Grundfarben zur Verfügung stehen, die gegebenenfalls gemischt werden können. Hier können die Schülerinnen und Schüler auf Kenntnisse zurückgreifen, die sie schon früher, z. B. beim Malen, erworben haben. Möglich ist auch das Auswalzen von Farbverläufen (Irisdruck) **(Abb. 63)**.

Das nicht gefeuchtete Papier wird auf das Druckobjekt gelegt, vorsichtig per Hand abgerieben (mit der Rückseite eines Holzlöffels oder dem Falzbein) oder mit der Presse (Walzen- oder Stempelpresse) gedruckt (Auflage eines dünneren Filzes als bei Radierungen). Hier muss gegebenenfalls der Walzendruck variiert und angepasst werden.

Die gedruckten Blätter werden zum Trocknen aufgehängt oder abgelegt (Wäscheleine, Klammern oder Trockengestell).

Gut zu wissen

Für den Erfolg einer Unterrichtsreihe zum Thema Holz- oder Linolschnitt sind meist drei Faktoren entscheidend:

- das richtige Zeitmaß,
- genügend Raum für Experimente und
- eine fördernde und fordernde Rückmeldung an die Schülerinnen und Schüler.

Für die Arbeit mit Holzschnitten braucht es einerseits genügend *Zeit*, die einzelnen Arbeitsschritte ohne Hektik zu bewältigen (auch aus Sicherheitsgründen), andererseits bedarf es aber auch eines produktiven Zeitdrucks, um den Umgang mit dem Material und Werkzeug zu wagen und auch Ungeplantes zuzulassen. Günstig ist, wenn ein Produktionsziel gesetzt werden kann, dass zum Beispiel Schnitte für eine Mappe oder einen Sammelband bis zu einem bestimmten Zeitpunkt abgeliefert werden sollen. Dies entspricht einer realen Produktionssituation mit mehreren Beteiligten und es sorgt dafür, dass sich die Arbeit (vor allem beim Entwurf) nicht in Details verliert. Manchmal brauchen Schülerinnen und Schüler auch die Möglichkeit, erst an einer Platte „wild" zu experimentieren, bevor sie sich an eine gezielte Gestaltung eines Holz- oder Linolschnittes begeben.

Dies verweist auf den zweiten Faktor, des ausreichenden *Raums für Experimente*. Mit dem Holz- oder Linolschnitt experimentierend umzugehen gelingt fast immer auf der Grundlage einer fantasieanregenden Vorgabe oder Aufgabenstellung sowie durch Erfahrungen im Produktionsprozess selbst. Es macht deshalb Sinn, die Jugendlichen während des Arbeitsprozesses zu ermuntern, Arbeitsschritte zu variieren, ungewöhnliche Zugänge oder Materialien zu erproben.

Was die *Rückmeldung an die Schüler* angeht, sollte darauf geachtet werden, den Schnitt und die drucktechnische Sauberkeit und Präzision nur als einen von mehreren Aspekten zu betrachten und die perfekte verfahrenstechnische Umsetzung nicht überzubetonen. Ebenso wichtig sind Rückmeldungen und Hilfen auch im Hinblick auf

- die grafische Umsetzung (Abstraktion, Komposition, Spannung),
- den Arbeitsprozess (Erprobung von Varianten beim Druck, Veränderung der Wirkung durch Experimentieren),
- den Arbeits- und Entwicklungsprozess, auch im Hinblick auf kooperatives Arbeiten, den Umgang mit Möglichkeiten und Grenzen der Holz- bzw. Linolschnitt-Technik (vgl. Berger 1999a, S. 8).

2.7 Holz- oder Linolschnitt: die verlorene Platte

Eine interessante und herausfordernde Variante des Holz- und Linolschnitts – auch in der Sekundarstufe II – ist die Arbeit mit der „verlorenen Platte" (Richter 1999; Möller 2015), mit der Farbholzschnitte hergestellt werden können.

Während beim herkömmlichen Farbholzschnitt für jede Farbe ein Druckobjekt erstellt werden muss (passgenau zueinander), wird bei der verlorenen Form nur eine Platte verwendet. Sie wird für alle Abzüge der Auflage genutzt. Wir haben diese Technik mit zwei Zuständen für die Holzschnitte unserer Mappe *Mikado für Morgner* (Dieckhoff/Eikenbusch, 2019) benutzt (→ Kap. 5.6).

❶ Nach der Übertragung des Entwurfs auf die MDF-Holzplatte – Transfer mit Verdünnung von Laserdruck – **(Abb. 130)** werden beim 1. Zustand, der mit der hellsten Farbe gedruckt wird, nur einzelne Konturen aus der Platte (Ränder, Profile) mit Geißfuß und schmalen Hohleisen herausgeschnitten. Als Daumenregel gilt, beim 1. Zustand nicht mehr als 5 % der Fläche herauszunehmen.

❷ Diese Platte wird dann mit der hellsten Farbe in einer kleinen Auflage (mehr als 10 Exemplare, Überschuss für Experimente) abgedruckt (Druckplatte in Gelb, **Abb. 133**). Eine interessante Variation ergibt sich, wenn man den 1. Zustand in unterschiedlichen (helleren) Farben druckt **(Abb. 136, 137)**.

❸ Danach wird der 2. Zustand bearbeitet **(Abb. 134)**. Dabei werden alle Flächen und Linien geschnitten, die im Druck in der helleren Farbe erscheinen sollen. Wird mit mehr als 2 Zuständen gearbeitet, werden jeweils die Flächen geschnitten, die in der nächsten (jeweils dunkleren) Farbe erscheinen sollen. Als Daumenregel gilt hier, dass bei jedem neuen Zustand zwischen 20 und 40 % der Fläche geschnitten werden soll, damit der vorherige Zustand auch sichtbar wird. Der 2. Zustand wird zur Kontrolle abgedruckt, korrigiert **(Abb. 135)** und dann auf die Auflage des 1. Zustandes abgedruckt **(Abb. 136, 137)**.

Für Schülerinnen und Schüler hat dieses Druckverfahren einen besonderen Reiz dadurch, dass die 1. Platte unwiderbringlich verloren ist und der Druck deshalb

130 | Druckstock mit applizierter Entwurfszeichnung *Mikado für Morgner* (Artur Dieckhoff 2019)

131 | Druckstock, 1. Zustand, *Mikado für Morgner* (Artur Dieckhoff 2019)

132 | Druckstock 1. Zustand nach Bearbeitung: Holzschnitt *Mikado für Morgner* (Artur Dieckhoff 2019)

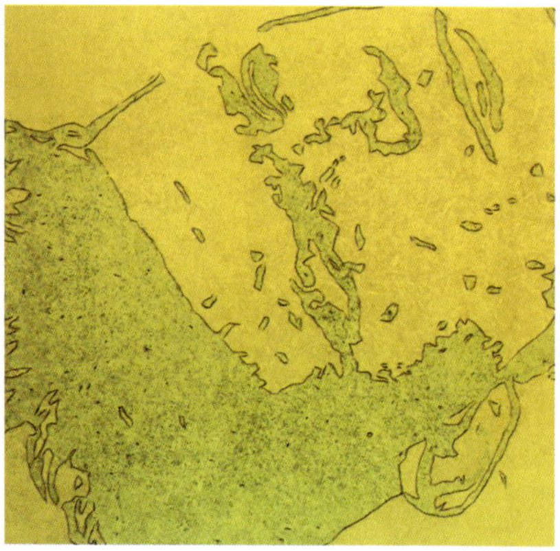

133 | Druckstock 1. Zustand, eingefärbt

134 | Verlorene Platte: Holzschnitt *Mikado für Morgner* (Artur Dieckhoff 2019), Druckplatte 2. Zustand, schwarz angedruckt

135 | Korrektur des 2. Zustands

136 | Verlorene Platte: Holzschnitt *Mikado für Morgner* (Artur Dieckhoff 2019), mit gelbem 1. Zustand

137 | Verlorene Platte: Holzschnitt *Mikado für Morgner* (Artur Dieckhoff 2019), mit rotem 1. Zustand

gut geplant werden muss. Durch die Gegenüberstellung der unterschiedlichen Zustände (im Kunstunterricht können meist 3 bis 4 unterschiedliche Plattenzustände realisiert werden) werden Veränderungen sehr gut sichtbar. Die Arbeit mit der verlorenen Platte verlangt, sich von bekannten Raumvorstellungen zu lösen, offene und unvorhersehbare Arbeitsprozesse einzugehen und die Farbkomposition sowie die Gestaltung der Motive durch Flächen und Linien genau zu bedenken. Schließlich erfordert die Arbeit mit der verlorenen Platte auch Geduld und Sorgfalt: Neue Zustände können nur gedruckt werden, wenn der vorherige Zustand gut getrocknet ist und der Druckträger (saugfähiges, etwas dickeres Papier) muss genau angelegt werden, damit die Formen exakt übereinander passen und es nicht zum Effekt des „unscharfen Bildes" kommt.

Gut zu wissen

In der Kunstgeschichte ist die verlorene Platte besonders bekannt geworden durch Picassos Linolschnitt-Folge von 1958–1962, bei der er Drucke in drei und mehr Farben aus einer Platte erreichte (M. Müller 2011). Ein Beispiel dafür ist sein Linolschnitt *Jacqueline au chapeau noir* in vier Farben **(Abb. 124)**.

2.8 Varianten, Erweiterungen und spielerischer Umgang mit Hochdruck-Verfahren

Im Bereich des Hochdrucks gibt es für den Kunstunterricht in den Sekundarstufen eine Vielzahl von Varianten und Erweiterungen (→ Kap. 2), die sich ertragreich und mit guten kreativen Ergebnissen einsetzen lassen.

Materialdruck

Als Einführung in Hochdrucktechniken und als Anregung für experimentierende Formensuche kann man sich z. B. dem Materialdruck zuwenden: Hier kann grundsätzlich von allen Materialen abgedruckt und auf alle Materialien gedruckt werden, bei denen das möglich ist: Sie müssen nur abgerieben bzw. unter eine Presse gelegt werden können. Zu druckende Materialien werden eingefärbt, auf Druckträger positioniert, darauf wird ein Blatt gelegt, das dann abgedruckt werden kann.

Eine spannende, technisch und künstlerisch anspruchsvolle Form des *Maserungsabdrucks,* bei dem Holzfurniere für einen Abdruck bearbeitet und auch verschiedene Furniere miteinander verbunden und ein- oder mehrfarbig gedruckt werden **(Abb. 138, 139)**, wie dies Klaus Raasch z. B. in *Das Meer* (2017) oder *Seestück* (2019) geleistet hat: „Beim Holzschnitt ist für mich die Aussagekraft/Lebendigkeit der Maserung wichtig, d. h., ich beziehe diese in die Gestaltung/Komposition mit ein. Des Öfteren fertige ich vor dem Schneiden einen Maserungsabdruck, um mir das druckbare Erscheinungsbild sichtbar zu machen und daraus den passenden Holzstock für den gestaltenden Schnitt auszuwählen. Der Maserungsabdruck lässt sich mittels Drahtbürste und/ oder anderem verstärken. Über Schleifen der Oberfläche können wir ihn minimieren." (Siehe auch Originalschnitt, → Kap. 5.) Der eingefärbte Druckstock hat dann noch als Relief einen eigenen künstlerischen Ausdruck.

Während Raaschs Maserungsschnitte die gesamte Bildfläche abdecken, wird Materialdruck in den unteren Klassen der Sekundarstufe I eher eingesetzt als ein Stempel-Abdruck-Verfahren, bei dem kleine Materialstücke (Stoff, Pappe, Decken, Netze) in Farbe getaucht oder damit bestrichen und dann zu einem Kompositionsgefüge auf Papier aufgedruckt werden **(Abb. 140)**. Materialstücke können auch auf ein Blatt Papier geklebt und dann abgedruckt werden (wenn der Klebstoff getrocknet ist). Auf den Druck können weitere

138 |
Klaus Raasch: *Seestück Sommerbrandung*, Farbholzschnitt in „Puzzletechnik", 12 Farben

139 |
Klaus Raasch: *Seestück Sommerbrandung*, Druckstock für Farbholzschnitt in „Puzzletechnik", 3 Platten

140 | Materialdruck mit Netzen für Mangofrüchte – Druckobjekte und Drucke

Elemente aufgeklebt werden (z. B. bedruckte Pappen, Papierknäuel und insbesondere Faltarbeiten).

Materialdrucke sind auch eine gute Möglichkeit, Formen und Strukturen in der eigenen Umwelt zu entdecken. So können Steine mit Farbe eingewalzt und abgedruckt werden, oder auch Blätter, Pflanzenteile oder ganze Pflanzen.

Leonardo da Vinci beschreibt z. B. eine Technik, bei der das Papier als Druckträger mit einer Mischung aus Glyzerin und Ruß bestrichen wird, die gepressten Pflanzen in eine Mischung aus Öl und Titanweiß eintaucht werden. Der Abdruck auf dem Papier soll in den Vertiefungen und in den Erhöhungen heller sein (Honig 1992, S. 39).

Objekte, die als Hochdruck-Druckstöcke dienen können, finden sich überall und lassen sich manchmal erst durch gemeinsame Anstrengung abdrucken – wie in den beiden Beispielen aus den 1960er Jahren **(Abb. 141, 142)**.

Stempeldruck

Mit Holz- bzw. Linolschnitt-Techniken experimentieren lässt sich auch gut mit dem Stempeldruck. Stempel lassen sich wie im Unterrichtsvorhaben über Emojis (→ Kap. 1.5) als „Icons" verwenden, häufig werden sie (geschnitten aus Gummi oder Moosgummi, → Kap. 1.6) auch genutzt, um Ornamente oder Muster (z. B. auf

141 | Materialdruck – grafische Entdeckungen in den 1960ern (aus: Hardon 1970, S. 345)

142 | Materialdruck – grafische Entdeckungen in den 1960ern (aus: Hardon 1970, S. 345)

Stoffen) herzustellen. Schließlich können mit Stempeln auch Botschaften, Sprichwörter oder Mitteilungen auf Gegenstände (z. B. Tücher oder Gefäße) gedruckt werden. So werden bei den Adinkra-Tüchern aus Ghana abstrakte Motive als Botschaft verwendet **(Abb. 143)**. Das obere Symbol steht für „Paddel („Tabon") das untere („Ntesi – mate masi") für Weisheit und Wissen.

Stempelformen aus Moosgummi oder Gummi können auch auf eine Rolle geklebt werden, mit der dann ein Rollen-Stempeldruck möglich ist.

Ein Zufallsprodukt, das Anstoß für interessante gestalterische Arbeiten geben kann, ist der *Walzendruck*, einer Form des Stempeldrucks, die noch ergänzt werden kann durch Elemente der Monotypie, wenn auf die Druckplatte Muster geritzt werden. Wenn am Ende des Druckvorgangs die Walzen gesäubert werden müssen, geschieht dies meist durch Auswalzen der (z. T. ver-

143 | Stempeldruck mit Holz-/Gummistempeln – Motive aus dem Adinkra-Stoffdruck (Ghana) (von Tine Dieckhoff)

144 | „Fisch": Walzendruck (Schülerarbeit)

dünnten) Farbe auf Papier. Dabei zeichnen sich auf dem Papier Linien und Flächen ab. Aufbauend auf dieser Erfahrung kann gezielt eine gezielte Gestaltung versucht werden **(Abb. 144)**.

Eine weitere Variante des Walzendrucks ist das gezielte Auswalzen von kleinen Farbmengen auf einer (auch größeren) glatten Platte. Vor dem Auswalzen kann die Walze auch noch präpariert werden (z. B. Strukturen oder Muster mit Bleistiftspitze oder kleinen Kartonstücken schaffen) und so Muster erzeugen. Schließlich kann die Farbe, so lange sie noch feucht ist, auch noch wie eine Monotypie (→ Kap. 2.5) nachbearbeitet werden.

145 | Roman Mangold: Walzendruck und Monotypie (Arbeit aus der Schulzeit)

Wie motivierend und anregend das Verfahren des Walzendrucks sein kann, schildert Roman Mangold: „Aus dem gesamten Kunstunterricht meiner Schulzeit [...] ist mir eine Arbeit besonders in Erinnerung geblieben. Mit Linolfarben, kleinen Handwalzen und einer Glasplatte durften wir experimentieren und ich fertigte eine Arbeit im Format A2, bei der ich mich völlig verausgabte und voller Stolz ein ‚sehr gut' kassierte. Dass ich diese Arbeit auch heute, nach 42 Jahren, noch im Besitz habe, zeigt, wie wertvoll sie mir war. [...] Das Bild **(Abb. 145)** besteht aus Abrollspuren der Handwalze und Abdrucken der Glasplatte, auf die Linolfarbe aufgetragen und mit einem Spatel Muster und Ornamente eingeritzt wurden." (Mangold 2012)

Druckträger

Reizvolle Effekte lassen sich auch erreichen durch die Wahl des Druckträgers (Papiers). Für die Aufgabe

> „Gestalte mit der Holzschnitt-Technik einen Umschlag für einen Gedichtband (Broschur)"

wählte ein Schüler *Transparentpapier als Druckträger* und bedruckte es „von hinten" **(Abb. 146)**. Dadurch erreichte er eine glatte, einheitliche äußere Oberfläche des Umschlags und löste gleichzeitig ein Problem: Er hatte die Buchstaben nicht spiegelverkehrt geschnitten … Diese improvisatorische Lösung für die Gestaltung der Schrift sprach sich vor allen bei denjenigen schnell im Kurs herum, die noch keine Schrift geschnitten hatten.

146 | Transparentpapier als Druckträger (Schülerarbeit, Holzschnitt zweifarbig, 2 Platten)

Prägedruck

Hochdruck-Druckobjekte kann man häufig auch als Prägestöcke für einen Prägedruck verwenden, wenn sie nicht zu filigran und detailreich geschnitten sind. Hier wird auf den Druckstock ein hochvolumiger weicher Papierbogen gelegt (z. B. Bütten, Druckerkarton ab 200 g/m²), der gut angefeuchtet ist. Darauf wird der Druckerfilz platziert. Prägedrucke sind nur mit einer Presse (Walzen- oder Stempelpresse) möglich. Der Prägedruck kann (nach Trocknung) auch noch weiterbearbeitet werden, z. B. um die geprägte Form zu betonen oder verschwinden zu lassen. Ob Prägedrucke mit Alltagsgegenständen (Nägel, Münzen, Schablonen) gelingen, muss man durch Experimentieren herausfinden – wobei bei metallischen Prägeobjekten besonders darauf geachtet werden muss, dass der Walzendruck nicht zu stark ist und so die Walzen beschädigt werden.

„Straßenwalzendruck"

Eine schöne Aktion, die Möglichkeiten des Hochdrucks auch in der Öffentlichkeit spannend zu präsentieren, ist der öffentliche Abdruck von Holzschnitt-Druckstöcken mit Industriemaschinen: Als Druckobjekt eignet sich eine dicke Tischlerplatte, die gut eingefärbt wird. Bestens geeignet als Druckträger sind Seidenstoffe, die auf das Druckobjekt aufgelegt und dann mit mehreren Lagen Papier und Stoff (z. B. Umzugsdecken) sowie einer Tischlerplatte (19 mm) abgedeckt wird. Das Pressen kann z. B. mit einer alten Straßenwalze erfolgen, für die eine kleine Auffahrrampe gebaut werden muss, damit die Walze nicht gegen den Druckstock stößt und ihn verschiebt **(Abb. 147)**. Der Druck auf Seide macht den Holzschnitt dann zu einer interessanten und einzigartigen Fahne …

147 | Mit einer alten Straßenwalze einen großen Holzschnitt drucken (Hamburg 2011)

2.9 Siebdruck – das zentrale Durchdruckverfahren

Hintergrund und Bedeutung

Bis zu Beginn des 20. Jahrhunderts gab es praktisch nur ein praktikables Durchdruckverfahren: den Druck mit der „offenen Schablone" aus Papier oder Blech, aus der die später zu druckenden Teile herausgeschnitten wurden (z. B. **Abb. 148**) und zu druckende Innenformen mit Stegen oder Fäden miteinander verbunden werden mussten. Solche offenen Schablonen wurden schon seit dem Mittelalter in Japan und seit dem 18. Jahrhundert in der französischen Tuchindustrie verwendet. Seit Ende des 19. Jahrhunderts waren sie als Beschriftungstechnik weit verbreitet und wurden in der Kunst z. B. zur Kolorierung von Bildern eingesetzt (in großen Auflagen), insbesondere bei der Art-Nouveau. Heute werden sie z. B. beim Anbringen von Straßenmarkierungen verwendet (Lengwiler 2013).

Ein beständiges (auch ästhetisches) Problem bei der offenen Schablonenform war, dass Stege, die einzelne Schablonenteile miteinander verbanden und fixierten, im Druckbild auffielen und Details schwer umzusetzen waren. Immer wieder wurde versucht, die Schablonen so zu positionieren und zu fixieren, dass die Stege nicht mehr zu sehen oder nicht notwendig waren.

Ein wichtiger Schritt zu diesem Ziel war die Verwendung äußerst dünnen Gewebes als Schablonenträger. Besonders geeignet war die Seidengaze, die in der Schweiz als Tuch für Mehlsiebe gewebt wurde und seit 1890 als Schablonenträger eingesetzt wurde (und noch heute wird): Sie ist fest, beanspruchbar und extrem feinmaschig. Zuerst wurde das Gewebe auf einen Rahmen aufgespannt, darauf das dünne Schablonenpapier, das den Rahmen ganz abdeckte, mit einem Klebstoff befestigt und Innenformen angebracht. Auf das Schablonenpapier wurde an einer Seite dickflüssige Farbe aufgetragen, die dann mit einer Rakel (Abstreichholz) im Rahmen über das gesamte Schablonenpapier gedrückt und an den Stellen, die ausgeschnitten waren, auf das darunter liegende Papier durchgestrichen wurde. Diese Form der Schablone wurde als „gebundene Schablone" bezeichnet, die befestigt über einem Sieb abgedruckt wurde (Siebdruck) bzw. in Amerika häufig auf einem Seidenstoff fixiert wurde („Silk-Screen").

Wer nach dem Beginn des 20. Jahrhunderts das Verfahren des Siebdrucks erfunden hat, lässt sich heute nicht mehr eindeutig feststellen (Lengwiler 2005, S. 41) – nachweisen lässt es sich seit 1903 beim (z. T. mehrfarbigen) Druck kleiner Wimpel und Fahnen und später beim Auftrag von Tarnfarbe beim Militär und bei Plakaten. 1916 erschien der erste bekannte Fachartikel über den Siebdruck im *Signs of the Times Magazine* in Cincinnati, der auch erklärte, wie durch fotochemische Verfahren Schablonen auf das Sieb aufgetragen werden konnten (z. B. Beschichtung des Siebs mit lichtempfindlicher Schicht, Belichtung mit Positivfilm, Auswaschen der unbelichteten Stellen). Mit fotochemischenVerfahren ließen sich alle Formen und Schriften

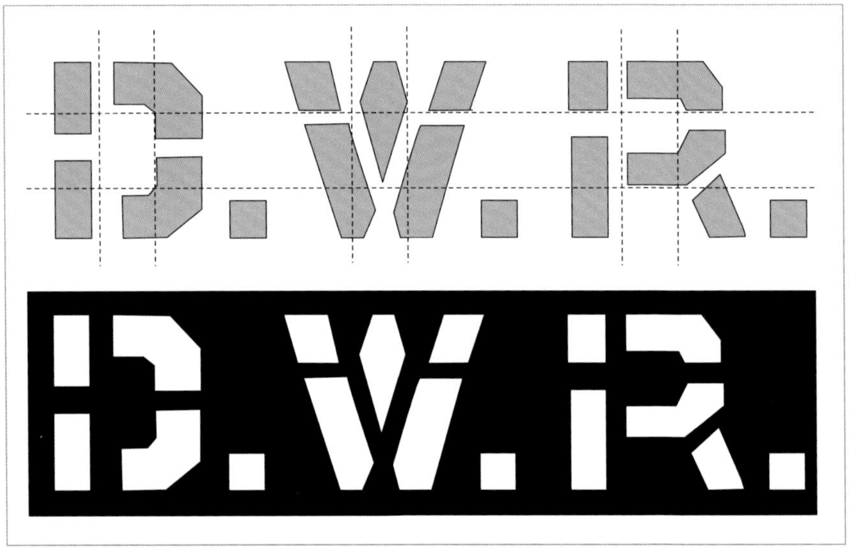

148 |
Patent für Schablonendruck mit ausgeschnittenen Schablonenteilen auf einem Drahtgitter befestigt (David W. Ream 1880) (nach Lengwiler 2005, S. 40)

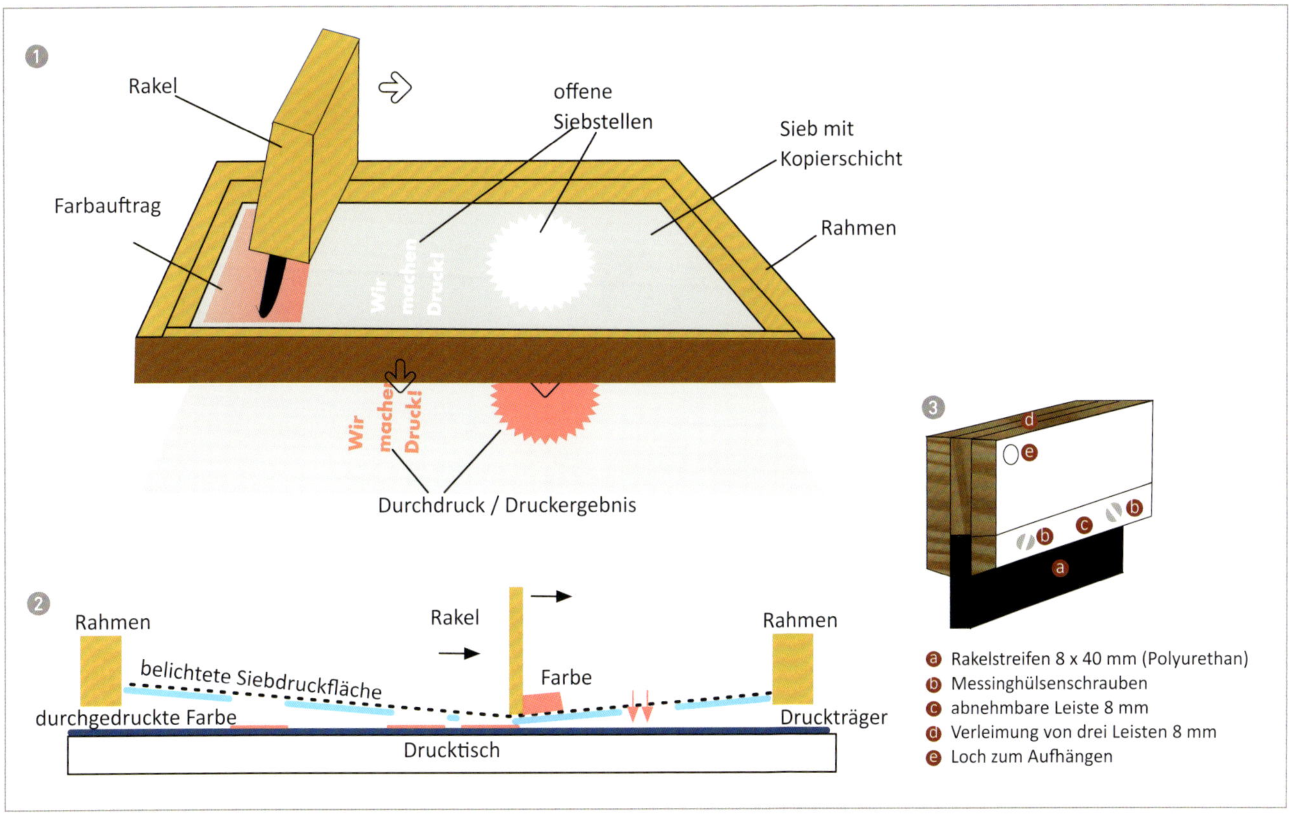

149 | Siebdruckverfahren (schematische Darstellung, 1 Aufsicht, 2 Seitenansicht, 3 Rakel)

auf einer Siebdruckschablone anbringen. Gut 100 Jahre alt ist also das neue Siebdruckverfahren, es verbreitete sich in den USA rasch und wurde nach den anfänglichen Verwendungen bei der Schilderherstellung nun bald als grafisches Verfahren eingesetzt zur Erstellung von Drucksachen, Plakaten und Stoffdruck. Vorteilhaft am neuen Verfahren war insbesondere, dass mehrere Farben (nacheinander) aufgebracht werden konnten und dass für Siebdruck unterschiedlichste Druckträger verwendet werden und hohe Auflagen erzielt werden konnten. In Europa wurde das Silk-Screen-Verfahren ab 1930 industriemäßig eingeführt. Ab den 1920ern wurde der Siebdruck (zuerst in den USA, ab den 1940er Jahren zunehmend auch in Europa) von Künstlerinnen und Künstlern als grafisches Verfahren entdeckt und genutzt, meist von Werbegrafikern, die es im Rahmen ihrer Ausbildung kennengelernt hatten, und mit Motiven, die sich zuerst an ein breites Publikum wandten.

Bekannt und international populär wurde das Siebdruckverfahren in den 1960er Jahren besonders durch die Arbeiten von Roy Lichtenstein (in denen auch die Rasterpunkte aus den Vorlagen transferiert bzw. nachgebildet wurden), Victor Vasarely, Keith Haring und Andy Warhol (z. B. die Marilyn-Monroe-Siebdrucke) sowie im deutschsprachigen Raum u. a. durch die Arbeiten von Willi Baumeister, Rupprecht Geiger und Max Bill. Weil sich Siebdrucke in sehr hohen Auflagen in gleichbleibender Qualität auch gewerblich-industriell drucken lassen, wurden sie im Kunstmarkt häufig nicht als Originalgrafiken angesehen, vor allem wenn sie im Vierfarbenrasterdruck als Serigrafien von Vorlagen produziert wurden.

Verfahren

Aktuell findet der Siebdruck in drei wichtigen Bereichen Anwendung:

- *grafischer Siebdruck* (z. B. Plakate, Hinweisschilder, Bedrucken von CDs und DVDs, Kistenbedruckung, Rubbelfarben bei Lotterielosen);
- *Textildruck* (z. B. bei T-Shirts, Gardinenstoffen, Teppichen, T-Shirts, auch mit speziellen Neon- oder Leuchtfarben);

150 | Siebdruck-Demo: Siebdruckrahmen, aufgetragenes Motiv (freigewaschene Fotoemulsion) (Siebdruckwerkstatt im klex, Greifswald)

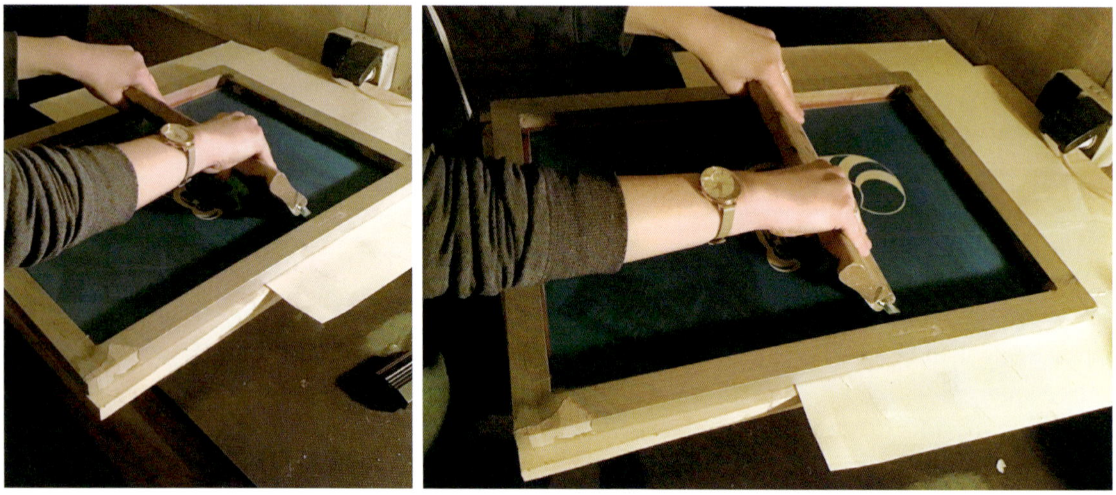

151 | Siebdruck-Demo: Siebdruckrahmen, Rakel-Abzug (Siebdruckwerkstatt im klex, Greifswald)

- *industrieller Siebdruck* (z. B. bei Leiterplatten, elektronischen Schalterkreisen, Tastaturfolien).

Statt des klassischen Drucksiebs aus Seide oder Gaze werden nun Polyester- oder Stahlgewebe oder feine Wabenplatten verwendet, die vor den Beschichtungsvorgängen sorgfältig gereinigt werden müssen.

Das Grundprinzip des Siebdrucks (**Abb. 149**) ist für alle Bereiche gleich. Die Herstellung der Druckform (Sieb) im gewerblichen Bereich erfolgt meist über fotochemische Verfahren (Fotoschablone, mit der eine lichtempfindliche Emulsion auf dem Sieb wie bei der Belichtung im Fotolabor belichtet wird). Im künstlerischen Bereich wird gearbeitet mit

- *Abdeckschablonen:* Aufkleben von ausgeschnittenen Papier- oder Film-Schablonen auf die Unterseite des Gewebes oder Aufmalen der Schablonen auf das Gewebe;
- *Auswaschschablonen:* Zeichnen des Motivs mit Fettkreide in das Gewebe, danach Auftrag einer dünnen Schicht Siebfüller auf das gesamte Gewebe; nach dem Trocknen kann mit Lösemittel die Fettkreide ausgewaschen werden;
- *Papierschablonen:* Motiv wird in dünne Papierschablonen geschnitten, die „Scherenschnitte" werden unter das Sieb platziert – dann wird die Siebdruckfarbe auf das Sieb gegeben – sie klebt die Schablo-

152 | Siebdruck (belichtete Fotoemulsion, Schülerarbeit Stockholm, 11. Klasse (Siebdruckwerkstatt)

nen ans Sieb und bedruckt die freien Flächen (empfohlen wird dazu ein Gewebe mit geringer Feinheit von 40–70 Fäden/cm);

- *Reduktionsschablonen:* umgekehrt wie beim Holz- und Linolschnitt mit verlorener Platte wird bei einem mehrfarbigen Druck für jede Form die Schablone vergrößert/erweitert oder um zusätzliche Elemente ergänzt; es wird also zuerst die Farbe mit dem größten Flächenanteil gedruckt, zum Schluss die mit dem geringsten Flächenanteil.

Anwendbarkeit in der Schule

Im Schulbetrieb lässt sich der Siebdruck nur selten durchführen. Prinzipiell dazu geeignet sind auch Techniken mit fotochemischen Übertragungsverfahren – Fotoemulsion – des Motivs auf das Sieb. Hierfür gibt es im Handel sogar (bei Jugendlichen beliebte) Do-it-yourself-Kits (DiY) für den T-Shirt-Druck o. Ä., allerdings liegt Preis für ein Kit oft bei über 150 €; kleinere Siebdruckmaschinen mit Belichtungseinheit kosten über 200 €. Hier sind z. T. besondere Sicherheitsvorschriften zu beachten. Günstiger ist es, die Arbeit mit Siebdrucken in dafür ausgerüstete Grafikwerkstätten zu verlagern (Workshop oder Kurs), da hier die technischen Voraussetzungen (insbesondere die Spannung des Siebes) besser gewährleistet werden können. Zum Teil bieten Jugendzentren oder Bildungsstätten auch offene Werkstätten an, in denen Jugendliche ihre Arbeiten realisieren können **(Abb. 152)**, hier können Arbeitsgruppen oder Klassen Projekte durchführen.

Gut zu wissen

Das Siebdruckverfahren ist für Jugendliche besonders attraktiv, weil man damit sehr gut und (mit dem fotochemischen Verfahren) auch vergleichsweise einfach komplexe Motive und Schriften drucken kann. Voraussetzung für das Gelingen ist jedoch eine solide technische Ausrüstung mit guten Sieben, richtiger Einstellung des Absprungs, passender Konsistenz der Siebdruckfarbe. Dies lässt sich in Schulen realisieren, wenn ständige Übung und viel Erfahrung bei Lehrpersonen wie Schülerinnen und Schülern bestehen. Für Projekte und kurze Unterrichtsreihen sollte die Kooperation mit einer Werkstatt oder mit Kunstschaffenden gesucht werden, die Siebdruckeinrichtungen haben.

2.10 Frottage

Hintergrund

Ein Meilenstein in der Geschichte der Frottage war die Mappe *Histoire Naturelle* von Max Ernst (1926), in der er auf 34 Blättern eine geheimnisvolle Welt von merkwürdigen Pflanzen und sonderbaren Tieren schildert. Inspiriert zur Verwendung der Frottagetechnik wurde Ernst durch die Furchen der Fußbodendielen eines Hotelzimmers am Atlantik – er legte Papier darüber und „frottierte" die Strukturen als Durchdruck mit einem Bleistift ab. In der Folge erprobte er dieses Verfahren auch mit Muscheln, Blättern, Brot, genarbtem Leder, Strohgeflechten, Drahtgittern usw. und kombinierte die durchgedruckten Strukturen **(Abb. 153)** ähnlich wie Schriftsteller im Surrealismus beim „automatischen Schreiben" (l'ecriture automatique) auch Material suchten, kombinierten und verbanden.

Wie bei Monotypien lässt sich auch bei Frottagen in der Regel nur ein identischer Durchdruck erzielen, denn jeder neue Durchdruck weist eigene Merkmale (z. B. bei der Strichführung) auf. Will man Frottagen vervielfältigen, muss man sie als Vorlagen mit anderen Drucktechniken reproduzieren. Bei den Frottagen von Max Ernst wurde 1926 der Lichtdruck gewählt, ein qualitativ sehr hochwertiges photolithografisches Flachdruckverfahren, das heute im deutschsprachigen Raum nur noch im Druckkunst-Museum in Leipzig, in der Offizin Darmstadt und in „der kleinsten Lichtdruckerei der Welt" in Hechthausen-Kleinwörden an der Oste praktiziert wird.

Minimalvoraussetzungen

Eine interessante Umgebung, dünnes Papier, Zeichenwerkzeuge.

Das Verfahren

Die Methode der Frottage vereint zwei Verfahren in sich, die Durchdrucktechnik und das Zeichnen: Ein Zeichenpapier (nicht zu dick) oder dünner Stoff werden auf einen reliefartigen Gegenstand, eine Fläche, Spuren, Risse o. Ä. gelegt, dann fährt man mit der Breitseite eines Zeichenwerkzeugs (Bleistift, Graphitblock, Buntstift, Wachskreide, Kohle, Marker) über die Konturen, wiederholt diesen Vorgang, bis das Relief des darunterliegenden Gegenstands zeichnerisch wiedergegeben wird. Möglich ist auch das Abtupfen oder Abpudern mit Graphitpulver oder Farbpigmenten. Mit Frottagen können Flächen strukturiert werden (z. B. durch Frottage von Mustern, rauen Oberflächen, Maserungen) aber auch einzelne Objekte hervorgehoben werden.

In der Schule lässt sich die Frottage in vielen Zusammenhängen schnell und einfach einsetzen, von kleinen Einzelübungen bis hin zu Projekten, in denen Schülerinnen und Schüler die (Schul-)Umgebung systematisch nach Objekten erforschen, die sich für Frottagen eignen und einen neuen Blick auf die Umgebung ermöglichen. Das gezielte Sammeln von Eindrücken, Objekten und

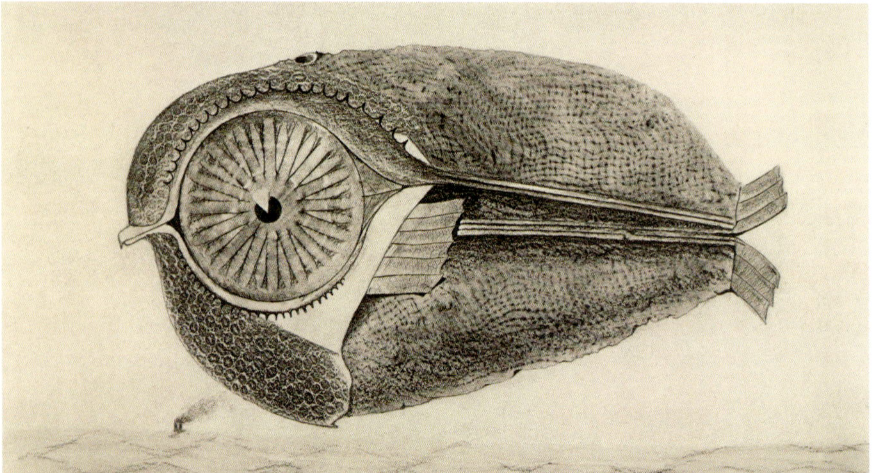

153 |
Max Ernst: L'évadé (Der Ausbrecher). Blatt 30 der „Histoire naturelle", 1926, © VG Bild-Kunst, Bonn (Digitale Sammlung Staatsgalerie Stuttgart)

154 | Frottage eines Schriftsatzes

155 | Wissen ist Macht: digitale Bildbearbeitung eines Reliefs in Lübeck

Strukturen oder Bildern ist eine wichtige ästhetische Ausdrucksform. Gerade bei der Arbeit mit Frottagen kann man es im Unterricht systematisch üben und mit Sichtweisen von Mitschülerinnen und -schülern vergleichen. Soll beispielsweise ein bestimmtes Umfeld (Schule, Straße, Stadt) erforscht werden, kann das Sammeln auf unterschiedliche Weise strukturiert werden:

- *Zeit:* bei Gegenständen/Strukturen aus einer bestimmten Zeit oder eines bestimmten Alters (so erwiesen sich bei einem Frottage-Projekt Ritzbilder im Putz als die ältesten „Zeitzeugen");
- *Ort:* möglichst genaues Dokumentieren eines Ortes (bzw. Gegenstandes) und Erfassung auch sehr feiner Strukturen durch Frottage, z.B. eines Fußbodens oder einer Holzkiste;
- *Objekt:* bei Objekten aus bestimmten Bereichen: z.B. Werbung, Namen, Inschriften (hier fanden Schüler einmal interessante Objekte auf einem Friedhof – mit Genehmigung der Friedhofsverwaltung);
- *Struktur:* bei bestimmten Oberflächenstrukturen, Flächen (z.B. rau, eckig, kontrastreich, begrenzt, offen)
- *Stimmung/Ausdruck:* Auswahl eines Objekts und Gestaltung mit Blick auf Vermittlung einer bestimmten Stimmung oder eines Ausdrucks (Glück, Zeit usw.).

Differenziert werden kann die Arbeit mit Frottagen auch durch Anforderungen an die technische Ausführung (z.B. kontrastreich, -arm, farbig, monochrom).

Ein zweiter Ansatz der Arbeit mit Frottagen geht über das Sammeln hinaus und zielt auf die Gestaltung bzw. Komposition von Frottagen zu eigenen neuen Bildern. Dazu sollen die Jugendlichen unter anderem Strukturen von Frottagen (bzw. Objekten) entdecken, kombinieren, Effekte bei der Erstellung von Frottagen erproben. Sie können so auch üben, Strukturen für Figurenelemente nutzen, Hell-Dunkel-Elemente herstellen, Räumlichkeiten erzeugen, Perspektiven anzulegen.

Modifiziert werden kann das Verfahren z.B. dadurch, dass für den Durchdruck schon bedruckte Papiere benutzt werden (z.B. Fotokopien). Frottagen lassen sich auch von Druckobjekten herstellen, die Oberflächenstrukturen (Maserungen) aufweisen oder im Hochdruck verwendet werden. So lassen sich beim Buchdruck auch Schriftsätze als Frottage durchreiben **(Abb. 154)**.

Frottage-Effekte lassen sich auch bei der digitalen Bildbearbeitung (GIMP, PhotoShop) erzielen, wenn mit Tonwert, Kontrast und Helligkeit experimentiert wird, wie bei dem Foto eines Reliefs an einer Lübecker Hauswand **(Abb. 155)**.

3 Drucken mit Lettern, Typografie und Papier

Ursprünglich sollte dieses Kapitel nur den Buchdruck – seine historischen und gesellschaftlichen Hintergründe, zentrale Techniken und aktuelle Entwicklungen – vorstellen. Unsere Erfahrungen in Schulen haben jedoch gezeigt, dass die positive Wirkung von Druckprojekten nicht nur auf der Faszination traditioneller Technik oder dem Druckprozess beruht. Vielmehr sensibilisieren Druckerfahrungen und -projekte junge Menschen generell für Schreiben, Schrift und Produktion von Drucksachen: Sie sehen Geschriebenes mit anderen Augen und achten darauf, wie Texte und Schrift funktionieren – sie werden also schrift- und schreibkompetent. Schrift und Druck spielen durch die Erfahrungsprozesse eine wichtigere Rolle. Deshalb ist dieses Kapitel auch auf die Lernprozesse von Schülerinnen und Schülern ausgerichtet, ihr Verständnis von Schrift und eine eigene Druck-Schrift (beispielweise am Computer) zu entwickeln.

Nur knapp ein halbes Dutzend Jahre spielt „Schrift“ eine wichtige Rolle im Leben eines Menschen: In den ersten Schuljahren wird von Lehrpersonen und Eltern gespannt verfolgt, wie die jungen Menschen „ihre“ Handschrift erwerben: Da wird ausprobiert, zusammengesetzt, Linien werden mit Schwung nachgefahren, bis die Druckbuchstaben erobert werden und kleine Geschichten mühsam und stolz zusammengesetzt werden. Wenn die Druckbuchstaben geläufig nebeneinandergesetzt werden, wird die Schreibschrift für die Kinder eingeführt, die zur eigenen Handschrift werden soll.

Bei der Frage, wie das genau geschehen soll, unterscheiden sich Bundesländer und Kollegien – und streiten auch darüber. In Bayern sollen Kinder schon im 2. Halbjahr des 1. Schuljahres mit einer verbundenen Schreibschrift beginnen (vereinfachte Ausgangsschrift oder Schulausgangsschrift). In Baden-Württemberg, Sachsen und anderen Bundesländern geht es damit erst im 2. Schuljahr los, in Hamburg und Bremen und anderen Bundesländern findet auch die Grundschrift Verwendung. Sie entspricht keiner der drei gebundenen Schriften, sondern in ihr werden Verbindungen zwischen Druckbuchstaben hergestellt – hier sind „Luftsprünge“ erlaubt.

156 | Stationen der individuellen Schriftentwicklung: Schrifterwerb, verbundene Schreibschrift, individuell entwickelte Schrift

Gutenberg – und die Folgen

„Es steht auf dem Erdenrund außer Zweifel, daß Gutenbergs Erfindung das bedeutendste Ereignis der Weltgeschichte ist. Diese Erfindung schuf eine neue und wunderbare Welt, gleichzeitig aber auch eine neue Hölle. Was immer die Welt heute ist, die positiven und negativen Seiten zusammen, dies hat Gutenbergs Erfindung aus ihr gemacht, aus dieser Quelle ist alles entstanden. Er besitzt unsere volle Verehrung, denn was aus seinen kühnsten Träumen hervorgekommen ist, die Schattenseiten mit eingerechnet, brachte einen sehr großen Vorteil für die Menschheit.“
Mark Twain, Brief vom 7.4.1900 aus London an Adolf Görz, den Förderer des Gutenberg-Museums (Füssel 2013, S. 141)

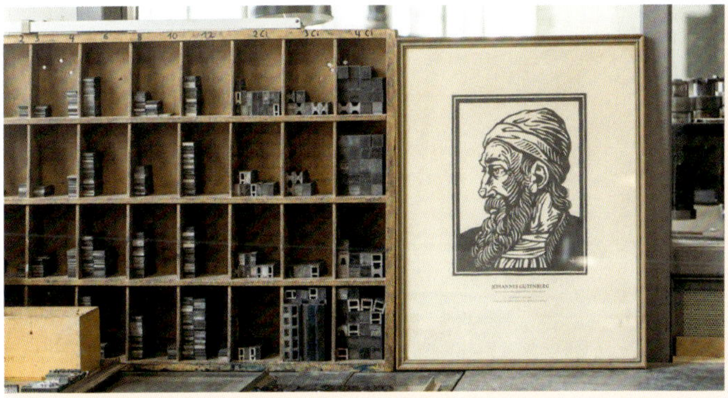

157 | Gutenberg würde diese Museumsdruckerei mögen

158 | Schriften werden in Schubladen aufbewahrt

Drucken analog

Als in den 1970er Jahren sehr schnell neue fotografische und dann später digitale Setz- und Druckverfahren eingesetzt wurden, schien das Ende des klassischen Buchsatzes und -drucks besiegelt. Alte Druckpressen, Schriften, Setzkästen und Bleilettern landeten oft auf dem Schrott oder wurden zu Möbelaccessoires, Bleisatz und analoges Drucken blieb etwas für Spezialisten, Liebhaber, Enthusiasten. Selbst die bekannte Buchreihe *Die Andere Bibliothek* gab 1996 den Bleisatz auf und stellte auf digitale Produktion um. Seit einigen Jahren ist aber wieder ein steigendes Interesse vor allem von jungen Menschen an analogen Drucktechniken zu beobachten. Faszination erweckt besonders der handwerkliche (manufaktorische) und der kreative Produktionsprozess, bei dem viele Berufe ineinandergreifen und bei dem man sinnlich und konkret nachvollziehen kann, dass darin jahrhundertealte Kultur, Erfahrung und Wissen verborgen sind.

159 | Setzlinien für das sichere Ausheben der Lettern auf das Schiff

160, 161, 162 | Drucken wie damals: mit Muskelkraft

3.1 Buchdruck – die erste (nicht nur technische) Revolution

Seit etwa 1436 arbeitet der Mainzer Goldschmied Johannes Gutenberg (Johannes Gensfleisch zu Laden, ca. 1400–1468) an einem neuen System für die Herstellung von Büchern, mit dem sie einfacher – und damit rationeller und gewinnbringend – hergestellt werden können. Er gründet dazu das wagemutige innovative Startup-Unternehmen „Aventur und Kunst“ (Zeisberger 2018, S. 119), experimentiert mit einer Art Weinpresse und Bleilegierungen (Füssel 2013, S. 26), produziert erste Drucke, z.B. Ausschnitte aus einer lateinischen Sprachlehre des Aelius Donatus oder das „Weltgericht“ aus dem deutschsprachigen „Sibyllenbuch“ **(Abb. 164)** (es gilt als der früheste bekannte Letterdruck Gutenbergs) – um dann bis 1454 in einer Werkstatt mit 6 Setzern, 12 Druckern sowie Hilfskräften mit seinem neuen Verfahren eine 42-zeilige (lateinische) Bibel aus einzelnen Lettern zu setzen **(Abb. 163)**, zu drucken und auch 180 Stück davon zu verkaufen – allerdings ohne nachhaltigen wirtschaftlichen Erfolg, da ihn sein Teilhaber mit hohen Kreditrückforderungen (im Vergleich zu heutigen Verhältnissen in Millionenhöhe) überzieht.

Der Druck der Bibel („Vulgata“) in zwei Bänden, von der heute weltweit noch 48 Exemplare existieren, ist in jeder Hinsicht (logistisch, handwerklich, ökonomisch) eine Herausforderung: 1282 Seiten sind zweispaltig zu setzen, 350.000 Buchstaben („Lettern“) werden dabei verwendet, wobei Gutenberg ca. 290 verschiedene Lettern für eine Schriftart entwickelt hat (47 Groß- und 63 Kleinbuchstaben, 92 Abkürzungen, 83 Buchstabenverbindungen, die sogenannten „Ligaturen“, und 5 Kommata. Für den Druck der ca. 40 Pergamentbände

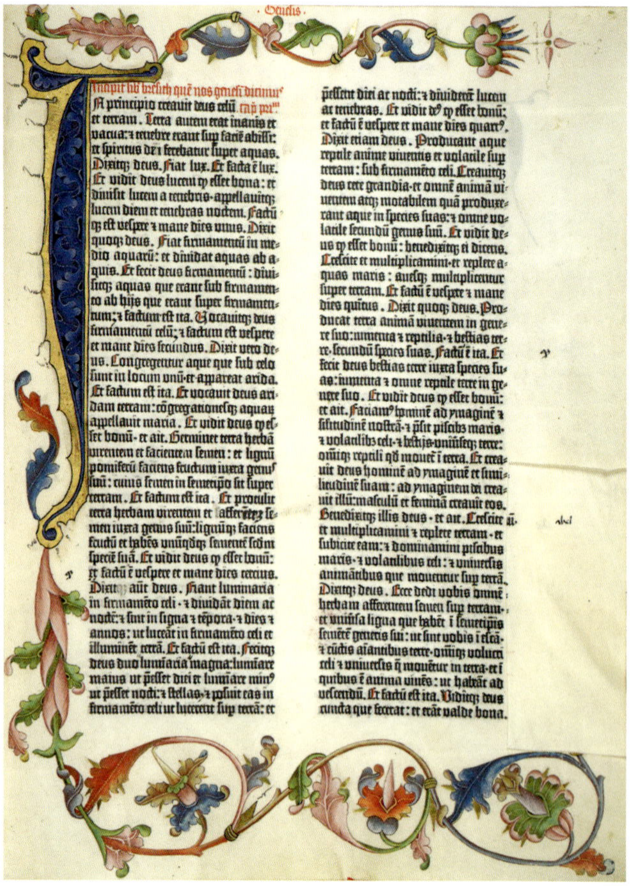

163 | B42-Bibel, Genesis 1; um 1454 (Johannes Gutenberg mit Johannes Fust und Peter Schöffer) (Göttinger Exemplar)

wird die Haut von 3.200 Kälbern benötigt (Sieburg, 2011, S. 107).

Mit dem Druck der Bibel legte Johannes Gutenberg 1454 das Ergebnis eines in Europa neuen, umfassenden und funktionierenden Satz- und Drucksystems vor (Diba 2008, S. 56). Zu den wesentlichen Neuerungen gehören:

- der Stempelschnitt für die Herstellung einzelner Buchstaben;
- die Erfindung eines Instruments für den einfachen Guss von Einzelbuchstaben (Handgießinstrument);
- der Guss von zusammenfügbaren Einzelbuchstaben („Lettern“) aus einer praktikablen Legierung aus Zinn, Blei und Antimon;
- das Zusammenfügen von Lettern zu Textblöcken („Kolumnen“);
- die Schaffung einer haltbaren, für das neue Verfahren geeigneten Druckfarbe (aus Öl, Harz, Lampenruß, Pech, Firnis sowie Blei, Kupfer, Titan, Eisen,

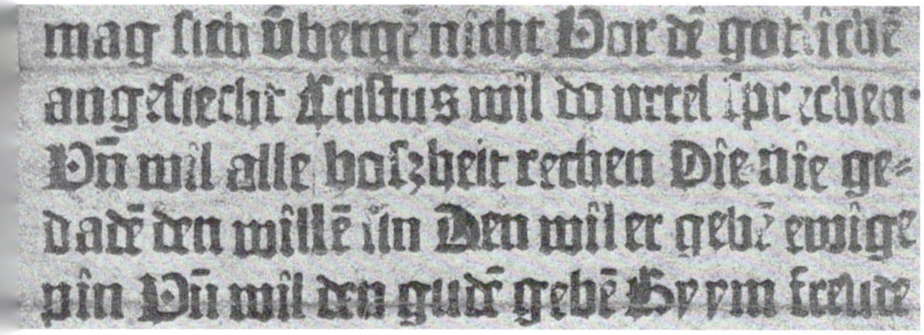

164 | Weltgericht – Sibyllenbuch (dt. Übersetzung) von 1450 (?)

165 | Nachbau einer historischen Spindelpresse im Museum der Arbeit Hamburg

Nickel oder Zink), mit dem Vorder- und Rückseite bedruckt werden konnte (ohne dass die Farbe also auf die Rückseite durchschlug);

- das Auftragen der Farbe mit Ballen (aus Hundeleder, das keine Poren hat und deshalb keine Farbe einzieht), um doppelseitige Drucke zu ermöglichen;
- die neue hölzerne verschiebefreie Spindel-Druckpresse („deutsche Presse"), die sich am Vorbild einer Obstpresse orientierte und deren Prinzip Leonardo da Vinci um 1490 in seinem „Codex Atlanticus" erstmalig schilderte.

Mit seinem Verfahren überwindet er viele Teilschritte vorheriger halbtechnischer Verfahren der Vervielfältigung (z.B. Blockbücher) und reduziert die Zahl der an der Buchproduktion beteiligten Menschen drastisch: Statt dass wie bei Holzblockdrucken jeder Buchstabe einzeln ins Holz geschnitten werden muss, wird nun von einem „Schreibkünstler" ein vollständiges Alphabet mit Zusatzzeichen entwickelt, auf Pergament (oder Fettpapier), dann weiter auf Metall-Rohlinge übertragen. Ein Graveur hebt die Formen (in Spiegelschrift) aus dem Metall heraus und schafft so eine herausstehende Prägeform, die Patrize: **Abb. 166** ➊. Diese Form wird in weicheres Metall eingeschlagen, um eine negative Gussform (Matrize) ➋ zu erhalten. In diese Gießform wird eine flüssige Bleilegierung gefüllt ➌, um die Letter als spiegelverkehrte Druckform herzustellen. Mit der Let-

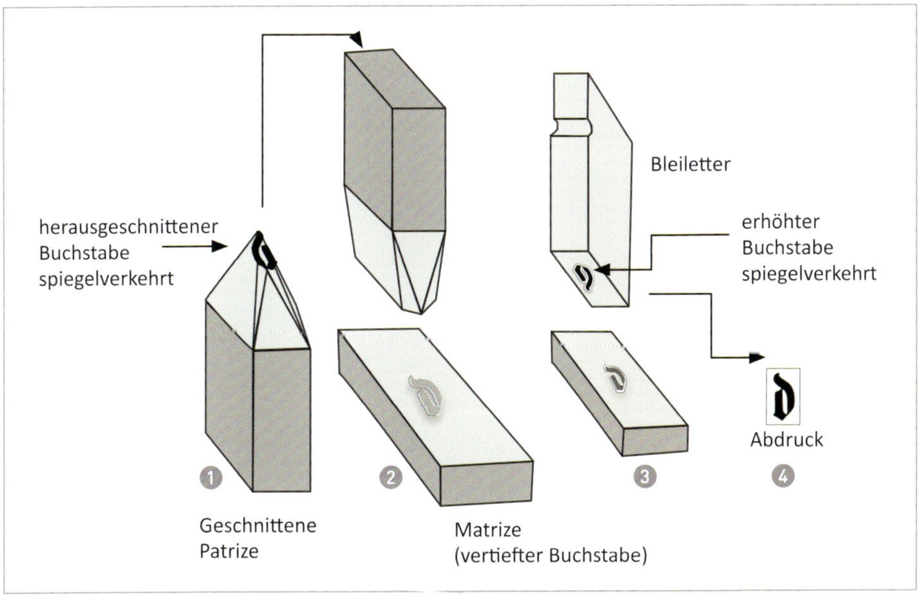

166 | Herstellungsprozess der Bleiletter

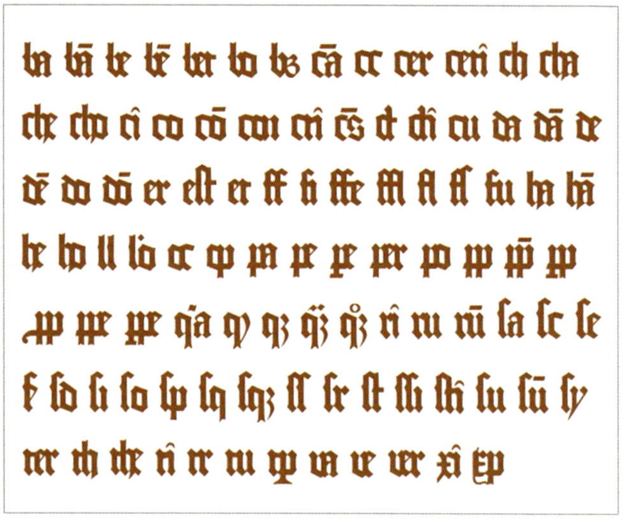

167 | Ligaturen in der Gutenberg-Bibel (B42)

ter kann dann der Buchstabe richtig gedruckt werden ④, mehrere (bewegliche) Lettern können nebeneinander auf einer Linie oder zu einem Satz angeordnet und auch nach dem Druck für andere Druckvorlagen wiederverwendet werden.

Bei der Gestaltung seiner Lettern orientieren sich Gutenberg und seine Schriftschneider an der (damaligen) Handschrift der Textur: In den Lettern versucht er den Schemata der gleichmäßigen Handschrift so nahe wie möglich zu kommen (Helms 1970, S. 205), als seien sie mit einer schräggehaltenen Feder geschrieben. Einzelne Buchstabenpaare (ll, ff, fi usw.) fasst er zu Ligaturen zusammen (Abb. **167**), so wie sie auch bei flüssiger Handschrift miteinander verbunden werden. Die Zusammenfassung von Buchstaben zu einer Letter hat darüber hinaus noch den Vorteil, dass so schneller gesetzt werden kann.

Effektiv ist auch die Nutzung von Abkürzungen („Abbreviaturen") für beispielsweise Vorsilben, lateinische Kasusendungen und Buchstabendoppelungen (mm, nn): Damit lässt sich nicht nur schneller setzen, sondern es lässt sich auch der Rand einer Zeile flexibler ausgleichen – je nachdem, wie viel Platz am Ende der Zeile ist, kann der Setzer Abkürzungen oder Einzelbuchstaben wählen. Schon hier wird deutlich, dass der Schriftsatz keine mechanische Arbeit ist, die man von Ungelernten erledigen lassen kann, sondern dass es dazu guter Kenntnisse in den Bereichen Technik, Sprache und Gestaltung bedarf. Bis noch in die 1970er Jahre (vor der Einführung der modernen Satztechniken) gilt der Beruf des Schriftsetzers als einer der anspruchsvollsten und bestbezahlten im Handwerk.

Mit den unterschiedlichen Lettern können Gutenberg und seine Gesellen auch andere Aspekte der alten handgeschriebenen Bücher (z. B. aus Klöstern) nachahmen: Sie können im Blocksatz setzen, die Seite in Kolumnen aufteilen, die für eine gute Lesespanne sorgten. Dabei richten sie sich nicht sklavisch an geometrischen Linien aus, sondern sie setzen so, dass sich für das Auge eine Linie und eine klare Struktur ergeben, z. B. bei den Trennungsstrichen am Ende von Zeilen, die etwas ausgerückt werden, um einen einheitlicheren Abschluss der rechten Kolumnenseite zu geben.

Gutenberg erfindet also nicht das Buch neu, sondern orientiert sich in Schrift und Gestaltung so weit wie möglich an den alten Büchern (bis hin zur über 7 mm hohen Schrift, die sich auch in dunkleren Kirchenräumen noch gut lesen lässt): Er will Bücher einfacher und billiger herstellbar machen, und eigentlich will er sie auch nur perfektionieren und die Druckfehlerzahl reduzieren. Er verändert durch den Buchdruck die Schrift als „Technisierung der Kommunikation" (von Rossum 1992), weil sein neues Verfahren

- als Rationalisierung eine enorme Menge von Vervielfältigungen in kurzer Zeit zulässt;
- Grenzen öffnet und den elitären Schriftgebrauch beendet – weil die Verbreitungsmöglichkeiten quantitativ und regional größer werden: Bücher gelangen weiter in die Welt, und mehr von der Welt gelangt in die Bücher;
- für eine Informationsbeschleunigung sorgt, mehr Wissen schneller in Büchern bereitstellen kann;
- „die Schrift" zum Wissensspeicher macht, statt das nur mündlicher Kommunikation oder Expertentum zu überlassen (Giesecke, 1992) – Bücher werden zum begehrenswerten Schatz an Weisheit und Wissen;
- Märkte erschließt durch die Kostensenkung und Druckprodukte dadurch für mehr Menschen erschwinglich macht;
- eine Normierung des Drucks, der Schrift und letztlich auch der Sprache antreibt: Produkte des Buchdrucks versprechen höhere Auflagen, wenn sie in einer Schrift und in einer Sprache verbreitet werden, die von einer möglichst großen Zielgruppe gelesen werden kann.

168 | Johannes Gutenberg: Göttinger Musterbuch zur Ausstattung des Bibeldrucks mit blau-rotbrauner Ranke

Gleichzeitig lässt das neue Verfahren Gutenbergs aber auch zu, dass das Grundprodukt, die Druckbögen, weiter veredelt und damit gewinnmaximierend eingesetzt werden können. So hat er Luxusausgaben auf Pergament ebenso im Angebot wie illustrierte Ausgaben. Dabei sorgt er auch dafür, dass seine Produkte eine „Corporate Identity" aufweisen und nicht von den vielen individuellen Unterschieden der geschriebenen Bücher betroffen sind. Für die Illustration der Initialen und des Buchschmucks (vgl. **Abb. 163**) legt er z. B. ein umfangreiches Musterbuch an (**Abb. 168**), das Farben, Pinselführung, Zeichnung etc. im Detail beschreibt – und natürlich auch festlegt.

Gutenbergs neues Verfahren passt in seine Zeit: In vielen Bereichen wird normiert und standardisiert, so etwa bei der Einführung der Uhrzeit, des gregorianischen Kalenders, beim Geld – Grenzen müssen überschritten, neue Welten erschlossen werden, und hierfür ist Gutenbergs Buchdruck gut einsetzbar. Aus den neuen technischen Verfahren folgern aber nicht automatisch oder gar zwangsläufig auch neue oder gar bessere Inhalte oder gesellschaftliche Kommunikationsformen: Wie gegenwärtig bei den elektronischen Medien, so verbreitet sich das neue Druckverfahren Gutenbergs zwar rasend schnell (schon um 1500 gibt es überall in Europa Buchdruckpressen), aber die Inhalte und auch die Kommunikationsformen verändern sich nur relativ langsam: Noch 1500 liegt der Anteil der Drucke in lateinischer Sprache im Vergleich zu den deutschen Drucken bei 20 : 1, 1524 bei 3 : 1. Erst 1681 liegt der Anteil deutscher über dem lateinischer Drucke (Hartweg 2004, S. 1690), wobei privater Buchbesitz zunimmt, der Bedarf an geistlichen Werken und Standardwerken zu Lasten von „Kleinschrifttum" abnimmt. Bücher werden offensiv als Ware angepriesen, als Marketing-Argumente werden Verständlichkeit der Sprache (also:

nicht Latein), schneller Zugriff auf Informationen, vergleichsweise geringer Preis, hoher Nutzen für das eigene Fortkommen und Anerkennung genannt, wie z. B. in Ortolph Fuchsbergers Werbeanzeige zu seiner *Dialectica* von 1533 **(Abb. 169)**.

Spätestens in der Reformation Luthers zeigt sich, wie der Buchdruck auf Kommunikation und Meinungsbildung einwirken kann: Statt bei der Verbreitung von Botschaften traditionell auf nur „Menschenmedien" (Prediger) zu setzen, werden nun Informationen, Argumentationen und Kritik in Sendschreiben und Flugschriften verbreitet und schnell zugänglich, im Vergleich zu früher eine regelrechte Informationsflut, in der Wirkung vielleicht vergleichbar mit dem heutigen Stakkato von Twittermeldungen, bei der simultane, interaktionsfreie Parallelverarbeitung von Informationen (Giesecke 1997) erreicht wird. Dass ein Text wegen seiner raschen Vervielfältigung und Verbreitung schnell von vielen Personen zugleich gelesen werden kann, ohne dass er vom Autor erläutert wird, ist das grundlegend Verändernde der Erfindungen Gutenbergs. Und dass so viele Texte gedruckt werden können, schafft schon Mitte des 16. Jahrhunderts ein „Software-Problem": Es gibt nicht genügend Manuskripte, nicht genügend Handschriften, die die Druckereien auslasten können – neue Inhalte und neue Formen müssen her, Erzählungen, Romane, Berichte aus aller Welt, erbauliche Betrachtungen. Und es müssen Menschen und Einrichtungen her, die die Produkte an die Zielgruppe vermitteln und neue Käufer erschließen (Vertreter, Verkäufer, Distributionsfachleute, Buchhändler, Grossisten) – kurzum, die neuen Möglichkeiten des Buchdrucks erzwingen eine Veränderung der Kommunikation in der Gesellschaft.

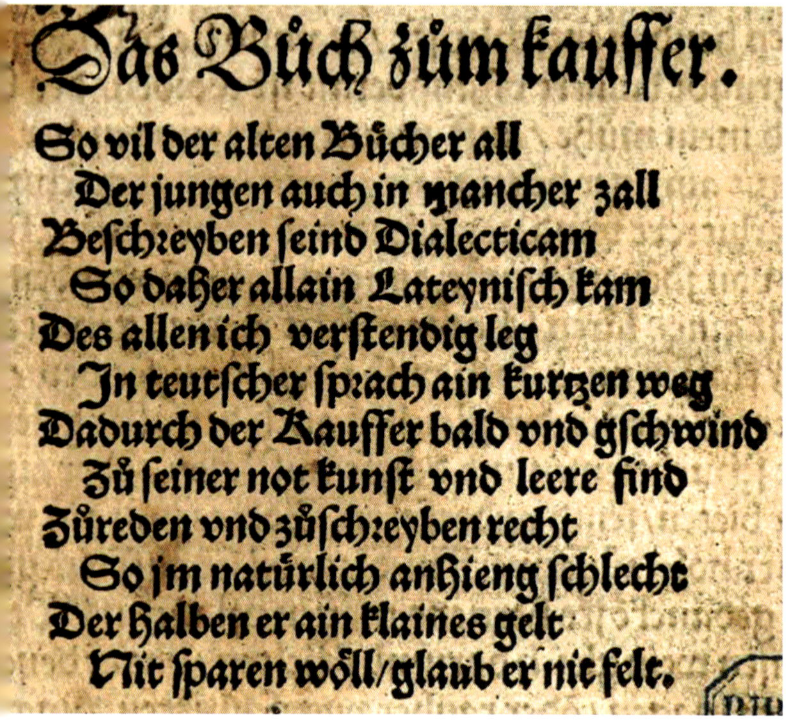
Das Bůch zům kauffer.
So vil der alten Bůcher all
Der jungen auch in mancher zall
Beſchreyben ſeind Dialecticam
So daher allain Lateyniſch kam
Des allen ich verſtendig leg
In teutſcher ſprach ain kurtzen weg
Dadurch der Kauffer bald vnd gſchwind
Zů ſeiner not kunſt vnd leere find
Zůreden vnd zůſchreyben recht
So im natürlich anhieng ſchlecht
Der halben er ain klaines gelt
Nit ſparen wöll/glaub er nit felt.

169 | Offensive Werbung fürs Buch: Ortolph Fuchspergers *Dialectica*, 1533

1798 ist die Buchdruckerkunst schon so anerkannt, dass sie in den Himmel gelobt wird: Auf dem Astronomentreffen auf dem Seeberg bei Gotha, bei dem es u. a. um neue Methoden zur Steigerung der Messgenauigkeit von Sternpositionen geht, einigten sich die beiden Star-Astronomen Bode und Lalande darauf, zwei neue Sternbilder zu schaffen: die Buchdruckerwerkstatt (Officina typographica) und den Luftballon (Globus aerostaticus) (Herrmann 1970, S. 338). Während das erste dem Andenken Gutenbergs galt und auf ein wichtiges Ereignis in der Kulturgeschichte verweisen soll, wurde mit dem zweiten Sternbild an die Erfindung der Brüder Montgolfier erinnert und auf eine Zukunftstechnologie gesetzt. Das Sternbild der Officina typographica wurde platziert zwischen den Bildern Großer Hund, Einhorn und Katze – und ist wirklich nicht leicht zu finden **(Abb. 170)**.

Nicht die (ingenieurmäßigen) Erfindungen und Entwicklungen Gutenbergs an sich sind ausschlaggebend dafür, dass er gut ein halbes Jahrtausend später von amerikanischen Journalisten und Magazinen zum „Man of the Millenium" (Gottlieb/Gottlieb u. a. 1998) gewählt wird und die Welt als „Gutenberg-Galaxis" (McLuhan 2011) bezeichnet wird. Ausschlaggebend ist genauso, *wie* seine technischen Entwicklungen die gesellschaftliche Entwicklung der folgenden Jahrhunderte bis heute beeinflusst und wie sie unsere Vorstellungen von Kommunikation und Wissen geprägt haben. Dazu gehört auch, dass wir über gut ein halbes Jahrtausend völlig verinnerlicht haben, dass das, was typografisch verarbeitet und verbreitet wird (in Form von Büchern und Zeitschriften), glaubwürdiger sein soll als mündliche Kommunikation oder persönliche Erfahrung. Denn was „schwarz auf Weiß geschrieben steht", das kann man getrost als wahr annehmen …

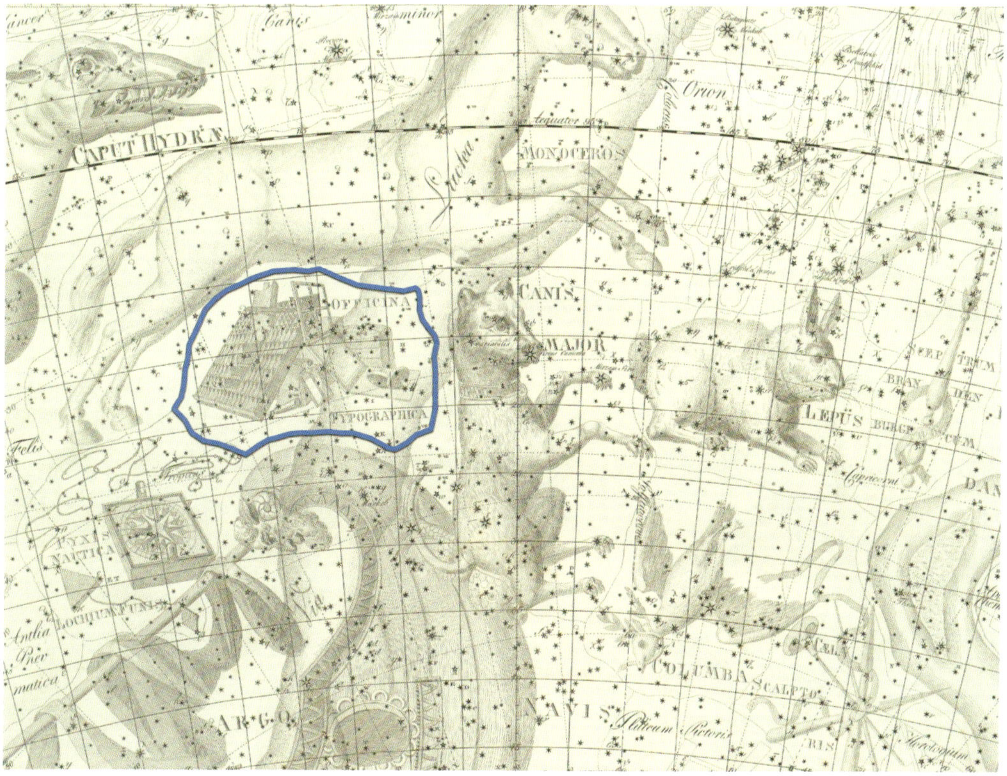

170 | Johann Bodes Himmelsatlas von 1801: Das Sternbild der Druckpresse

Erfahrungsschatzkiste

Je intensiver man die Beschäftigung über die Geschichte der Schrift und des Buchdrucks verbindet mit eigenen Recherchen und der eigenen Geschichte, umso stärker kann das Interesse der Jugendlichen (besonders in der Mittelstufe) an diesem Thema wachsen: So löst der Auftrag „Stelle das älteste Dokument vor, das sich in deiner Familie (im Stadtarchiv, in der Stadtbücherei, in der Schule) befindet!" in der Regel nicht nur eine Beschäftigung mit Schrift und Druck aus, sondern er macht Schriftgeschichte zum Teil persönlicher Erfahrung. Aufschlussreiche Dokumente sind z. B. alte Zeugnisse, Familienbücher und Briefe, Ansichtskarten, Kaufverträge. Das Ansinnen von Schülerinnen und Schülern, im Stadtarchiv nach alten Dokumenten zu suchen, stößt bei Archivaren manchmal nicht auf Begeisterung, in diesen Fällen ist es sinnvoll, den Auftrag fachlich zu fokussieren, z. B.: „Welche Dokumente gibt es im Stadtarchiv über die Straße, in der du wohnst?" – „Welche Bilder gibt es im Archiv vom ersten Bürgermeister – in welcher Technik wurde es erstellt?"
Ungeahnte Schätze verbergen sich auch in alten Beständen von Lehrer- oder Kirchenbüchereien, die oft in Kellern und Kästen ihr verborgenes Dasein fristen müssen.
Schule ist immer ein wichtiger Ort, die gesellschaftliche und kulturelle Bedeutung der Entwicklung von Schrift und Buchdruck zu vermitteln und erlebbar zu machen. Dazu können z. B. kleine Buchausstellungen beitragen (Mathematik-Bücher im Wandel der Zeit, Klassenarbeiten: früher und heute; Bücherschätze von Lehrpersonen, Bücher vom/über den Namensträger der Schule) oder Erforschungen über die Geschichte des Buchdrucks und -handels vor Ort: Wo gab oder gibt es noch klassische Buchdruckereien, Buchbindereien oder Setzereien in der Nähe? Wie wird die (hoffentlich noch vorhandene) Lokalzeitung technisch erstellt? Seit wann gibt es in der Gemeinde Reklametafeln – wer hat sie aufgestellt, gestaltet? Die schwierigste Aufgabe „ever" für eine Klasse hörte sich zuerst ganz einfach an, entwickelte sich dann zu einer intensiven Recherche: Wie viele Bücher gibt es in unserer Stadt?

3.2 Schriften – eine Welt für sich

Wie viel „Gutenberg" auch noch heute in unserer Gesellschaft und in unserem Leben lebendig ist, können wir (auch in der Schulklasse) täglich beobachten: Wir finden es in jedem Buch, in jedem Heft, in der Gestaltung von Informationsmaterial, auf dem Bildschirm. Wie Gutenberg die Welt durch seine Schrift und den Buchdruck sah und gestaltete, so sehen und lesen wir sie immer noch und verwenden selbst – häufig, ohne es zu wissen – seine Gestaltungsformen.

Als Vorlage für seine ersten Lettern orientierte sich Johannes Gutenberg an der Bibelhandschrift „Textura", einer Schrift aus der Gotik. Bei ihr waren die Senkrechten betont, Rundungen gebrochen, die Zeile erhielt ein sehr geschlossenes Schriftbild mit geometrischem Charakter **(Abb. 171, 163)**.

Neben den Minuskeln (kleine Buchstaben) verwendete er auch Majuskeln (große Buchstaben), die vor allem benutzt wurden, um am Anfang des Wortes einen Versbeginn anzudeuten oder ein Wort zu betonen. (Die Großschreibung aller Substantive im Druck wurde erst im 17. Jahrhundert im Barock eingeführt.)

Mit der Ausbreitung des Buchdruckerwesens nach Italien gewannen italienische (Handschriften-)Traditionen deutlichen Einfluss auf die Schriftgestaltung: Hier ging es besonders um Klarheit und um reduzierte Formen, man orientierte sich an römischer und griechischer Klassik und versuchte der Schrift eine klassische Erscheinung zu vermitteln. Man gestaltete die Großbuchstaben nach der „Capitalis Quadrata", der klassischen Monumentalschrift der Römer mit einem Zweiliniensystem und entwarf „Antiquaschriften", wie z. B. Bernhart Maler und Erhart Ratdolt im Calendarius Regiomontanus **(Abb. 172)**, deren Kleinbuchstaben die lange vergessene karolingische Minuskel wieder aufgriff.

Nicht einmal ein halbes Jahrhundert nach Gutenbergs Erfindung der beweglichen Lettern setzten sich die Antiquaschriften nach italienischem Vorbild durch,

171 | Gutenberg, B42-Bibel: Textura-Detail

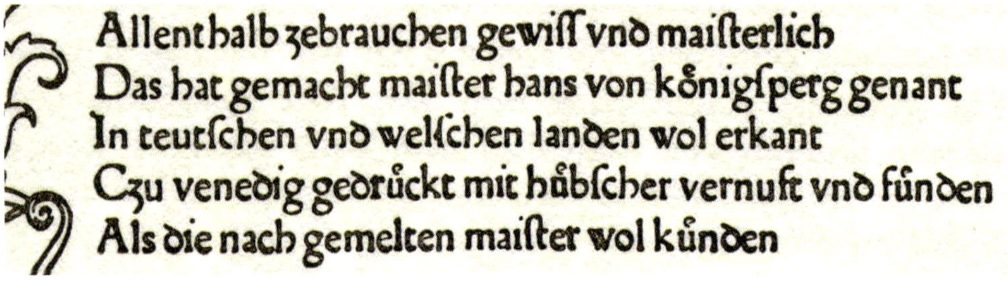

172 | Maler/Ratdolt: Antiqua-Schrift, Deckblatt Calendarius Regiomontanus (1478)

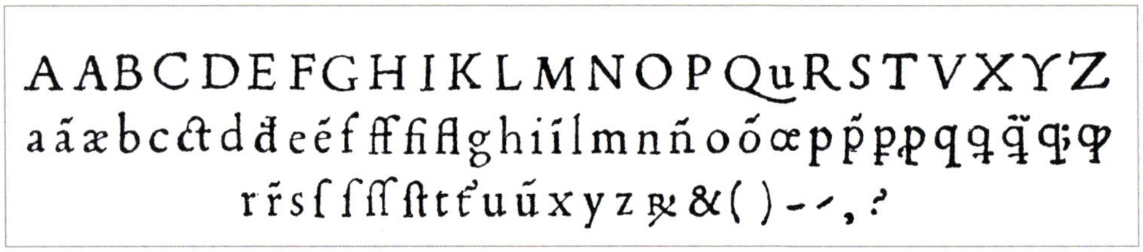

173 | Sulacensische Antiqua in gemischter Schreibweise (Lettern aus den römischen Offizinen von Arnold Pannartz und Konrad Sweynheym, um 1470)

174 |
Druckerblume (Aldusblatt), 13,5 Cicero Höhe (Holzletter von Robert J. DeLittle, York/England), 2. Hälfte 20. Jahrhundert (gespiegelt)

es entstand eine Typografie, die im Wesentlichen bis heute Bestand hat – wie das Beispiel von 1467 der Typografen Pannartz und Sweyenheym zeigt **(Abb. 173)**.

Rasch entwickelte sich Italien (besonders Venedig) zum Zentrum der Typografie, Aldus Manutius (1449 – 1515) und sein Schriftschneider Francesco Griffo (1450 – 1518) schufen für ihre 900 Drucke (u. a. Erstausgaben von Dante Alighieri, Francesco Petrarca und Giovanni Boccaccio) den Schrifttyp der Bembo, eine Renaissance-Antiqua **(Abb. 175)**, auf der die bekannte Garamond beruht. Wie wichtig diese beiden Schriftentwicklungen waren, zeigt sich u. a. daran, dass die Firma Aldus Corparation, die das erste Desktop-Publishing-Programm (PageMaker) für Apple entwickelte, sich nach Aldus Manutius benannte und dass die Bembo 1929 wieder neu auf den Schriftmarkt kam und zu den erfolgreichsten Werksatzschriften in der ersten Hälfte des 20. Jahrhunderts gehörte. Erkennbar ist Aldus Montanius' Leistung heute auch noch am „Aldusblatt", der Druckerblume ❦, das er für seine Ornamentschrift „Alinea" entwarf und sich bis heute in vielen Schriften wiederfindet. Zu den Leistungen von Manutius und Griffo zählen, dass ihre Schrift genau den Regeln der Grammatik und Orthografie sowie der systematischen Groß- und Kleinschreibung entsprach und sie für lateinische und griechische Schriften auch kursive Stile anlegten.

Ausgeprägt sind bei der Bembo die schrägen Dachansätze der Minuskeln (b, d), die hohen Oberlängen der Minuskeln (l, h) der waagerechte Innenbalken des e und die leichte Neigung der optischen Achse bei den Rundformen. Deutlich werden auch die Serifen in ihrer leichten Bogenform. (Das k fehlt im lateinischen Schriftsatz.)

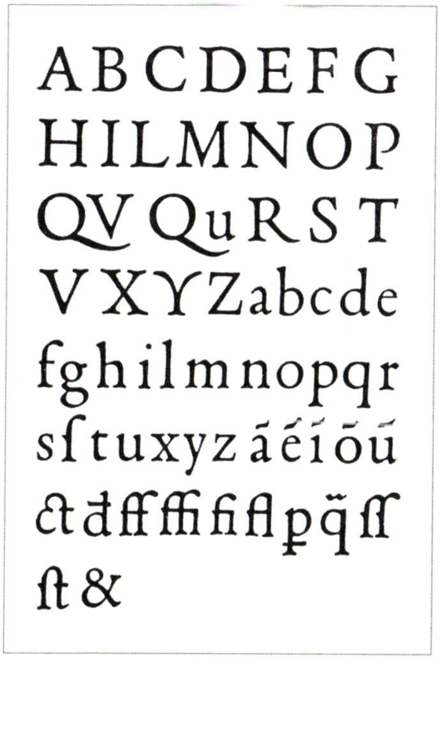

175 |
Aldinische Antiqua (Bembo)

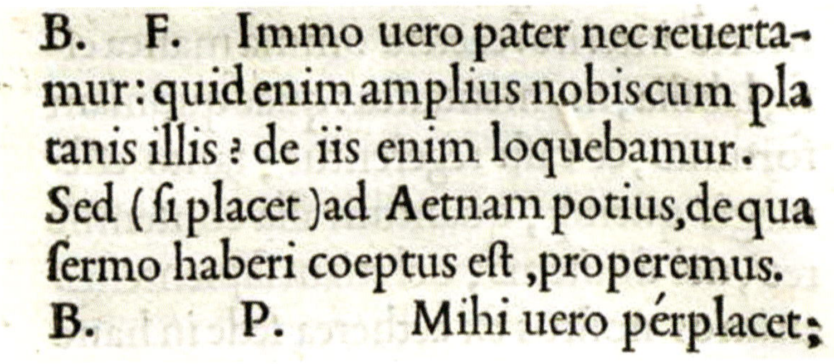
B. F. Immo uero pater nec reuerta-
mur: quid enim amplius nobiscum pla
tanis illis ? de iis enim loquebamur.
Sed (ſi placet)ad Aetnam potius, de qua
ſermo haberi coeptus eſt ,properemus.
B. P. Mihi uero pérplacet;

176 | Pietro Bembo: *De Aetna* (1495), in der Schrift von Aldus Manutius und Francesco Griffo

Während die aus dem Italienischen und Französischen stammende Antiquaschrift vorwiegend für den Satz humanistischer Literatur verwendet wurde, setzte sich in den Schriften der Reformation (u. a. in Luthers deutschsprachiger Bibel) die „deutsche Schrift" durch, eine Fraktur, die die gotische Minuskel aufnahm, aber lesbarer als Gutenbergs Textura war. So entwickelte beispielsweise Albrecht Dürer in seiner *Underweysung der messung mit dem zirckel un richtscheyt in Linien* eine Frakturschrift und beschrieb deren Konstruktion bis ins kleinste Detail (**Abb. 177**).

Kennzeichnend für die Fraktur sind die langgezogenen f und s, die Majuskeln haben Schnörkel, doppelte Konturlinien und „Elefantenrüssel", die Minuskeln b, h, k und l enden in schmalen Graten, werden am unteren Ende durch schräggestellte quadratische Gebilde abgeschlossen (Beinert 2018, Fraktur) – und schaffen so ein etwas aufgelockerteres Schriftbild.

Die „deutsche Schrift" war bis ins 20. Jahrhundert im deutschsprachigen Raum der bestimmende Schrifttyp. Der Gegensatz zwischen der protestantischen deutschen Fraktur (durch die Drucke der Reformation) und der lateinischen („katholischen") Antiqua war bald nicht nur bloß ästhetischer Art, sondern wurde Ausdruck sozialer Gegensätze zwischen Gelehrten und einfachem Volk und führte zu einer Schriftspaltung in der Gegenreformation.

Die erste deutsche Zeitung wurde 1660 (in Leipzig) in der Fraktur gesetzt, die Schrift blieb lange vorherrschend, wurde immer wieder reformiert und an Antiquaschriften angenähert, Schnörkel wurden entfernt, Formen modernisiert, wie z. B. in der Fetten Frak-

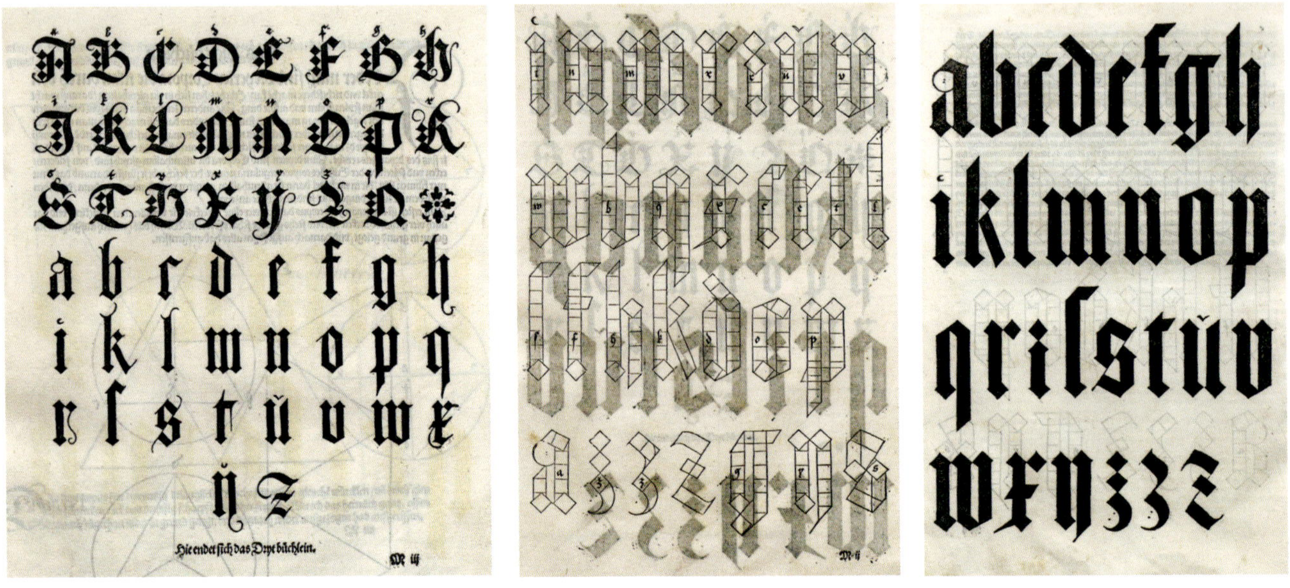

177 | Typografie der „deutschen Schrift"/Fraktur von Albrecht Dürer 1525 (Dürer 1525, S. 140–142)

tur Haenels, einer Schrift um 1830. Auch dass durch die Napoleonischen Kriege die Antiquaschriftarten als französisch betrachtet und damit zu einer „feindlichen Schrift" wurden, hat die Tradition der Frakturschrift wieder gestärkt. 1871 wurde die Frakturschrift mit der Gründung des Deutschen Reiches zur offiziellen Amtsschrift erklärt, sie sollte Ausdruck des Deutschtums an sich sein. Hinderlich war die Verwendung der Frakturschrift in allen Bereichen, in denen die Druckerzeugnisse auch für eine Leserschaft aus dem nichtdeutschen Sprachraum von Interesse waren: im Wissenschaftsbereich (hier wurden traditionell schon Antiquaschriften verwendet) und im Pressebereich: So mussten Ausländer ein neues Schriftalphabet erlernen und seine vielen Eigenheiten verstehen, wenn sie eine deutsche Zeitung lesen wollten. Bereits ab Ende der 1920er Jahre gab es deshalb Bestrebungen, bei Zeitungen Antiquaschriften zu verwenden. So erschien das *Berliner Tageblatt* ab März 1928 durchgehend in einer Antiqua. Anstöße zu einer Veränderung und Weiterentwicklung der Typografie erfolgten durch Werbung und Zeitschriften und durch neue künstlerische Richtungen wie dem Bauhaus (u. a. durch Josef Albers – **Abb. 178**, Herbert Bayer, Joost Schmidt), das Typografie als Instrument der Mitteilung betrachtete und Klarheit der Schrift als zentrales Kriterium für Schriftgestaltung ansah (Verwendung der Schelter'schen Grotesk von 1880 als Hausschrift – heutige Bezeichnung: FF Bau), Verzicht auf Minuskeln und Majuskeln, Annahme von Grundformen von Kreis, Quadrat, Dreieck, Entwicklung).

178 | Bauhaus-Schriftsystem (1926 – 1928) (nach Josef Albers)

Durch den Nationalsozialismus wurden solche Entwicklungen nach 1933 unterbrochen, die Verwendung der „deutschen Schrift" wurde wieder betont. Aber ab

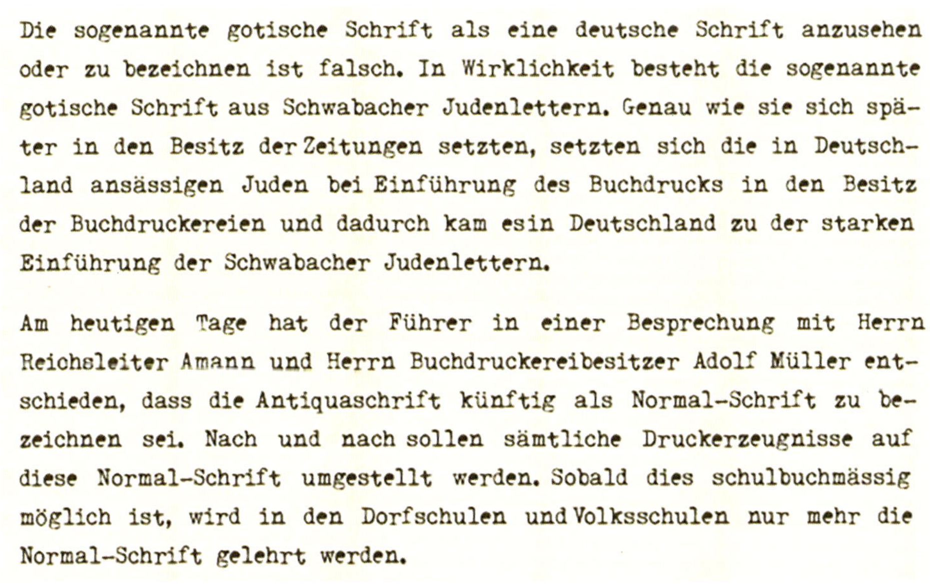

Die sogenannte gotische Schrift als eine deutsche Schrift anzusehen oder zu bezeichnen ist falsch. In Wirklichkeit besteht die sogenannte gotische Schrift aus Schwabacher Judenlettern. Genau wie sie sich später in den Besitz der Zeitungen setzten, setzten sich die in Deutschland ansässigen Juden bei Einführung des Buchdrucks in den Besitz der Buchdruckereien und dadurch kam esin Deutschland zu der starken Einführung der Schwabacher Judenlettern.

Am heutigen Tage hat der Führer in einer Besprechung mit Herrn Reichsleiter Amann und Herrn Buchdruckereibesitzer Adolf Müller entschieden, dass die Antiquaschrift künftig als Normal-Schrift zu bezeichnen sei. Nach und nach sollen sämtliche Druckerzeugnisse auf diese Normal-Schrift umgestellt werden. Sobald dies schulbuchmässig möglich ist, wird in den Dorfschulen und Volksschulen nur mehr die Normal-Schrift gelehrt werden.

179 | Aus einem Rundschreiben von Martin Bormann, Obersalzberg, 3.1.1941 (Bundesarchiv Koblenz, im Bestand NS 6/334)

180 | Frakturschrift zur Charakterisierung rechtsradikaler Überzeugungen – das falsch geschriebene *Sachsen* (richtig: *Sachſen*) (*Spiegel*-Cover, Heft 36/2018, 1.9.2018)

geſchloſſen

geschlossen

181 | Frakturschrift erfordert die Unterscheidung zwischen langem und kurzem *s*

Ende Mai 1941 wurden einige Zeitungen in Deutschland in Antiquaschriften gesetzt (*Angriff*, *Das Reich*, *Völkischer Beobachter*) (vgl. Klingspor 1949) – mit der Begründung, so seien sie auch (nach dem sich abzeichnenden Gewinn des Krieges) im Ausland (besser) lesbar (vgl. Honig 1992, S. 139).

Mit einer völlig anderen, rassistisch-antisemitischen Begründung (Beinert 2018, Fraktur) hatte bereits Martin Bormann, der Stellvertreter Adolf Hitlers, am 3. 1. 1941 die Verwendung der Frakturschrift untersagt und Antiquaschrift zur Normalschrift erklärt **(Abb. 179)**. Ironischerweise wurde sein Rundschreiben auf einem Briefkopf in Frakturschrift verfasst. Die Angaben Bormanns zur Schwabacher Schrift als „Judenletter“ sind historisch nicht haltbar. Von der Ministerialbürokratie wurde das Rundschreiben Bormanns dann wieder mit der Begründung umgesetzt, dass mit der Antiquaschrift deutsche Interessen im In- und Ausland besser diene. Wahrscheinlich sind auch pragmatische Gründe ausschlaggebend, da gebrochene Schriften wie die Fraktur in den besetzten Teilen Europas nicht gut gelesen werden konnten. Am 1. 9. 1941 führte der Reichsminister für Wissenschaft, Erziehung und Voksbildung die lateinische Schreibschrift als „deutsche Normalschrift“ an den Schulen ein, die Sütterlin-Schreibschrift wurde aufgegeben, das Lesen von Fraktur noch so lange vermittelt, wie Bücher in Frakturschrift genutzt werden mussten.

Dass heute Frakturschriften in deutschnationalen und rechtspropagandistischen Schriften immer noch als „deutsche Schrift“ in besonderen Ehren gehalten werden und „ein falsches Image haben“ (Kapr/Willberg 1993), offenbart eine bemerkenswerte Unkenntnis des geschichtlichen Hintergrunds dieser Schrift und ihrer Diffamierung durch den Nationalsozialismus. Die Verwendung von Frakturschrift, um damit Nationalsozialismus, Rechtsradikalismus und Antisemitismus zu assoziieren, zeigt eigentlich Unkenntnis über ihren Hintergrund, ist aber vielleicht noch erklärbar durch die Tatsache, dass nationalsozialistische Propaganda lange in dieser Schrift gesetzt wurde. Und dass sie dann heute häufig nicht nach klassischen Regeln gesetzt wird wie auf einem *Spiegel*-Titel („Sachsen“ mit rundem s statt statt langem s), zeigt auch, wie kompliziert die Satzregeln für die Frakturschrift (beim s, bei Ligaturen) waren und wie ungewohnt die Fraktur für an moderne Antiqua gewohnte Leser ist **(Abb. 180, 181)**. So lässt sich dann nur sehr schwer eindeutig klären, ob jemand, der ein T-Shirt mit der Aufschrift Arische Bruderschaft (statt Ariſche Bruderſchaft) produziert,

- den klassischen Fraktursatz nicht lesen und schreiben kann oder
- den historischen Hintergrund der Frakturschriften nicht kennt oder

- die moderne Antiqua-Setzweise wählt, weil er hofft, die Käufer könnten die besser lesen, oder
- nicht weiß, was er tut.

Manchmal sind alle vier Gründe zutreffend.

Man kann darüber streiten, ob die Verwendung von Frakturschrift in der Antiqua-Setzweise (𝔰 statt ſ, die Einzelbuchstaben 𝔠𝔥 statt der Ligatur 𝔠𝔥) wie auch im Beispiel des *Spiegel*-Titels in **Abb. 180** eine sinnvolle Anpassung an moderne Sehgewohnheiten ist (weil die Leserschaft das lange s nicht mehr kennt), oder ob man bewusst bei der klassischen Setzweise bleiben sollte. Einen ganz eigenen Zugang zur Fraktur wählt dagegen die Autorin und Kommunikationsdesignerin Judith Schalansky in ihrem (inzwischen teuer gehandelten) Buch *Fraktur, mon Amour* (Schalansky 2006) **(Abb. 182)**. Sie präsentiert darin nicht nur 300 gebrochene Schriften, sondern zeigt auch an zahlreichen aktuellen Beispielen aus Design, Mode, Werbung, Popkultur, Jugendszene und Kommunikation, dass Fraktur nicht dem Image der nationalistischen „deutschen Schrift" entsprechen muss, sondern kreativ und innovativ verwendet werden kann.

Wie Schrift gestaltet und verwendet wird, ist immer auch ein Spiegel der Gesellschaft, ihres Menschenbildes und ihres Verständnisses von Kunst, Kultur und Kommunikation. Schriften haben so ihre Geschichte, zu der man die Fragen stellen kann: In welchen Verhältnissen ist die Schrift entstanden? Wie und wozu wurde sie geschaffen und eingesetzt? Was sollte sie leisten und was nicht? Andererseits geben neue Schriften und vor allem der Gebrauch vorhandener Schriften auch Auskunft über unsere Gegenwart – deshalb kann man sie untersuchen mit Fragen wie: Wie steht die Schrift heute in unserer Zeit? Wie steht sie zu anderen Schriften? Welches Menschenbild wird im Gebrauch der Schriften deutlich, wie werden Kunst, Kultur und Kommunikation mit ihr geprägt?

182 | Neu-Entdeckung der Fraktur: Judith Schalanskys Schriftenkatalog *Fraktur, mon Amour* (2006, 2. Auflage 2008, Verlag Hermann Schmidt)

In unserem Unterrichtsvorhaben für die 7. Klasse „Eine Schrift entwickeln – und etwas bedrucken" (→ Kap. 1.6) haben wir eine Orientierung gegeben, wie man Schrift wahrnehmen und gestalten kann. Dabei sind wir vor allem auf die Wirkung von (Hand-)Schrift **(Abb. 28)** sowie auf basale Konstruktionselemente der Schriftgestaltung und anderem **(Abb.32)** eingegangen. Dies möchten wir in den folgenden Kapiteln systematisieren, zum einen als Hintergrund- und Grundlagenwissen für Lehrpersonen, zum anderen aber auch als Anregung, Schrift und Buchdruck im Deutsch- und Kunstunterricht explizit zum Thema zu machen.

Erfahrungsschatzkiste

Der einfachste Weg zur Auseinandersetzung mit Schrift führt in der Regel über die Entwicklung eigener Schriften. Gut möglich ist dies als experimentelle Gestaltungsaufgabe wie im Unterrichtsvorhaben in Kap. 1.6, es lässt aber auch realisieren über die webbasierte Gestaltung von Fonts oder über einen Einstieg in die Kalligrafie.
Auch die Recherche in privaten oder öffentlichen Dokumenten kann Impulse zur Beschäftigung mit Schriftentwicklung geben, bis hin zum Vorhaben, Schriften aus Fraktur- oder Sütterlinschrift zu übertragen. Ein Klassiker, um die historische Verortung von Schrift erfahrbar zu machen, ist die Aufgabe, einen Text (am besten Werbung, Familienanzeigen) durch unterschiedliche Schriftgestaltung in eine bestimmte Zeit zu transformieren, z. B. eine Heiratsanzeige in die Barockzeit, eine Werbeanzeige in das Bauhaus-Umfeld.

3.3 Schriften klassifizieren – Wege zur Schrift

Wer entdecken will, was an Geschichte und Hintergrund in einer Schrift steckt, braucht einen Plan, eine Orientierungskarte, um Richtungen einordnen und Wege nachvollziehen zu können.

Die ersten Versuche, solche Schriftkarten zu entwerfen, orientierten sich an der historischen Entwicklung der Schrift. Nachgezeichnet wurde die Entwicklung von der karolingischen Minuskel aus der Zeit Karls des Großen (die nur Kleinbuchstaben enthielt) über die gerundeten leichten und gut lesbaren Buchstaben der Romanik (mit Einführung der noch heute gültigen Satzzeichen und des i-Punktes und den arabischen Zahlzeichen) und die schmalen und markanten Schriften der Gotik hin zu den leicht lesbaren Schriften der Renaissance (1400 – 1600), die sich heute im Schriftenverzeichnis eines Computers finden lassen (z. B. Garamond, Palatino, Bembo).

Die Schriftelemente der Renaissance wurden im Barock (17. und 18. Jahrhundert) aufgenommen, um Kursiv- und Schreibschriften erweitert und mit Verzierungen ausgestattet, die dann wieder im Klassizismus reduziert und ausgerichtet wurden (z. B. Bodoni, Walbaum, Didot). In der Romantik wurden wieder stärker Elemente mittelalterlicher Schriften aufgenommen (Fraktur).

Als im 19. Jahrhundert ägyptische Kunstwerke nach Europa gebracht werden, entstand bei Schriftgestaltern eine „Ägyptenmode“ mit auffälligen schweren Buchschriften (Baskerville, Caslon), monströsen Werbeschriften und Plakatstilen (Franklin Gothic). Gleichzeitig werden aber auch bewusst sachliche und moderne Schriften entwickelt, die keine Serifen haben (Groteskschriften), die auf die Neue Sachlichkeit vorbereiten, auf Schriften, die rational angelegt sind, auf alles Dekorative verzichten und bei denen alle Strichelemente gleich stark sind (Gill Sans, Futura). Nach dem Zweiten Weltkrieg spalten oder entfernen sich die Linien der Schriftentwicklung. So werden neben klassischen Schriften immer stärker auch klassische neue Schriften (Optima, Palatino) und funktionalistische (Grotesk-)Schriften (Univers) eingesetzt.

Diese historische Verortung erlaubt eine grobe Einordnung von Schriften, jedoch verlief die Entwicklung der Schrift nicht so geradlinig und klar, wie es scheint.

Klassifikation nach Willberg

Form / Stil	dynamisch humanistisches Formprinzip „Wanderer“	statisch klassizistisches Formprinzip „Soldaten“	geometrisch konstruierte Formen „Roboter“	dekorativ Display „Dandys“	provozierend Display „Freaks“
Antiqua Strichstärkenkontrast, Serifen	Bembo	Bodoni	–	SAPHIR	Goodbye cruel World Beowolf
Antiqua-Varianten Strichstärkenkontrast, keine Serifen	Rotis Semi Serif	Britannic	–	Broadway	Peignot
Grotesk gleichmäßige Strichstärken ohne Serifen	Gill Sans	Helvetica	Futura	Smoothie garden AVANT GARDE	STOP
Egyptienne	Theserif Joanna	Glypha	Rockwell	ROSEWOOD	Matto
Schreibschriften	Zapf chancery	Künstlerschreibschrift	–	Choc	agrafie
fremde Schriften (z. B. kyrillisch)					

183 | Klassifikation von Schriften nach Form und Stil (in Anlehnung an: Willberg 2003, S. 78 – 79)

Klassifikation nach Tschichold

Form	Gestaltung		Bezeichnung		Schriftart	Entstehung	Beispiel
runde Schriften (römische Form)	mit wechselnden dicken und dünnen Strichen	schräger Druck	venezianische Antiqua		Centaur	1470–1500	EMgmAaaem Rafdenkugs
			ältere Antiqua (mit kursiv)		Garamond	1495–1757	EMgmAaaem Rafdenkugs
		vermittelter senkrechter Druck	Antiqua des Übergangsstils (mit kursiv)		Baskerville	1757–1790	EMgmAEaaem Rafdenkugs
		unvermittelter Druck	jüngere Antiqua (mit kursiv)		Bodoni	1790, 1900	EMgmAaem Rafdenkugs
	mit gleichstarken Strichen	ohne Endstriche	Grotesk		Futura	ab 1928	EMgmAaei Rafdenkugs
			Grotesk-Kursiv		Futura italic		EMgmAae Rafdenkugs
		mit Endstrichen	Egyptienne		Eyptienne	ab 1815	EMgmAae Rafdenkugs
gebrochene Schriften	obere Absätze von gebrochen, Rundungen wie in karolingischen Minuskel; Neigung zur Brechung, ohne scharfe Spitzen		Rundgotisch (Rotunda)		Rotunda Pommerania	ab 1486	EMgmAaem Rafdenkugſ
	fast alle Teile der Minuskeln gebrochen		Textur	gotische Schriften	Gutenberg Textura	ab 1455	EſMgmſAaruia Rafdenkugs
	beidseitige Rundungen in Minuskeln, scharfe Spitzen; Sonderform mit Kreuz nach oben		Schwabacher		Alte Schwabacher	ab 1480	EMgmAaeſ Rafdenkugs
	Formen halb rund, halb gebrochen		Fraktur		Walbaum Fraktur	ab 1513	EMgmAaesſ Rafdenkugs

184 | Klassifikation von Schriften nach Jan Tschichold, 1951 (Tschichold 1991, II, S. 76)

So wurden alte Schriften weiterentwickelt und verloren ihren zeittypische Charakter, Parallelentwicklungen fanden statt, Schriften wurden wiederbelebt.

Eine Klassifikation von Schriften nur auf Grundlage ihrer Geschichte führt also häufig zu unbefriedigenden Ergebnissen. Immer wieder ist versucht worden, andere Klassifikationssysteme zu entwickeln, die als gute Karte für die Welt der Schriften dienen können – allerdings hat das (bisher) zu noch keiner breit anerkannten Lösung geführt. Natürlich gibt es für Schriftklassifikation eine DIN-Norm (16518) – sie stammt aber von 1964, der „Bleizeit" des Drucks mit Lettern aus Blei-Zinn-Antimon-Legierungen, ist zum Teil widersprüchlich und kann neuere Schriftentwicklungen nicht erfassen. Als Klassifikationssystem im Unterricht eignet sie sich nicht (Fischer 2019). Und der Ansatz, Schriften nach ihrer Form (Antiqua, Grotesk, Schreibschriften etc.) und nach ihrem statischen, geometrischen, dekorativen oder dynamischen Stil zu klassifizieren (z. B. dynamischer „Wanderer-Stil", geometrischer „Roboter-Stil") wie bei Willberg (2003 S. 48–79) **(Abb. 183)**, ist für Schrift- und Buchgestaltung sehr hilfreich, wenn es um passende Schriftmischungen in einer Kategorie geht, kann aber analoge Schriften nur teilweise erfassen (u. a. keine Einbindung von Frakturschriften).

Diesen Aspekt hat jedoch der Typograf Jan Tschichold (1902–1974), der Vertreter der Neuen Typografie (der die *Sonate in Urlauten* von Kurt Schwitters gesetzt und auch die Sabon entworfen hat) in seine Klassifikation **(Abb. 184)** aufgenommen.

Tschicholds Klassifikation erlaubt die historische Einbindung und die Aufnahme gebrochener Schriften. Sie

185 | Lettern einer serifenlosen Plakatschrift (aus Kunststoff)

bezieht sich zwar auf analoge Schriften, bietet aber einen Orientierungsrahmen für weitere Entwicklungen.

Welche Folgen dann der Digitalsatz für die Entwicklung von Schrift mit sich bringen würde, war selbst 1970 in der Fachszene noch nicht absehbar. So schreibt Dietrich Helms (1970, S. 229) überzeugt: „Vermutlich ist es heute kaum noch nötig, neue Schriftformen zu entwickeln. Die Druckkunst hat in ihrer langen Geschichte genügend Differenzierungen der verbindlichen Grundformen des lateinischen Alphabetes hervorgebracht. Wir können sogar auf viele vorliegende Muster verzichten, könnten uns auf wenige Antiqua- und Groteskschriften beschränken. Solche Beschränkung aus Einsicht könnte dem Stand des Druckwesens durchaus zugute kommen. Solche Beschränkung wäre zugleich auch praktisch und ökonomisch."

Mit der Verbreitung des Fotosatzes zu Anfang der 1980er Jahre verändert sich die Situation radikal: Ständig werden neue Schriften entwickelt, Schriftgestaltung wird immer einfacher, schließlich auch auf dem Computer mit relativ einfachen Programmen möglich. Stile können vermischt und variiert werden, oft orientieren sie sich an Hand- oder Werbeschriften, manche werden eigens für Firmen entworfen. Standen in den 1970er Jahren den Schriftsetzern im Buch- und Zeitungsdruck häufig nur einige wenige Schriftarten mit ihren jeweiligen Schnitten (mager, fett, kursiv) zur Verfügung, ist die Zahl vierzig Jahre später nicht mehr übersehbar. So hat Buchgestalter Friedrich Forssman 2015 schon 21.679 Schriftschnitte auf seinem Rechner (Forssman 2015, S. 40), aus denen er bei seiner Arbeit auswählen kann.

Fontshops haben inzwischen die klassische Klassifizierung von Schriften aufgegeben, sie unterscheiden nur allgemein in:

- Sans Serif
- Serif
- Slab Serif (betonte Serife, z. B. Egyptienne, Schreibmaschinentype)
- Script (Schreibschriften)
- Blackletter (gebrochene Schriften)
- Display und Decorative
- Symbols und Ornamental, Corparate Fonts (Logos, Firmenschriften)

und differenzieren dann weiter nach Art der Verwendung und Art (z. B. Display, Screen, Web, Kalligrafie, App).

Deshalb erscheint derzeit eine Kombination aus der Klassifikation Tschicholds mit dem pragmatischen Ansatz der Fontshops für die Arbeit in der Schule die geeignetste Lösung zur Ein- und Zuordnung von Schriften. Sie kann Orientierung geben für eine eingehendere Auseinandersetzung mit Schriften.

Alle genannten Klassifikationsversuche gelten allerdings nur für lateinische (bzw. Fraktur-)Schriften. Andere Alphabete, Symbol- und Zeichensätze lassen sich damit nicht oder nur schwer erfassen, sodass es eine allgemeingültige Klassifikation von Schriften nicht gibt und auch nicht geben kann.

Weil aber in der digitalen Welt unbedingt eine Schriftordnung herrschen muss, wurde der umfassende Unicode-Zeichensatz als ein von einem Konsortium weiterentwickelter Industriestandard geschaffen (http://unicode.org): Jedem Schriftzeichen jeder Sprache der Welt sollte ein eindeutiger Zahlencode zugeordnet werden, sodass Texte jeder Sprache geschrieben und weltweit lesbar werden könnten. Damit wurde es möglich, auf einer „deutschsprachigen" QWERTZ-Tastatur etwa auch griechische Buchstaben zu schreiben, indem man das Computersystem auf eine entsprechende Tastaturbelegung einstellt. Dann bringen die gedrückten Tasten die Zeichen eines anderen Alphabets auf den Bildschirm – auf einer griechischen Tastatur führt die Eingabe von „qwertz" zu „;ςερτυ". Alternativ erlauben viele Programme aber die Eingabe von Unicode-Zeichen auch über ein Sonderzeichen-Menü, meist abhängig von den in einer bestimmten Schrift überhaupt zur Verfügung stehenden Zeichen.

Unicode definiert für die derzeit fast 140.000 Zeichen 4 Byte (also 32 Bit) lange Zahlencodes und dafür geeignete, platzsparende Codierverfahren (UTF-8, UTF-16, UTF-32). Der deutsche Kleinbuchstabe „ß" hat etwa den Code U+00DF (UTF-16 in hexadezimaler Schreibweise) = 223 (dezimale Schreibweise). Zum Zeichensatz gehören Buchstaben und Zahlen, technische Symbole, Emojis, Zeichen für Währungen – wie das ₼-Zeichen für Aserbaidschan –, Buchstaben seltener Alphabete oder vergangener Sprachen – wie das der altirischen Ogham-Federschrift, in der im 9. Jahrhundert jemand an den Rand einer Inschrift meißelte („latheirt"), um Verständnis für eventuelle Fehler zu wecken, weil er die Schrift mit einem heftigen Kater geschrieben hatte.

Unicode ist jedoch nur ein internationaler Standard für digitale Codes von Zeichen in bestimmten Schriftsystemen oder -bereichen, er ist keine Klassifikation oder Definition von Schriften und ihren Gestaltungsmerkmalen. Wie dann Typografen die mit den Codes verbundenen Zeichen in ihrer Schriftart gestalten, das ist ihre Sache.

Erfahrungsschatzkiste

Schrift-Klassifikationen sind – auch im Unterricht – sehr hilfreich, wenn für bestimmte Zwecke eine Schrift ausgesucht und gemischt werden sollen. Üben kann man solche Auswahl- und Entscheidungsprozesse mit

- einem (selbst hergestellten) Schriften-Memory-Spiel mit Kartenpaaren aus je einem Groß- und Kleinbuchstaben einer Schriftart aus (sehr) unterschiedlichen Schriftarten;
- einem Typo-Puzzle (Fischer 2019), bei dem Schülerinnen und Schüler zum Beispiel bestimmten Musikstilen, Literaturepochen, Schlüsselwörtern „passende" Schriften zuordnen und ihre Wahl begründen (Puzzle-Karten: farbiger Karton für die Bereichs-Karten – darauf können dann Schriftmusterkarten auf transparentes Papier/Folie mit Namen der Schriftart in > 28 pt gelegt werden);
- einem Zeitstrahl von 1500–2015, auf dem Schriftarten (etwa die Memory-Karten) nach ihrer (vermuteten) Entstehungszeit abgelegt werden.

Auch hier kann wieder damit experimentiert werden, einen Text in unterschiedlichen Schriften zu gestalten und die schrifttypische Wirkung zu erkunden.

3.4 Schriften kennen(-lernen)

„Was weiß der Leser eigentlich über Schriftformen?" Diese Frage (Forssman 2015, S. 35) ist nicht so unberechtigt, wie es auf den ersten Blick scheint. Denn legt man Lesern einige Skelett-Buchstaben vor **(Abb. 186)** und bittet sie, die dickeren und dünneren Linien (Grund- und Haarstriche) sowie Serifen (kleine Striche am Ende der Grund- und Haarstriche) einer Antiqua-Schrift zu ergänzen, dann wird in der Regel nicht mehr als die Hälfte der Leser zu korrekten Ergänzungen kommen, obwohl sie die Antiqua-Buchstaben schon millionenfach gelesen haben.

Darauf, wie Schrift genau aussieht, wird im Alltag kaum geachtet, es ist ein „Hintergrundphänomen" (Forssman 2015, S. 36). In vier Schritten kann man Schülerinnen und Schüler zu einer genaueren Wahrnehmung von Schrift ermuntern.

❶ Detailbetrachtung

Die Einblicke in die Geschichte der Schrift und in die Klassifikationsversuche bieten viele Anhaltspunkte, um Schriften noch genauer kennenzulernen. Neben den zentralen Elementen der Schriftkonstruktion, die schon im Unterrichtsvorhaben „Eine Schrift entwickeln" (→ Kap. 1.6) vorgestellt wurden, können jetzt Aspekte der Schriftgestaltung näher betrachtet werden **(Abb. 187)**.

Ausgangspunkt kann eine Untersuchung charakteristischer Schriftelemente sein: ❶ Wie sind Linien (Grundstrich, Haarstrich), Rundungen und Binnenformen der Schrift gestaltet? Sind Serifen vorhanden – wie wurden sie ausgeprägt: gekehlt, gerundet, betont oder in Tropfen- bzw. Fähnchenform? Wie sind An- und Querstriche gestaltet? Wurden bestimmte Buchstabenfolgen zu Kombinationen (Ligaturen) zusammengefasst (z. B. ff zu ﬀ, ffi zu ﬃ; entsprechend fi, ft, fl, ck, ch, qu), um ein flüssigeres Schriftbild zu erzeugen, wie das bei sorgfältig geschnittenen Antiqua-Schriften der Fall ist?

Bei bestimmten Buchstabenkombinationen, z. B. T-y, p-o, entsteht zwischen den einzelnen Lettern ein unterschiedlich großer Weißraum, wenn sie einfach nach einem allgemeinen Abstand gesetzt werden. Die unterschiedliche Größe kann wie ein Loch oder ein Abstand im Wort bzw. im Text wirken, deshalb werden die Buchstaben näher aneinandergerückt („unterschnitten", bzw. Kerning/Spationierung).

Wenn Unterschneidungen erfolgen, muss das nicht immer bedeuten, dass das jeweilige Wort länger wird – es werden meist nur die Buchstabenabstände innerhalb des Wortes *ausgeglichen*. In Beispiel ❷ ist keine fi-Ligatur vorgenommen worden, deshalb ist der Abstand von f und i sichtbar und auch kritisch (i-Punkt sehr nahe am f-Tropfen). Ob man bei Textverarbeitungsprogrammen Ligaturen wünscht oder nicht, lässt sich festlegen (z. B. unter: Schriftart/erweitert/Ligatur: keine, Standard oder erweitert). Bei Satzprogrammen wie Scribus, InDesign oder QuarkXPress werden Ligaturen in der Regel standardmäßig benutzt, auch das Ausgleichen kann automatisiert erfolgen oder individuell bestimmt werden.

Rundformen einer Schrift (a und o) haben eine eigene optische Achse (Schattenachse) – in ❸ ist sie nach links geneigt.

Da serifenlose Schriften keine Buchstabenüberlagerungen aufweisen, werden Ligaturen hier in der Regel nicht verwendet ❹.

Serifenlose Schriften mit starkem Kontrast der Strichstärken ❺ fallen meist sehr breit aus und weisen geringere Ober- und Unterlängen aus. Sie wirken kompakt und massiv.

186 | „Skelett-Schrift" sowie Grundstriche und Haarstriche bei einer Antiquaschrift (nach Forssman 2015, S. 35–36)

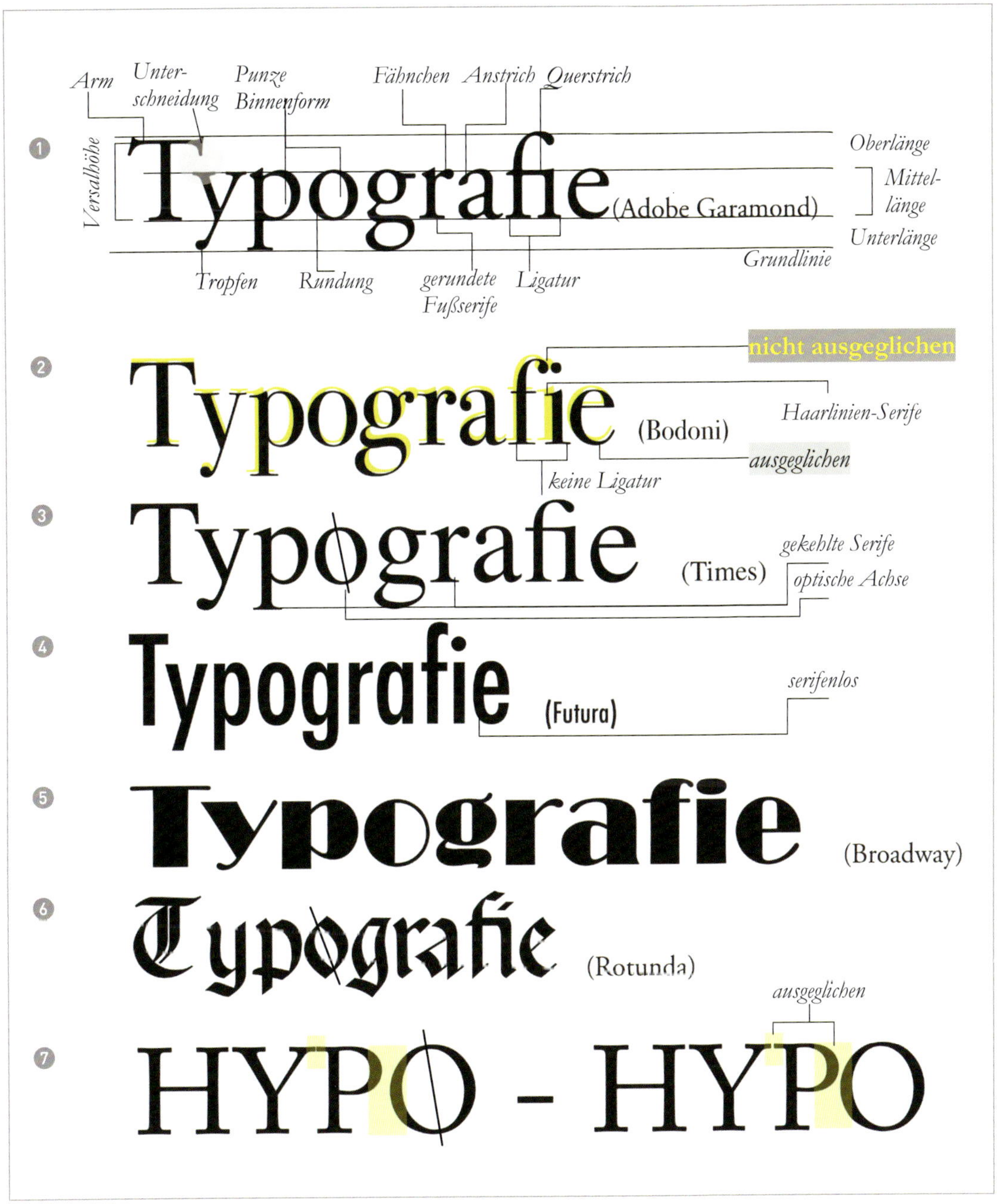

187 | Grundlagen der Typografie – Beschreibung von Schriften, Versalausgleich u. Unterschneidung

Bei gebrochenen Schriften sind die Majuskeln häufig besonders stark ausgeprägt und verziert. In der rundgotischen Buchschrift der Rotunda 6 sind die Wurzeln der Kalligrafie noch deutlich zu erkennen, es gibt keine Unterschneidungen. Die Schrift ist hier bei T-y nicht ausgeglichen.

Die Wirkung des Zeichenausgleichs (wenn Buchstaben zu dicht oder zu weit auseinanderstehen und unterschiedliche Weißräume erzeugen) lässt sich besonders gut bei Buchstabenkombinationen untersuchen, deren Serifen oder Rundungen „aneinanderstoßen": Y-P, P-O. Wie stark der Zeichenabstand ausgeglichen werden sollte, hängt von der Gesamterscheinung des jeweiligen Wortes ab. Ob im Beispiel 7 der Ausgleich P-O sinnvoll ist, lässt sich deutlicher erkennen, wenn man das Wort verlängern würde (Hypothek). Dann sollte auch zwischen „TO" angeglichen werden, wenn dies bei „PO" erfolgt ist, damit das Wort nicht auseinanderfällt.

188 | Schriftenvergleich: Welche Schrift sollte für das Cover gewählt werden?
Verwendete Schriftarten: STOP, ABeZeh, Futura (Schülerarbeiten, 9. Schuljahr)

2 Analyse durch Schriftvergleich

Durch Vergleichen treten nicht nur Eigenschaften und Unterschiede von Schriften einfacher und deutlicher hervor, sondern es lässt sich auch einschätzen, ob und warum eine Schrift leichter erkennbar und damit auch besser lesbar ist als eine andere (z. B. ruhigerer Verlauf, klare Schriftlinie). Beim Vergleich können auch schon Einordnungen vorgenommen werden, welche Schriftarten sich für bestimmte Zwecke besser (oder schlechter) eignen, ob eine Schrift auffällig sein muss (wie in der Werbung), oder ob sie gerade nicht auffallen, sondern routiniert und ohne Aufwand gelesen werden soll.

3 Herstellung des historischen und aktuellen Zeitbezugs

Der dritte Schritt stellt die Untersuchung der Schrift in einen historischen und gesellschaftlichen Rahmen: Welche Zeit und welches „Zeitgefühl" vermittelt die Schrift – erinnert sie an eine bestimmte Epoche (z. B. 20er Jahre)? – Und wenn man dann eine Schrift mit einer klaren Bindung an eine Zeit oder Zeitgefühl wählt, was will man aktuell damit erreichen: Nostalgie, Assoziation, Abstand?

4 Untersuchung von Schriftmischungen

Wie viele Schriftarten darf man in einer „Drucksache" verwenden? Und wie passen welche Schriftarten zueinander? Welche beißen sich, welche harmonieren miteinander, welche ergänzen, betonen, schwächen eine andere Schrift ab?

Bei Büchern und Zeitungen war man lange sehr zurückhaltend, unterschiedliche Schriftarten zu mischen. Auch heute wird dort meist nur eine Handvoll Schriftarten verwendet, zum Beispiel eine für Überschriften und Schlagzeilen, eine „Brotschrift" für den Fließtext, dann gegebenenfalls noch Schriftarten für Kästen, Fußnoten, Zitate, Einleitungen oder besondere Textsorten (Glosse, Spitze). Wenn in einem Text etwas betont oder hervorgehoben werden soll, dann durch eine Änderung des Schriftstils innerhalb der Schriftart (kursiv, fett, gesperrt, unterstrichen).

Besonders bei kleinen Drucksachen wie Werbung, Familienanzeigen und Plakate wurden schon immer gern Schriftarten gemischt, vor allem im 19. Jahrhundert. Das war eine Geschmacks- oder Gestaltungsfrage, hatte aber auch einen praktischen Grund: Meist reichten die vorhandenen Lettern für außergewöhnliche Schriftarten nur für solche kurzen Texte, häufig war von einer Schrift nur eine Schublade vorhanden. Diese wollte und konnte man hier gut nutzen. So kam es immer wieder zu Schrift-Zusammenstößen.

Seit Beginn des 20. Jahrhunderts – angeregt durch die englische Typografie-Reform (William Morris) – und später durch die Vorstellungen des Bauhauses (u. a. Josef Albers, → Kap. 3.2) setzte sich eine Zurückhaltung gegenüber Schriftmischungen durch, die in den 1960er Jahren zu einer „asketisch-minimalistischen Typografie-Auffassung" (Wilberg 2003, S. 90) führte. Es sollten möglichst nur eine Schrift und eine Schriftgröße für den gesamten Text gewählt werden – und wenn schon Schriftmischungen, dann mit zwei, höchstens drei Schriften.

Mit den Möglichkeiten der Textgestaltung am Computer hat sich diese Situation verändert: Schriftarten stehen in übergroßer Zahl zur Verfügung und werden munter kräftig gemixt.

Schriftmischungen können kann in einer anspielungsreichen Heiratsanzeige vielleicht noch ein Augenzwinkern auslösen. Weil sie aber in sehr vielen Fällen problematisch (oder sinnlos) sind, sollten sie im Unterricht genauer betrachtet und geübt werden:

(1) Die Verwendung mehrerer Schriften in einem Satz oder Abschnitt passt selten (z. B. bei Initialen) – sonst sollten andere Schriftstile einer Schriftart verwendet werden.

(2) Wenn aber unterschiedliche Schriftarten verwendet werden, gibt es zwei Grundvarianten:

- klarer Kontrast, um hervorzuheben: Dann macht wenig Sinn, in einem Text zwei sehr ähnliche Schriftarten wie z. B. die Bembo und die Times zu verwenden. Kontrast durch Schriftarten entsteht leichter, wenn man unterschiedliche Schriftformen (dynamisch vs. statisch, geometrisch vs. dynamisch, → S. 136) gegeneinandersetzt, eine stärkere Schrift (z. B. die Bodoni) von einer eher zurückhaltenden Schrift (z. B. Rotis Sans Serif Std.) absetzt, wenn man einer serifenbetonten eine serifenlose Schrift gegenüberstellt oder eine von zwei ähnlichen Schriften kursiv setzt.
- harmonische Abstufung, um zu gliedern: Durch Verwendung ähnlicher aber klar unterscheidbarer Schriftarten kann man im Text Abschnitte als Überschrift, Zitat, Bildzeile, Erläuterung oder Einschub kennzeichnen (z. B. Garamond als Hauptschrift und die Gill als Schrift für Erläuterungen oder Bildzeilen – eventuell mit geringerer Schriftgröße, oder die klasszizistische Didot und die Helvetica). Schwierig sind Schriftmischungen zwischen Sans-Serif-Schriften.

(3) Problematisch ist – wenn nicht unbedingt inhaltlich gefordert – die Mischung mit Schmuck-, Fraktur- und Schreibschriften.

Erfahrungsschatzkiste

Dieses Thema ist für Schülerinnen und Schüler überhaupt nicht so trocken, wie man als Lehrperson häufig glaubt. Denn die Jugendlichen haben meist am Computer schon ausführlich mit Schriften experimentiert, sich freie Fonts heruntergeladen (die z. T. schwierig einzusetzen sind) und fühlen sich von der Fülle der Schriftarten oft überwältigt und sind orientierungslos. Es ist deshalb sehr hilfreich, die Betrachtung, Analyse und Klassifikation von Schriften als ein Angebot zu präsentieren, um Struktur „in die eigene Schriftordnung" zu bringen. Folgende Impulse eignen sich dafür:

- Finde die Schriftart, die zu dir (deiner Person, deinen Fähigkeiten) passt. Welche Eigenschaften hat die Schrift – welche deiner Eigenschaften willst du mit ihr hervorheben?
- Entwirf einen Briefkopf/Mailheader, mit dem du dich präsentieren willst. Binde eventuell auch ein Logo oder ein Signet ein (vgl. das Unterrichtsvorhaben zur eigenen Schrift und zur Gestaltung von Emojis, → Kap. 1.5).
- Gestalte deine persönliche Visitenkarte in drei Versionen, die sich stark voneinander unterscheiden. Welche passt am besten zu dir (nach deiner Meinung, nach Einschätzung deiner Gruppe)?
- Schaffe Ordnung im Schriftenordner deines Computers: Ordne die Schriften so in Gruppen, dass du schnell eine Schriftart mit einem bestimmten Charakter finden kannst.
- Nimm einen Brief (z. B. Bewerbung, Lebenslauf) zum Ausgangspunkt einer unmöglichen Schriftgestaltung: Wie müsste er gestaltet sein, damit er auf keinen Fall seinen Zweck erreicht?
- Entwickelt ein Schriftkonzept für eure Schule: Wie sollen Briefkopf, Zeugnisse o. Ä. der Schule gestaltet sein? Was wollt ihr betonen, was nicht?

3.5 Mit Schrift betonen und auszeichnen

Hat man sich bei der Gestaltung eines Textes für eine oder mehrere Schriftarten entschieden, steht gleich die zweite Entscheidung an: Sollen durch die Schrift bestimmte Wörter, Sätze oder Abschnitte hervorgehoben werden? Sollen die Schriften im Text eine Struktur schaffen, den Text gliedern, Linien aufzeigen, Verweise herstellen (aktive Auszeichnung)? Hierzu gibt es bei Schriftarten eine Reihe von Möglichkeiten:

- *Schriftschnitte:* Fast alle Antiqua- und Grotesk-Schriftarten haben mindestens drei Schriftschnitte – regular, *italic/kursiv,* **bold/fett,** wobei Kursivschnitte häufig nur schräg gestellte und deshalb eher unharmonische Schnitte sind, die die Lesbarkeit stören. Komplexe Schriftarten können mehr Schnitte aufweisen, z. B. die Futura: schmal halbfett, halbfett, *halbfett kursiv*, **fett**, **schmal extrafett** oder bei der Gill Sans auch leicht/mager, *fein kursiv*, **extrafett**.
- *Hervorhebungen:* Auch sie können sehr deutlich (aktiv) oder zurückhaltend vorgenommen werden. So wirkt die Hervorhebung eines Namens in KAPITÄLCHEN, die die Form von Majuskeln, aber die Größe von Minuskeln haben), eher zurückhaltend, während die Verwendung nur von GROẞBUCHSTABEN (VERSALIEN) sehr deutlich ist. Bei beiden muss auf die Schreibweise des „ß“ geachtet werden: Entweder muss, wenn im Schriftsatz vorhanden, ein großes ẞ (Windows: Umschalten + AltGr + ß, MacOS: Feststelltaste + ß) verwendet werden, oder das ß muss durch ein Doppel-S ersetzt werden.

Typografie
Typografie
Typografie

189 | Immer schwierig: Unterstreichungen – zu nah, zu weit, farbig

- Andere Formen der Hervorhebung sind die *Kursivierung,* das Sperren, das Hinterlegen oder Unterstreichen. Unterstreichungen sind ein schwieriges typografisches Gestaltungsmittel: Sie müssen genügend Abstand von der Zeile haben, damit es nicht zu einer irritierenden Berührung kommt, und dürfen auch nicht zu nahe oder zu weit von den Unterlängen positioniert werden. Farbige Unterstreichungen wirken häufig unterbrechend **(Abb. 189)**.
- *Variation der Schriftgröße und Schriftfarbe:* Innerhalb eines laufenden Textes wird die Schriftgröße verändert. Bei Schriftvergrößerung erweitert sich oft der Zeilenabstand und reißt eine Lücke in den Abschnitt. Einzelne Wörter farbig zu setzen, führt in Texten meist nicht dazu, dass sie wie gewünscht hervorstechen, da der Hell-Dunkel-Kontrast der schwarzen Schrift überwiegt (Willberg 2003, S. 53). Bei PowerPoint-Präsentationen ist die Verwendung farbiger Schrift besonders heikel, weil sie – je nach Projektion – auch noch verfälscht erscheinen oder zu blass wirken. Im Druck lassen sich farbig gesetz-

190 | Schmuckmaterial für Jahrestage, Jubiläen und Einrahmungen (Museum der Arbeit Hamburg)

191 | Jugendstil-Schmuckornamente (Museum der Arbeit Hamburg)

te Wörter auf farbigem Hintergrund (z.B. Rot auf Blau) schwer beherrschen.

- *Schriftmischungen:* Die Wirkung von Schriftmischungen kann man auch mit Willbergs Klassifikation **(Abb. 183)** abwägen (→ Kap. 3.4).

Eine Betonung von Text oder Wörtern lässt sich auch durch eine besondere Umgebung erreichen, in die sie eingebaut wird. Schon in der klassischen Typografie wurden dazu Zeichen, Linien, Muster und Schmuckelemente verwendet. Es gab spezielle Lettern und Material, das miteinander zu Formen und Rahmen verbunden werden konnte. So wurden Jubiläumszahlen von Kränzen umrandet, wobei die Jahreszahl verändert werden konnte **(Abb. 190)**. Texte, Bilder, Anzeigen oder Seiten konnten eingerahmt werden mit einfachen Linien oder Schmuckelementen **(Abb. 191)**, die für den jeweiligen Zweck kombiniert wurden. Besonders filigrane Elemente sowie Warenzeichen und spezielle Schriftzüge wurden aus Zink-Magnesium- oder Galvano-Klischees angefertigt. Um die Jahrhundertwende wurden besonders charakteristische Schriftzüge wie „Rechnung" als Galvano-Klischee auch auf einen Holzfuß genagelt, um sie dann im Satz zu verwenden.

Durchweg wurden solche Zeichen, Elemente und Ornamente in Alltagsdrucksachen, besonders bei Formularen und Werbung, eingesetzt. Dass sie als Inhaltsträger und dann auch noch in einem Fließtext verwendet wurden, war sehr selten. Schon 1879 hat der schwedische Schriftsteller August Strindberg in seinem Roman *Das rote Zimmer*) (*Röda Rummet*, 1879) das ☛-Zeichen verwendet **(Abb. 192)**, das dann gut 100 Jahre später in der Schriftart Wingdings populär wurde: Er beschreibt, wie der Künstler Lundell die Schilder eines großen Hauses in der Regeringsgatan betrachtet.

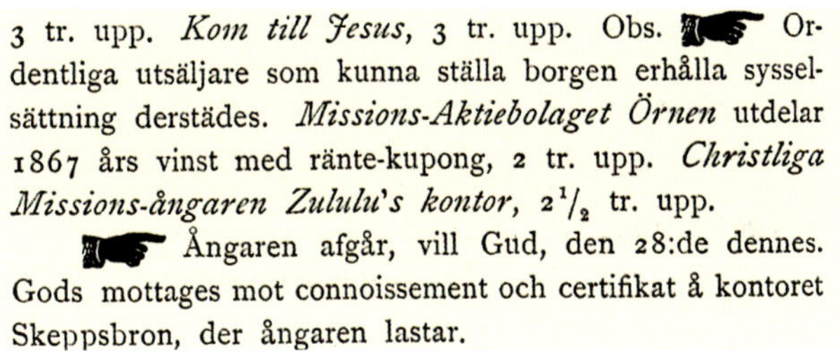
3 tr. upp. *Kom till Jesus*, 3 tr. upp. Obs. ☛ Ordentliga utsäljare som kunna ställa borgen erhålla sysselsättning derstädes. *Missions-Aktiebolaget Örnen* utdelar 1867 års vinst med ränte-kupong, 2 tr. upp. *Christliga Missions-ångaren Zululu's kontor*, 2 1/2 tr. upp.

☛ Ångaren afgår, vill Gud, den 28:de dennes. Gods mottages mot connoissement och certifikat å kontoret Skeppsbron, der ångaren lastar.

192 | August Strindbergs Verwendung eines Schilderzeichens im Roman *Röda Rummet* (1879)

Dass heutzutage solche Zeichen und Elemente in Fließtexten verwendet werden (wie auch Emojis), fällt kaum noch auf. Vor über 150 Jahren aber war es ein klares Zeichen an den Leser: Hier kennt sich der Autor in der Arbeitswelt und in der Großstadt aus, er zitiert ihre Symbole und damit ihre befehlende Eile.

Erfahrungsschatzkiste

Schülerinnen und Schülern zu vermitteln, wie Schriftbetonungen und -auszeichnungen wirkungsvoll und sachgerecht eingesetzt werden, ist eine heikle Angelegenheit: Auf der einen Seite üben diese Variationsmöglichkeiten einen hohen Reiz aus, weil sie mit digitalen Medien so schnell und einfach umsetzbar sind (bis hin zur Entwicklung einer eigenen Schrift). Auf der anderen Seite bergen diese Möglichkeiten aber auch die Gefahr des Sich-Verzettelns und der Übertreibung, wenn Jugendliche durch die Schriftvariation ihre Kompetenz bei der Schriftgestaltung zeigen wollen oder inhaltliche Schwächen überdecken wollen.

Häufig kann hier eine Erfahrungsregel für Hervorhebungen und Auszeichnungen in Sachtexten Orientierung schaffen: *Hervorhebungen sollen deutlich sein und den Textfluss nicht unterbrechen – deshalb je Text nur eine Art der Hervorhebung (vorzugsweise in kursiv oder in fett) verwenden und Versalien oder Unterstreichungen möglichst vermeiden.*

Zu den eher unangenehmen Erfahrungen im Unterricht gehört es, wenn direkt aus dem Internet übernommene Beiträge (z.B. Wikipedia) für Referate oder Schülerarbeiten nur durch Schriftveränderungen „aufgepimpt" werden sollen. Oft hilft in solchen Fällen, schon bei der Aufgabenstellung zu steuern (z.B. Verwendung von höchstens 2–3 Schriftarten und 1–2 Auszeichnungsarten) und zwei Versionen derselben Arbeit zu erbitten – eine gestaltete und eine Fließtextversion in 12 pt, 1 ½-zeilig ohne jede Auszeichnung. Gleichzeitig können offene Aufgabenstellungen (z.B. der Satz eines Gedichts, Songs, von Werbung) gezielt das Interesse der Schülerinnen und Schüler am Umgang mit Schriften fördern.

3.6 Lettern verbinden – Schrift setzen

Ein bedeutender Unterschied zwischen manuellem und automatisiertem Schreiben (ob analog im Buchdruck oder digital am Computer) wird häufig erst sehr spät entdeckt: Während man handschriftlich ja Schriftgrad und -abstand einfach beim Schreiben variieren und anpassen kann („unten auf der Einkaufsliste wird die Schrift immer kleiner, zur Not schreibt man quer"), herrscht beim Druck das Regime der Schriftgröße: So ist im Buchdruck jede Letter durch die Kegel- bzw. Zeichenhöhe sowie durch ein Vier-Breiten-System strukturiert: Zeichenbreite, Vor- und Nachbreite und die Dickte. Die Schrifthöhe wird in typografischen Punkten („pt") als Schriftgrad gemessen. So haben alle Lettern mit dem Schriftgrad 16 pt dieselbe Höhe, können im Bleisatz in einer Zeile systematisch verarbeitet werden. Die Messung in Schriftgraden (pt), die seit dem 17. Jahrhundert immer weiter angeglichen wurde, war eine entscheidende Voraussetzung dafür, den Schriftsatz typografisch zu organisieren. Wenn alle Lettern eines Schriftgrades eine einheitliche Schrifthöhe hatten, konnte der Schriftsetzer einen Umbruch vornehmen und eine Kolumne bauen **(Abb. 194)**.

Das Setzen von Lettern war (und ist) wirklich eine Millimillimeterarbeit – denn die (oft über 2000) Zeichen einer Seite müssen so passen, dass sie sich nicht bewegen oder verrutschen können. Die kleinste Einheit des typografischen Maßsystems, 1 Didot-Punkt (dd), ist exakt 0,37606 mm groß (bei einer Temperatur von 0°), wird im Alltag aber auf 0,375 mm abgerundet – viel dünner lässt sich Blei für den Buchdruck kaum auswalzen. Mit schmalem Ausschlussmaterial werden die

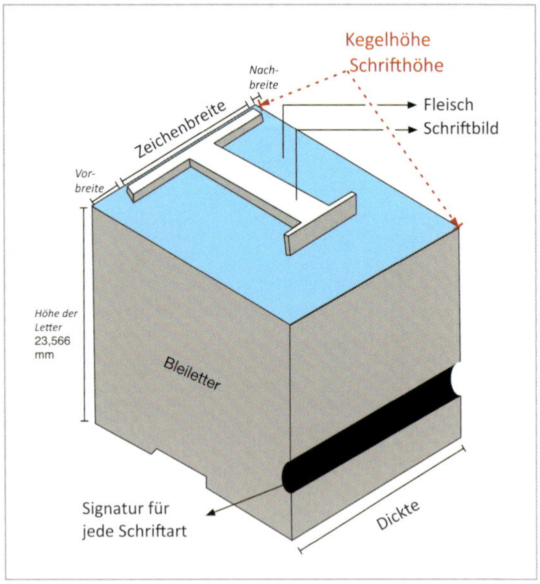

193 | Prinzip der Bleiletter

194 | Kolumne

195 | Setzkasten

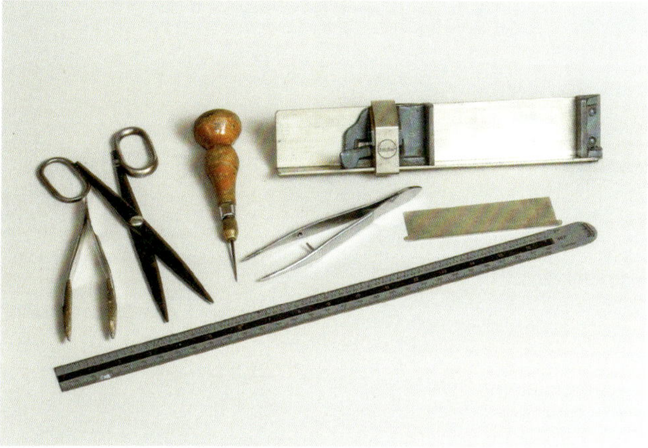

197 | Werkzeuge für den Bleisatz: Holzpinzette, Schere, Ahle, Pinzette, Winkelhaken, Setzlinie und klassischer Typometer

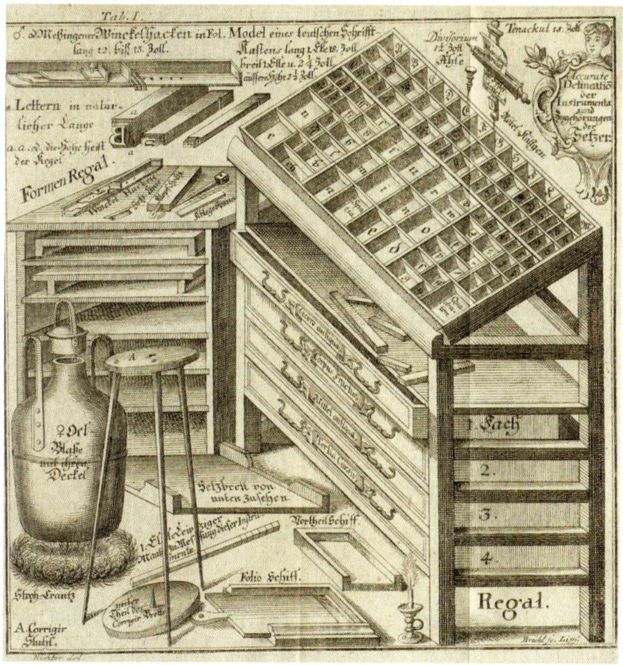

196 | Einrichtung einer Handsetzerei (Geßner 1740, S. 482)

198 | Setzen und Auffüllen

Lettern in jeder Zeile so stramm gesetzt, dass sie sich nicht mehr bewegen können. Innerhalb des typografischen Maßsystems waren die Größen absolut verlässlich – allerdings gab es sehr kleine Unterschiede der Maßsysteme zwischen Ländern.

Beim Handsatz nimmt („fischt") der Schriftsetzer die Lettern aus dem Setzkasten **(Abb. 195)**, in dem oben (traditionell, **Abb. 196**) die Großbuchstaben alphabetisch und darunter die Kleinbuchstaben nach ihrer Häufigkeit in Texten geordnet sind, und setzt sie von links nach rechts spiegelverkehrt (auf dem Kopf) in den „Winkelhaken" **(Abb. 198)**, der vorher auf die entsprechende Satzbreite gestellt wurde. Wenn die Zeile gefüllt ist (eventuell mit Trennung), muss sie ausgeschlossen (aufgefüllt) werden – beim Blocksatz (alle Zeilen haben die gleiche Satzbreite, wie z. B. Zeitungsspalten oder bei Romanen) geschieht dies mit variablen (verringerten oder erweiterten) Wortzwischenräumen. Bei diesen Arbeitsschritten werden Ahle, Holzpinzette, Setzlinie und Typometer benutzt **(Abb. 203)**.

Je nach Schriftgrad können mehrere Zeilen in den Winkelhaken gesetzt werden. Die Zeilen werden dann aus dem Winkelhaken ausgehoben und auf das Setzschiff gestellt. Mit Regletten werden die Zeilen durchschossen, um den Zeilenabstand herzustellen. Mit einer Kolumnenschnur wird anschließend der Satz ausgebun-

199 | Typobild eines Setzkasten mit deutscher Schrifteinteilung (Bleisatz, Heinz Becker, Lindenberg)

200 | Material für Handabzug (Korrekturabzug)

201 | Einwalzen der Kolumne für den Korrekturabzug

202 | Korrekturabzug mit mehreren Druckfehlern („Hochzeit", „Fisch"; → Kap. 3.10 zur Druckersprache)

den. Nun kann ein Korrekturabzug erfolgen (**Abb. 200, 201, 202**).

Wie viele Zeilen ein Text lang sein wird und wie man eine Seite aufteilen kann, lässt sich ausprobieren und kombinieren – aber natürlich auch professionell mithilfe des typografischen Maßsystems berechnen. Dazu verwendeten Setzer das Typometer – es gibt einen Eindruck davon, wie komplex das Setzen war – und ist (**Abb. 197, 203**).

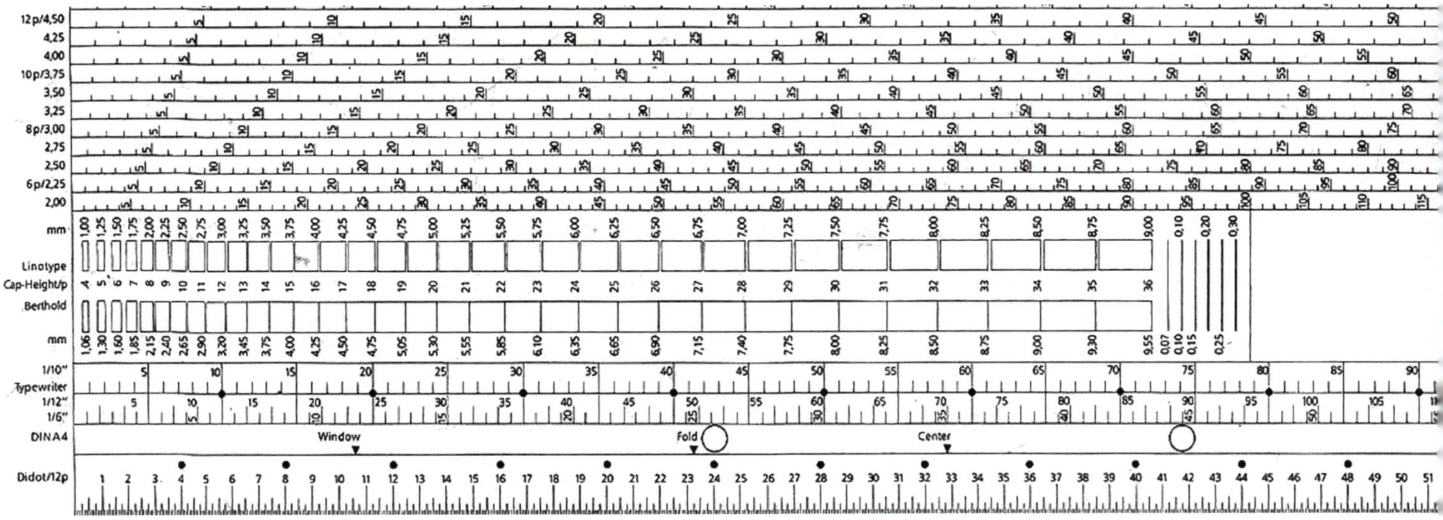

203 | „Moderner" Typometer: Handwerkszeug des Setzers

Schriftgrade

Schriftgrad	Punktgröße	Verwendung
6 pt – 8 pt	Nonpareille/Petit	Kleingedrucktes (Fußnoten)
9 pt	Borgis	Lesetext
10 pt	Garamond/Korpus	
12 pt	Cicero	
14 pt	Mittel	Kapitelüberschriften
16 pt	Tertia	Hervorhebungen Hauptüberschriften Themenangabe
20 pt	Text	
24 pt	Doppelcicero	
28 pt	Doppelmittel	
36 pt	Kanon	Text auf weitere Entfernungen (Ausstellungsbeschriftungen)
48 pt	Konkordanz	Ausstellungstafeln, Leseposter

204 | Gebräuchliche Schriftgrade (in der Schriftart Garamond), ihre Bezeichnungen und Einsatzgebiete

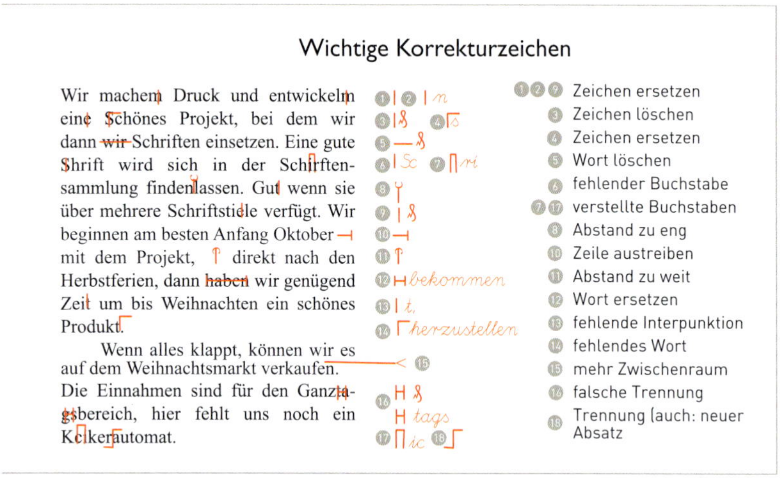

205 | Beispiel für eine Textkorrektur

Inzwischen hat sich als Maßeinheit der DTP-Punkt (pt) verbreitet, der bei Satzprogrammen die Norm ist – er leitet sich vom 72. Teil eines Zolls (1 inch = 2,54 cm) ab, ist also 0,352778 mm groß (und lehnt sich damit eng an das alte Maß des Didot-Punktes an).

Auf der Grundlage der pt-Schriftgrade lassen sich Schriftgrößen gut bestimmen **(Abb. 203)**.

Rein rechnerisch gesehen hat jede Schrift mit einer Größe von 12 pt die gleiche Höhe, sie können aber optisch sehr unterschiedlich wirken – so erscheint z. B. die Schriftart Avenir im Vergleich zu einer Walbaum bei gleichem Schriftgrad deutlich größer.

Im klassischen Buchsatz mit Bleilettern (wie auch später beim automatisierten Bleisatz mit Linotype- oder Monotype-Setzmaschinen) stellten Gestaltungswünsche, die sich nicht durch gerade Zeilen realisieren ließen, vor besondere Herausforderungen. Eine Tabelle zu setzen bedeutete erhebliche (manuelle) Arbeit, alle Zelleninhalte mussten eigens montiert werden. Kompliziert war auch der Einbau von Bildern (wenn sie nicht auf Zeilenbreite im Text eingebaut werden konnten). Ein kleines Bild oder eine Marginalie in den laufenden Text einzubinden, konnte eine langwierige Veränderung des Satzes bedeuten. Herausforderungen konnten auch Korrekturen und Änderungswünsche darstellen, da jedes Wort, jede Letter mit Hand aus dem Satz genommen und eventuell durch andere ersetzt oder ergänzt werden mussten. Verlage versuchten (meist vergebens), Korrektur- und Änderungswünsche ihrer Autoren einzuschränken, z. B. durch Autorenverträge, bei denen ab einer bestimmten Korrekturmenge die Kosten vom Autor selbst zu tragen waren. Gefürchtet für ihre umfassenden Korrekturwünsche waren beispielsweise Marcel Proust **(Abb. 206)** oder James Joyce.

Durch den Digitalsatz haben sich Möglichkeiten und Voraussetzungen für Korrekturen und Änderungen fundamental verändert: Das Problem besteht jetzt nicht mehr in einer eventuell zu großen Menge von Korrekturen, sondern darin, einen Überblick über den Kor-

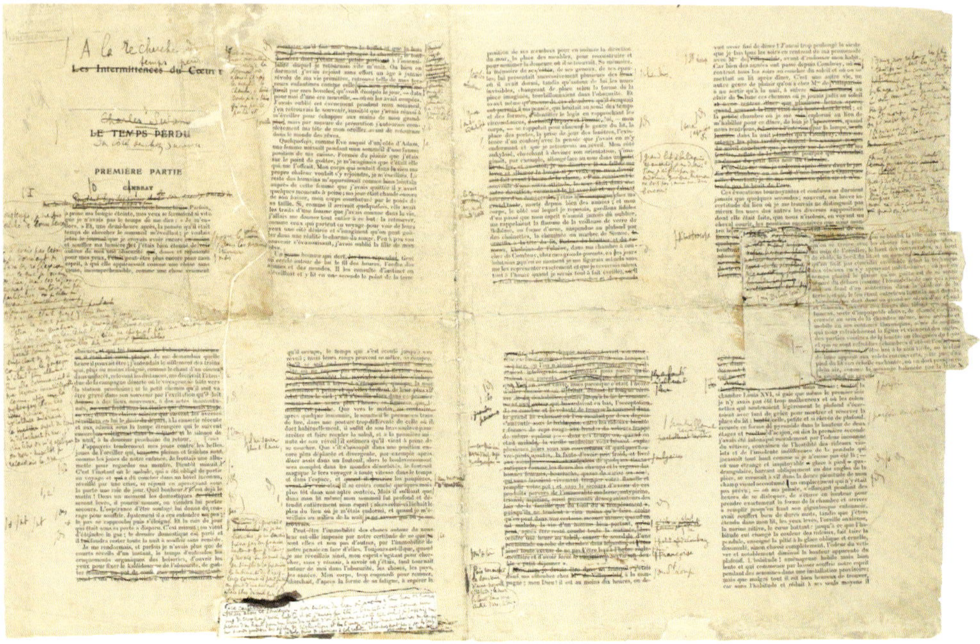

206 | Druckkorrekturen von Marcel Proust

rekturprozess mit allen Versionen eines Textes zu behalten und die Veränderungen zu dokumentieren (in unterschiedlichen Dateiversionen).

Für Korrekturen werden seit über 500 Jahren – seit Gutenbergs Zeiten – bei Manuskripten, Satz- und Druckfahnen die handschriftlichen Korrekturzeichen verwendet. Damit werden inhaltliche, formale, orthografische und drucktechnische Fehler und Anweisungen vermerkt. Verwendung und Aussehen der Korrekturzeichen sind in einer eigenen Norm (DIN 16511) geregelt. Sie sind – anders als die Korrekturzeichen bei Klassenarbeiten – nicht inhaltlich oder pädagogisch begründend angelegt, sondern geben vor, was der Setzer zu verändern hat. Dabei wird in roter Schrift jede Korrektur im Text mit einem Zeichen markiert. Dieses Zeichen wird am Rand wiederholt, die Korrektur dann ausgeführt **(Abb. 205)**. Auffällig ist dabei das ₰, das Deleaturzeichen (lateinisch für: „es möge gelöscht/getilgt werden"; Unicode U+20B0), das der deutschen Kurrentschrift entstammt. Es zeigt an, dass der markierte Text zu löschen ist. In Schriftensätzen ist es häufig unter den Währungssymbolen zu finden.

Diese Form der handschriftlichen Korrektur lässt sich nur schwer digital umsetzen, weil sie darauf beruht, dass sie in einen Text hineingeschrieben und im Rand korrigiert wird. Im Korrekturmodus von Textverarbeitungsprogrammen werden Änderungen protokolliert.

207 | Ein Typobild stellt verschiedene Schriften grafisch vor (Bild von Artur Dieckhoff)

Die Inhalte von PDF-Dateien können nicht direkt geändert werden, deshalb müssen Kommentare in die Datei eingefügt werden. Verglichen mit den klassischen Korrekturzeichen ist das mühselig, ungenau und oft nur schwer nachvollziehbar. Die klassischen Korrekturzeichen warten noch auf ihren guten digitalen Ersatz …

Erfahrungsschatzkiste

Über Schriftgrößen wird in der Schule meist nur geredet, wenn es um Menge bzw. Länge eines Textes geht: Wie groß darf eine Schrift bei einer Facharbeit sein? Wie klein darf man bei einem Referat höchstens schreiben, um den vorgegebenen Maximalumfang nicht zu überschreiten? Durch eine solche Fixierung auf die Schriftgröße entsteht ein „quantitativer Blick" auf Schrift, statt auf Lesbarkeit und Gestaltung zu achten. Wenn man Vorgaben zur Schriftgröße machen will (oder muss), macht das nur Sinn, wenn man auch Grundsätze der Typografie/des Layouts anspricht.
Als Thema im Unterricht stößt das typografische Maßsystem häufig auf unerwartet positive Resonanz bei Schülerinnen und Schülern: Hier lassen sich technische, mathematische, physikalische und ästhetisch-künstlerische Aspekte auf vielfältige Weise miteinander verbinden, Bezüge zur Gegenwart (heutiges Maßsystem im Digitalsatz) sind schnell herstellbar, Möglichkeiten und Grenzen von Maßsystemen (typografisch, metrisch) generell können diskutiert und simuliert werden. Ausgangspunkt für die Beschäftigung mit dem typografischen Maßsystem kann der Auftrag sein, die Schriftgrößen eines Typobildes, das verschiedene Schriftarten und -größen enthält (Abb. 207), genau auszumessen, die Ergebnisse zu vergleichen mit einer Vergrößerung um 141 %. Der Auftrag, eine Schrift mit Lego-Steinen nachzubauen, führt dann meist zur Nach-Erfindung eines Punkt-Systems … und zu einem Verständnis von Schriftgrößen bei Textverarbeitungsprogrammen.

3.7 Layout und Typografie – wie Bild und Schrift zusammenpassen

Wie Texte und Bilder auf einer Seite zusammengebracht werden und welchen Eindruck sie dann machen, das entscheidet heute oft ein Computerprogramm auf der Grundlage von Voreinstellungen: Zeilenbreite, Zeilenabstand und Zeichengröße sind dabei ebenso festgelegt wie das Aussehen von Aufzählungen, Absätzen, Einrückungen. Für spezielle Zwecke kann man Formatvorlagen herunterladen, in die man nur noch hineinschreiben muss (z. B. bei Bewerbungsschreiben).

Oder es wird die Technik des „Steinzeitlayouts" benutzt: Hier wird mit Leerzeichen, Tabulatortaste und Rücktaste gearbeitet, als würde man mit einer Schreibmaschine schreiben. Diese Methode ist wahrscheinlich immer noch stärker verbreitet, als man glaubt: Man muss bei Dateien von Schülern oder auch von Kollegen nur die Formatierungszeichen einblenden, um mühsam eingetippte Einrückungen und Aufzählungen zu sehen. Jede Änderung wirft das Layout durcheinander – eine Sisyphus-Arbeit …

Will man wirklich begreifen, wie eine Seite, eine Broschüre oder ein Buch insgesamt mit vorhandenen Satzschriften, Bildern und Materialien gegliedert wird („Typografie" im weiteren Sinne – vgl. Willberg/Forssman 2000, S. 9 – oder „Layout"), muss man einen Schritt weg vom Computer machen und sich in die prädigitale Zeit begeben: Da montierten Schriftsetzer die Bleikolumnen und Abbildungen zu einer Seite, passten Zeilen an, schlossen die Form **(Abb. 208)**.

Auch beim Fotosatz ab den 1970er Jahren wurden Seitenelemente oft noch per Hand collagiert: Jetzt wurde mit Klebstoff und Schere ein Klebeumbruch erstellt, bei dem Ausbelichtungen der gesetzten Texte und Bilder auf dem Seitenbogen hin- und hergeschoben und schließlich festgeklebt wurden, wenn alles passte **(Abb. 209)**. Der Bogen wurde dann als Vorlage für die weitere Arbeit verwendet.

Klebeumbruch

Um Grundprinzipien der Typografie im Unterricht zu vermitteln, kann man ab der 7. Klasse die Technik des Klebeumbruchs nutzen, etwa im Rahmen des Vorhabens „Ein Faltblatt/einen Flyer gestalten" (→ Kap. 1.12).

Erster Schritt: Der erste Schritt ist die Erarbeitung eines Klebeumbruchs in Gruppen (3–5 Jugendliche). Da-

208 | Montierte Seite mit Bleikolumnen, Überschriften und Bildklischees, im Hintergrund die in Bleilegierung gegossene Rundform für den Druckzylinder

209 | Montierte Seite bei einer Offsetvorlage

für bekommen die Gruppen unbedingt genügend Zeit (2–3 Stunden) und folgende Materialien und Aufträge:

- eine Mappe mit Rohtexten, Bildern und Materialien für den Klebeumbruch: Der spätere Arbeitsprozess lässt sich verkürzen, wenn die Texte schon als Dateien zur Verfügung gestellt werden. In der Regel wird mehr Material zur Verfügung gestellt, als auf eine Seite passt, um Auswahlprozesse anzustoßen.
- den Auftrag, eine druckfertige Seite (als Klebe-Umbruch) für einen bestimmten Auftraggeber und einen spezifischen Verwendungszweck (z. B. Informationsschrift, Referat, Anzeige, Werbung) zu produzieren: denn Layout bzw. Typografie sind immer ziel- und zweckbezogen.
- eine Liste wesentlicher Punkte beim Klebe-Umbruch:
  - Konzeption: Was verlangt der Gestaltungsauftrag? Wie soll die Seite wirken (z. B. ruhig, anregend, aufregend)? Was ist unsere Grundidee für die Gestaltung (z. B. bunt, seriös, aufgelockert)?
  - Gestaltung im Großen und Ganzen: Wie soll die Seitenbreite genutzt werden: eine oder mehrere Spalten? Durchgehende oder unterbrochene Spalten? Breite der Seitenränder?
  - Einsatz von Farbe: Sollen Farben verwendet werden – auch bei der Schrift?
  - Platzierung von Text und Bild: In welchem Verhältnis sollen Text und Bild zueinander stehen? Wie groß sollen sie (mindestens, höchstens) sein? Wo sollen Überschriften und Zwischentitel platziert werden?
  - Wahl der Schriftart und der Auszeichnungsformen für Normaltext und Überschriften (fett, kursiv usw.).
  - Setzen/Gestalten (bzw. Kopieren) von Text und Bild in der gewählten Größe; randgenaues Ausschneiden von Text- und Bildelementen.
  - Positionieren der Elemente auf der Satzseite, Hin- und Herschieben, bis eine befriedigende Seitengestaltung erreicht wird; wenn notwendig, Neuformatierung von Text und Bildern.
  - Aufkleben auf die Satzseite als Klebeumbruch.
- einen Seitenbogen im Verhältnis von 1 : 1 zum beabsichtigten Endprodukt; ggf. mit Einzeichnung eines Gestaltungsrasters (Aufteilung der Seite in Felder oder Spalten), um die Orientierung zu erleichtern.
- die Möglichkeit, Texte und Bilder digital zu gestalten und auszudrucken (z. B. Veränderung von Schriftgröße, Zeilenabstand etc.);
- Klebstoff, Stifte usw.

Zweiter Schritt: Dann stellen die Gruppen einander die Entwürfe vor, beschreiben Unterschiede und Gemeinsamkeiten, geben erst dann Änderungs- oder Verbesserungsvorschläge, die dokumentiert werden. Erfahrungsgemäß gehen die Jugendlichen dabei besonders von ihren Ideen und ihren Gewohnheiten aus. Durch

210 | Wirkung von Farbkontrasten

einen Perspektivwechsel kann der Fokus auf umfassendere Bewertungskriterien für gelungene Typografie gelenkt werden, denn sie ist (nicht nur) eine Frage des persönlichen Geschmacks oder von Vorlieben, sondern auch daran zu messen, ob sie ihren Zweck erreicht. Der folgende Arbeitsauftrag präsentiert vier zentrale Kriterien für Analyse und Bewertung von Typografie: Versetzt euch in den Auftraggeber: Ihr müsst die Klebeumbrüche bewerten und geeignete Entwürfe auswählen. Entscheidend sind für euch dabei die folgenden Kriterien:

- *Wahrnehmung:* Ist die Seite so gestaltet, dass sie im Alltag (in bestimmten Situationen) überhaupt vom Leser/Betrachter auf- und wahrgenommen wird? Wird auch schon von weiterem Sehen deutlich, worum es auf der Seite geht? Verspricht die Seite durch Anordnung, Übersichtlichkeit und Anreize, dass es sich lohnt, sie näher zu betrachten? Sind Formen klar gegliedert, ist das Wichtige hervorgehoben erkennbar?
- *Erzeugung von Aufmerksamkeit:* Wenn sich der Betrachter entschieden hat, die Seite anzuschauen – wie wird seine Aufmerksamkeit erzeugt und gehalten (siehe auch Unterrichtsvorhaben „Lernplakate und –poster", → Kap. 1.9)? Gibt es starke Kontraste, unerwartete Reize, wird vom Gewohnten abgewichen? Wie wird der Leser/Betrachter über das Blatt geführt (Anordnung der Abbildungen, Aufteilung, Überschriften)? Führt die Seite den Leser zum Ziel?
- *Lesbarkeit:* Ist das, was gelesen werden soll, gut und schnell lesbar? Verkörpern Schriftart und -gestaltung das, was gelesen werden soll? Werden die Lesegewohnheiten und -fähigkeiten der Zielgruppe beachtet?
- *Zielerfüllung:* Erfüllt die Gestaltung der Seite den Zweck, den der Auftraggeber mit ihr verfolgt? War es überhaupt möglich, mit dem vorhandenen Material das Ziel zu erfüllen? Was wäre (noch) wünschenswert, um das Ziel besser erfüllen zu können?

Man kann die vier Kriterien von jeder Arbeitsgruppe für alle Klebeumbrüche bearbeiten lassen oder die Gruppen neu mischen (aus jeder Gruppe ein Mitglied) und jeder der neuen Gruppen nur ein Kriterium zuweisen. Erweitern und vertiefen lässt sich der Arbeitsauftrag durch die Differenzierung der Kriterien (siehe unten).

Dritter Schritt: Im folgenden Schritt werten die Arbeitsgruppen die Ergebnisse der Diskussion *im Hinblick auf ihren eigenen Klebeumbruch* aus und verändern ihren ersten Entwurf an den entscheidenden Punkten, damit er dem Zweck/Auftrag besser entspricht. Die vier genannten Kriterien greifen Grundlagen der typografischen Gestaltung auf, die hier noch weiter erläutert werden sollen.

Die Kriterien der typografischen Gestaltung

Wahrnehmung ist ein kontinuierlicher Prozess der Aufnahme und Auswahl von Informationen und Eindrücken. Schon bei der Wahrnehmung werden sie bewertet und ausgewählt. Eine Typografie muss über die erste Schwelle der Wahrnehmung hinwegkommen: Sie muss vom Betrachter als relevant erlebt werden („dort ist etwas zu sehen, das ich sehen sollte"), zu eigenen Erfahrungen passen, den Blick und die Aufmerksamkeit fangen. Dies kann in der Typografie z. B. erreicht und verstärkt werden durch die Wahl von Farben und Farbkontrasten (Abb. 210):

- Beim *Simultan- oder Umfeldkontrast* wirkt die größere Fläche auf die kleinere Fläche: Ein Bild, das rot umrandet wird, kann wie ein Verbotsschild wirken, eine blaue Umrandung kann auf das Bild Kälte übertagen.

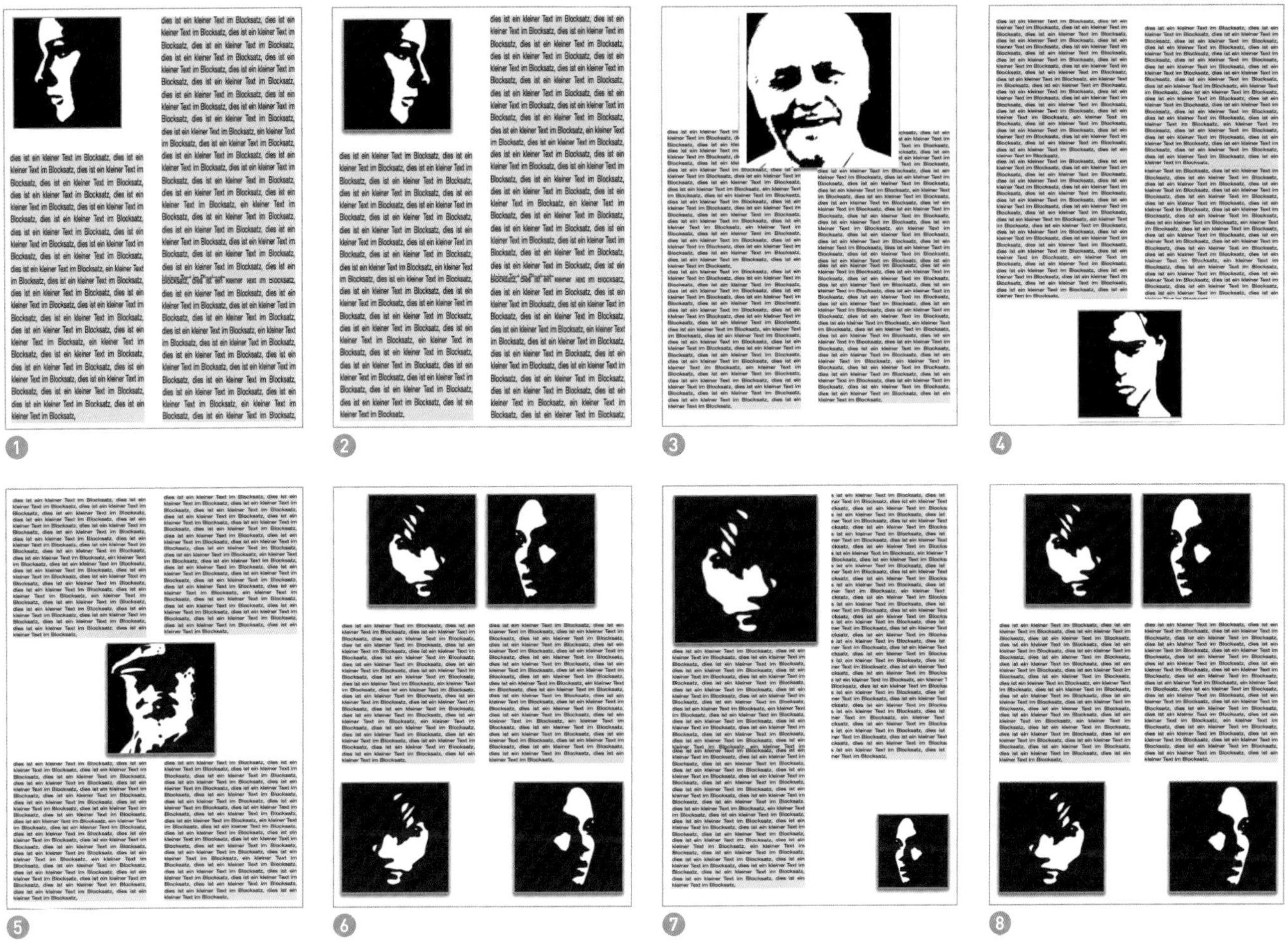

211 | Layout: Platzierung von Bildern auf einer linken Seite

- Beim *Komplementärkontrast* werden Farbenpaare gebildet, die sich in einem Farbenkreis gegenüberliegen – sie sind der stärkste Kontrast, der sich durch zwei Farben erzeugen lässt (nach Johannes Itten: rot – grün, blau – orange, gelb – violett).
- *Warm-kalt-Kontraste* assoziieren die Farbtöne von Gelb, Orange und Rot als warm, Blautöne werden mit Kälte, Schnee und Eis assoziiert und gelten als kalte Farben.
- Beim *Hell-Dunkel-Kontrast* werden Farben mit möglichst unterschiedlichem Helligkeitswert (z. B. schwarz – grau – weiß) verwendet, um Gegensätze zu betonen.
- Beim *Quantitätskontrast* geht es um die Wirkung einer Farbe im Hinblick auf Farbflächen des Umfelds: Je heller und leuchtender eine Farbe ist, umso kleiner kann ihre Fläche sein, um eine Wirkung zu erzielen.

Der Qualitätskontrast bezieht sich auf Gegensätze von Farben hoher Sättigung mit gebrochenen Farben. Ob eine Seite oder ein Text gut wahrgenommen werden, kann auch beeinflusst werden durch die Wahl der Bilder (passen sie zum Kontext oder kontrastieren sie dazu), ihre technische Bearbeitung (z. B. Erhöhung des Kontrasts, Setzen von Lichtern) sowie durch Verwendung von Wahrnehmung erzeugenden Zeichen (Vorfahrt, Achtung).

Die Platzierung von Bildern auf einer Seite prägt den Rahmen für die Wahrnehmung von Bild *und* Text: Wie Bilder zueinander auf einer Seite stehen und welche Position sie dort einnehmen, hat für den Betrachter eine Bedeutung und kommentiert bzw. interpretiert den Text (**Abb. 211**). Besonders auffällig ist das, wenn Bilder mit oder gegen ihre Dynamik platziert werden. In Beispiel 1 wendet sich die dargestellte Person vom Text ab, sig-

212 | Layout: Freiraum lassen, Bilder in sinnvolle Beziehung setzen und Aufteilung von Bildern und Spalten

nalisiert ein weggewandte Haltung, während im Beispiel ❷ die Aufmerksamkeit auch durch die Blickrichtung auf den Text gelenkt wird, die Person in eine enge Beziehung zum Text gebracht wird. In Beispiel ❸ „thront" die Person über dem Text, sie ist das Wichtigste, spricht an und vermittelt schon die Grundhaltung des darunter stehenden Textes. Dagegen setzt das Bild in Beispiel ❹ den Schlusspunkt, resümiert die Textaussage bzw. die Grundhaltung des Textes. Beispiel ❺ betont dies noch dadurch, dass das Porträt in die Mitte des Textes gestellt wird, gleichzeitig wird das Portrait durch den Text gerahmt und erklärt. Wenn auf einer Seite mehrere Bilder platziert werden, wie in Beispiel ❻, setzt der Betrachter sie immer miteinander in Beziehung und interpretiert sie etwa als Gegensatz, Ergänzung, Gleichgültigkeit, Trennung oder Verbindung. Beispiel ❻ legt auch nahe, die Bilder als Chronologie eines Ereignisses wahrzunehmen (z. B. Beziehung der beiden Personen früher – heute). Auch die Größe von Bildern vermittelt im Layout eine Botschaft, wie in Beispiel ❼: Wer ist wichtig? Wie stehen die abgebildeten Personen zueinander, wem sollte man sich zuerst zuwenden? Die Veränderung der Spaltenbreite unterstützt diese Wahrnehmung noch. Schließlich zeigt Beispiel ❽ die maximale Abwendung vom Betrachter – und zwar sowohl durch die abgewandte Blickrichtung wie auch durch die Platzierung der Bilder am äußersten Rand der Seite.

Ein bedeutender Aspekt, um Wahrnehmung von Lesern und Betrachtern zu erreichen, wird häufig übersehen: der *Freiraum*, die weißen (bzw. farbigen) unbedruckten Flächen: Sie erlauben dem Betrachter eine Orientierung und ein Halten der Wahrnehmung, lassen den Blick nicht über eine Vielzahl kompakter Informationen irren. Wenn zwei Drittel einer Seite als bedruckt wahrgenommen werden, ist das schon viel.

Beim Seitenlayout mit Spalten und mit Platzierung von Fotos in **Abb. 212** gibt es also im Hinblick auf den Freiraum bis auf die Beispiele ❸ und ❻ noch Optimierungsbedarf, die Beispiele ❶ und ❷ sind sehr kompakt gestaltet, bei Beispiel ❶ besonders, weil die kleinen Bilder die Seite insgesamt drücken und vollstellen. Beispiel ❹ kann als letzte Seite eines Beitrages angemessen sein, wenn das Bild hier resümieren soll. Beispiel ❺ zeigt eine asymmetrische Gewichtung, die sinnvoll sein kann, wenn das kleinere Bild ein Detail aus dem oberen Bild zeigt. Vor allem bei den Beispielen ❶ und ❷ ist durch die Fixierung der Bilder auf die Spaltenbreite auch die Größe der Bilder festgelegt – dies kann problematisch sein, wenn die Bilder dadurch nicht die gleichen Proportionen erhalten können. Beispiel ❸ illustriert, wie durch die Platzierung des Bildes auch der Freiraum zur Wirkung gegenüber den bedruckten Flächen gebracht werden kann.

Aufmerksamkeitserzeugung kann erreicht werden über die (visuelle) Wahrnehmung (z. B. ungewöhnliche Blicke und Perspektiven bei Bildern), starke Kontraste, unerwartete Reize, Abweichung von der Norm, durch das gezielte Anknüpfen an Interessen (z. B. an ein bestimmtes interessantes Produkt) oder an Erfahrungen, durch Ansprechen von Wünschen oder Handlungsabsichten („Wollten sie nicht schon immer …“, „Der X2000 bringt Sie … auch ins Paradies“) (AIDA-Prinzip).

Die *Lesbarkeit (Leserlichkeit)* hängt wesentlich davon ab, ob Leser schnell und zusammenhängend Zeichen und Wortmuster erkennen können und Zeilensprünge den Lesefluss nicht behindern. Von Jugendlichen wird Lesbarkeit als Kriterium häufig erst an letzter Stelle beachtet, wenn es um die Bewertung von Klebeumbrüchen geht. Dies hängt zum Teil mit ihrer Mediensozialisation zusammen, in der Informationen meist zweikanalig (Ton und Bild, Schrift und Ton, Schrift und Bild) aufgenommen werden.

Über die Lesbarkeit von Texten kann anhand von vier Fragen entschieden werden (nach: Willberg/Forssman 2000, S. 16):

- Wer soll das lesen? (Z. B. Leseanfänger, Leseerfahrene, zum Lesen gezwungene Leser.)
- Wie soll gelesen werden? (Langsam, genau, bewusst, im Vorbeigehen.)
- Welche typografischen Mittel sind dafür geeignet? (Sachliche, zurückhaltende, anregende.)
- Werden diese Mittel richtig angewandt?

Wie wichtig Lesbarkeit für eine wirkungsvolle Typografie ist, lässt sich durch Gestaltungsübungen mit einem Beispieltext nachvollziehen. Schriften, bei denen jede Type gleich breit ist **(Abb. 213)** und die nur eine Linienstärke aufweisen, sind von Lesern nur schwer zu lesen, weil dem Auge nicht genügend Anreize und Muster für Unterscheidungen geboten werden. Besonders schwierig ist es, Schriften zu lesen, deren Bild keine klare Oberkante ergibt, weil das Auge an der Oberkante der Buchstaben entlanggeht, wo sich die bedeutenden Informationen befinden **(214)**.

Dies ist ein Beispieltext. Er soll illustrieren, wie Lesbarkeit (Leserlichkeit) von Texten beeinflusst wird durch Schriftart, Schriftgröße und Laufweite der Schrift. Je leichter es dem Leser oder Betrachter fällt, in einer Zeile orientierende Merkmale zu finden, um so einfacher ist für ihn der Lesevorgang, der ja nicht genau Buchstabe für Buchstabe und Wort für Wort erfolgt (mit dem Finger unter der Zeile), sondern durch Blicksprünge (sakkadische Blickbewegungen).

213 | Eine Schrift fester Breite (nichtproportionale Schrift): Andale Mono 11 pt, fett, Zeilenabstand: 12 pt.

214 | Bedeutung der Mittelhöhen und Oberlängen für Lesbarkeit

Bei Laufweitenveränderungen der Schrift (sehr schmalen oder sehr breit laufenden Schriften) kann das Auge die Wahrnehmung häufig nicht gliedern **(Abb. 215, 216, 217)**. Wenn Zeilen nur schwer verfolgt werden können, lässt sich beim Zeilensprung die folgende Zeile nicht so leicht finden **(Abb. 217)**.

Zeilen mit bis zu etwa 60 Zeichen und einer 10–12 pt großen Schrift **(Abb. 218)** oder 2-spaltiger Satz **(Abb. 219)** leiten leichter zum nächsten neuen Zeilenanfang. Grundsätzlich gilt: Je länger die Zeile, umso größer muss der Zeilenabstand angelegt sein, damit der Leser Orientierung findet.

Wie Muster und Wörter beim Lesen erkannt werden, hängt weiterhin ab davon, wie klar die Abstände zwischen den Wörtern erkannt werden können.

Dies ist ein Beispieltext. Er soll illustrieren, wie Lesbarkeit (Leserlichkeit) von Texten beeinflusst wird durch Schriftart, Schriftgröße und Laufweite der Schrift. Je leichter es dem Leser oder Betrachter fällt, in einer Zeile orientierende Merkmale zu finden, um so einfacher ist für ihn der Lesevorgang, der ja nicht genau Buchstabe für Buchstabe und Wort für Wort erfolgt (mit dem Finger unter der Zeile), sondern durch Blicksprünge (sakkadische Blickbewegungen).

215 | Laufweite der Schrift weit (+2 pt/118 %): Garamond 11 pt, Zeilenabstand: 13,5 pt, ca. 40 Zeichen

Dies ist ein Beispieltext. Er soll illustrieren, wie Lesbarkeit (Leserlichkeit) von Texten beeinflusst wird durch Schriftart, Schriftgröße und Laufweite der Schrift. Je leichter es dem Leser oder Betrachter fällt, in einer Zeile orientierende Merkmale zu finden, um so einfacher ist für ihn der Lesevorgang, der ja nicht genau Buchstabe für Buchstabe und Wort für Wort erfolgt (mit dem Finger unter der Zeile), sondern durch Blicksprünge (sakkadische Blickbewegungen).

216 | Laufweite der Schrift schmal (0,8pt/88 %): Garamond 11 pt, Zeilenabstand: 13,5 pt, ca. 60 Zeichen

Dies ist ein Beispieltext. Er soll illustrieren, wie Lesbarkeit (Leserlichkeit) von Texten beeinflusst wird durch Schriftart, Schriftgröße und Laufweite der Schrift. Je leichter es dem Leser oder Betrachter fällt, in einer Zeile orientierende Merkmale zu finden, um so einfacher ist für ihn der Lesevorgang, der ja nicht genau Buchstabe für Buchstabe und Wort für Wort erfolgt (mit dem Finger unter der Zeile), sondern durch Blicksprünge (sakkadische Blickbewegungen).

217 | Laufweite der Schrift eng (0,7 pt/70 %): Garamond 10 pt, Zeilenabstand: 10 pt,ca. 80 Zeichen

Dies ist ein Beispieltext. Er soll illustrieren, wie Lesbarkeit (Leserlichkeit) von Texten beeinflusst wird durch Schriftart, Schriftgröße und Laufweite der Schrift. Je leichter es dem Leser oder Betrachter fällt, in einer Zeile orientierende Merkmale zu finden, um so einfacher ist für ihn der Lesevorgang, der ja nicht genau Buchstabe für Buchstabe und Wort für Wort erfolgt (mit dem Finger unter der Zeile), sondern durch Blicksprünge (sakkadische Blickbewegungen).

218 | Laufweite der Schrift normal (100%) Garamond 11 pt, Zeilenabstand: 13,5 pt, ca. 50 Zeichen, Blocksatz

Beim Blocksatz **(Abb. 218)**, bei dem alle Zeilen gleich breit sind, unterscheiden sich die Abstände zwischen den Wörtern, sie können insbesondere bei schmalen Zeilen deutliche Löcher aufweisen. Beim Flattersatz mit unterschiedlichen Zeilenlängen **(Abb. 219)** sind die Wortabstände gleich. Wichtig ist es hier, Worttrennungen zu vermeiden, die den Lesefluss eher hemmen **(Abb. 220)**.

Was Wort- und Zeilenabstand angeht, sollte man sich an folgende Empfehlungen halten:

- Der Abstand zwischen den Wörtern sollte nicht größer sein als der Zeilenabstand.
- Schmale Zeilen sollten im Flattersatz gesetzt werden. (Willberg/Forssman 2000, S. 51)

Schülerinnen und Schüler verwenden häufig Blocksatz auch bei sehr schmalen Zeilen, weil diese Satzform moderner oder „gedruckter“ wirkt, damit reißen sie jedoch den Text auseinander und machen ihn schwer lesbar.

Gezielt vorgenommene Schriftmischungen können in längeren Texten die Textstruktur und damit die Lesbarkeit deutlich erhöhen: So können z. B. Absätze mit längeren Zitaten, Erläuterungen, Kommentaren durch eine eigene Schriftart abgesetzt werden, Überschriften oder Zwischentitel in anderen Schriften helfen den Text zu gliedern und erlauben einen schnelleren Zugriff auf Informationen. Will man eine deutliche, betonende Strukturierung, sollten kontrastierende Schriftarten verwendet werden (Antiqua-Schrift mit Grotesk-Schrift aus der gleichen Stilepoche in gleichem Schriftgrad). Für eine abwägende und zurückhaltende Strukturierung können die Absätze in unterschiedlichen Schnitten (z. B. kursiv) der gleichen Schriftfamilie gesetzt werden.

Besonders wichtig für die Lesbarkeit von Schrift und Text ist aber der Bereich, der nicht bedruckt wird: Die Seitenränder und der Zeilenabstand. Seitenränder unterstützen das Lesen, wenn sie mindestens ein Viertel, besser noch ein Drittel der Seitenfläche einnehmen. Es kann sein, dass diese Empfehlung den Papierverbrauch erhöht – und das Lesen verbessert.

Durch kleine Veränderungen des (grafischen) Zeilenabstandes (Abstand von einer Schriftlinie zur nächsten) kann die Lesbarkeit enorm verbessert oder beeinträchtigt werden **(Abb. 221)**. So erweist sich der bei 10 pt-Schriften manchmal ausreichende Abstand von

Dies ist ein Beispieltext. Er soll illustrie-
ren, wie Lesbarkeit (Leserlichkeit) von
Texten beeinflusst wird durch die
Schriftart, die Schriftgröße, die Laufweite
der Schrift. Je leichter es dem Leser oder
Betrachter fällt, in einer Zeile orientie-
rende Merkmale zu finden, umso ein-
facher ist für ihn der Lesevorgang, der ja
nicht genau Buchstabe für Buchstabe und
Wort für Wort erfolgt (mit dem Finger
unter der Zeile), sondern durch
Blicksprünge (sakkadische Blickbewegun-
gen).

219 | Flattersatz: Garamond 11 pt, Zeilenabstand: 13,5 pt, 2-spaltig, Spaltenabstand: 10 mm

Dies ist ein Beispieltext. Er soll
illustrieren, wie Lesbarkeit (Leserlichkeit)
von Texten beeinflusst wird durch die
Schriftart, die Schriftgröße, die Laufweite
der Schrift. Je leichter es dem Leser oder
Betrachter fällt, in einer Zeile
orientierende Merkmale zu finden,
umso einfacher ist für ihn der
Lesevorgang, der ja nicht genau Buchstabe
für Buchstabe und Wort für Wort erfolgt
(mit dem Finger unter der Zeile), sondern
durch Blicksprünge (sakkadische
Blickbewegungen).

220 | Flattersatz ohne Silbentrenung: Garamond 11 pt, Zeilenabstand: 13,5 pt, 2-spaltig, Spaltenabstand: 10 mm

Dies ist ein Beispieltext. Er soll
illustrieren, wie Lesbarkeit (Leser-
lichkeit) von Texten beeinflusst
wird durch die Schriftart, die
Schriftgröße, die Laufweite der
Schrift. Je leichter es dem Leser
oder Betrachter fällt, in einer Zeile
orientierende Merkmale zu finden,
umso einfacher ist für ihn der Le-
sevorgang,

Dies ist ein Beispieltext. Er soll
illustrieren, wie Lesbarkeit (Leser-
lichkeit) von Texten beeinflusst
wird durch die Schriftart, die
Schriftgröße, die Laufweite der
Schrift. Je leichter es dem Leser
oder Betrachter fällt, in einer Zeile
orientierende Merkmale zu finden,
umso einfacher ist für ihn der Le-
sevorgang,

Dies ist ein Beispieltext. Er soll
illustrieren, wie Lesbarkeit (Leser-
lichkeit) von Texten beeinflusst
wird durch die Schriftart, die
Schriftgröße, die Laufweite der
Schrift. Je leichter es dem Leser
oder Betrachter fällt, in einer Zeile
orientierende Merkmale zu finden,
umso einfacher ist für ihn der Le-
sevorgang,

221 | Zeilenabstände entscheiden über die Lesbarkeit: Bodoni 10 pt mit den Zeilenabständen 11, 12 und 13 pt

11 pt bei der Bodoni als deutlich zu gering, Zeilen greifen fast ineinander. Der 13 pt-Abstand dagegen lässt die Zeilen schon wieder etwas auseinanderfallen. Den Unterschied machten bei jeder Zeile 0,375 mm …

Als Richtmaß für den Zeilenabstand nehmen Satzprogramme üblicherweise 120 % der Schrifthöhe. Dies lässt sich über die Einstellungen verändern (z. B.: Absatz/Abstand/genau). Weil auch kleine Veränderungen des Zeilenabstands große typografische Wirkungen haben können, ist es sinnvoll, Schülerinnen und Schüler beim Klebeumbruch auch damit experimentieren zu lassen: Beim Lesen werden nämlich kleinste Veränderungen (häufig unbewusst) genau wahrgenommen, der Lesevorgang kann damit gesteuert oder – im schlimmsten Falle – auch verhindert werden.

Zielerfüllung: Bei diesem Kriterium für gute Typografie kann man an die eigene Praxis in der Schule anknüpfen: Wie sind Arbeitsblätter gestaltet? Werden Informationsblätter überhaupt gelesen – und wie könnte man sie typografisch interessanter gestalten?

Die Zielerfüllung einer typografischen Gestaltung wird häufig durch einen Auftraggeber oder durch ei-

Karin Boye: Natürlich tut es weh (1935)

Natürlich tut es weh, wenn Knospen aufbrechen.
Warum sonst sollte der Frühling zögern?
Warum sonst sollte all unsere heiße Sehnsucht
gebunden sein ins gefrorene Bitterbleiche?
Schutz bot die Knospe den ganzen Winter.
Was ist das für etwas Neues, das zerrt und gewaltsam aufbricht?
Natürlich tut es weh, wenn Knospen aufbrechen,
weh, für den, der wächst
und das, was sich schließt.

Calibri light, 12 pt. und 10 pt.
kursiv
Zeilenabstand: 14 u. 13 pt.
Flattersatz
ausgerückter Satz

Ja, jetzt ist es schwer, wenn Tropfen fallen.
Zitternd vor Angst hängen sie schwer,
klammern sich am Zweig fest, werden größer, rinnen –
die Schwere zieht sie nach unten, wie sehr sie sich auch klammern.
So schwer, unsicher, ängstlich und zerrissen zu sein,
so schwer zu fühlen, wie die Tiefe zerrt und ruft
und doch dazubleiben und nur zu zittern,
so schwer, bleiben zu wollen
und fallen zu wollen

Walbaum, 10 pt,
Zeilenabstand 13 pt.
Flattersatz rechts- u. links-
bündig

DANN, **wenn es am schlimmsten ist** UND NICHTS MEHR HILFT,
BRECHEN WIE IM JUBEL DIE KNOSPEN DES BAUMES AUF.
DANN, WENN KEINE ANGST MEHR HALTEN KANN,
fallen DIE TROPFEN VOM ZWEIG WIE GLITTER,
vergessen, DASS SIE SICH VOR DEM NEUEN FÜRCHTETEN,
vergessen, DASS DIE ANGST HATTEN VOR DEM, WAS KOMMT ,
spüren FÜR EINE SEKUNDE IHRE GRÖSSTE GEBORGENHEIT,
ruhen IN DER ZUVERSICHT,
DIE SCHAFFT DIE WELT.

Bungeee Color 9 pt.
Gill Sans bold 11 pt
Zeilenabstand 14 pt
Flattersatz linksbündig
Einzug
Hervorhebung in Schwarz

222 | Drei „passende" Typografien für ein Gedicht von Karin Boye (1935, S. 16 – 17) – drei Schüler-Typografien aus dem 10. Jahrgang

nen unmittelbaren Verwendungszweck bestimmt. Im Vordergrund steht dabei, ob die Adressaten die Gestaltung überhaupt als interessant wahrnehmen, ihr Aufmerksamkeit schenken und ihr Handeln in die gewünschte Richtung orientieren. Zielerfüllung wird hier gesehen als vom Auftraggeber intendierte Verhaltens- oder Einstellungsänderung (z. B. bei Werbung). Eine andere Form von Zielerfüllung ist die der „Passung", bei der darauf gezielt wird, zwischen der Typografie und der Information, dem Inhalt eine möglichst hohe Entsprechung zu finden, bei der die Typografie dann entweder die Information oder den Inhalt mittransportiert oder ein typografisches Umfeld schafft, in dem sie passend wahrgenommen wird.

Diese Form der Zielerfüllung lässt sich mit Schülerinnen und Schülern durch eine Passungsaufgabe thematisieren: Zu einem literarischen Text (Liedtext, Lyrik) soll eine „passende" typografische Gestaltung gefunden werden, wie z. B. in einer Jahrgangsstufe 10 für das 1935 entstandene Gedicht der Schwedin Karin Boye zum Thema „Pubertät" **(Abb. 222)**.

Wie Bild und Schrift durch Layout und Typografie zusammenpassen – oder nicht –, erleben junge Menschen auch im Unterricht, vor allem in Lehrbüchern,

Arbeitsblättern und Tafelbildern. Deshalb ist die Gestaltung eines Lehrbuchs ein wichtiges Kriterium bei der Auswahl von Lehrwerken:

- Ist das Lehrwerk übersichtlich und deutlich gestaltet? Gibt es Anreize, ist es nachvollziehbar gegliedert?
- Ermöglicht das Lehrwerk, mit ihm aufmerksam und selbstständig zu arbeiten – oder lenkt es ab, ist es verwirrend gestaltet? Lässt sich im Lehrwerk nachvollziehen, ob das Ziel erreicht wurde?
- Sind Typografie und Layout in Hinblick auf gute Lesbarkeit (auch für schwächere Schüler) angelegt, lassen sich Texte leicht erfassen und lesen?
- Entspricht die Gestaltung des Lehrwerks seiner Aufgabe – oder ist sie überladen, unübersichtlich?

Ob ein Lehrwerk diese Kriterien erfüllt, hängt immer auch von den Voraussetzungen vor Ort ab.

Um sich als Lehrperson immer wieder für Aspekte der Gestaltung von Arbeitsblättern zu sensibilisieren, kann man am Ende des Schuljahres Klassen bitten, einige der ausgegebenen Blätter nach ihren Vorstellungen umzugestalten und einen neuen Klebeumbruch (→ S. 151) dafür vorzulegen. Dabei sollten nicht mehr als 2–3 verschiedene Schriftarten (mindestens 12 pt) verwendet werden. Bedacht werden müssen unter anderem Layout, Zwischenüberschriften, Nummerierungen, Kästen, Rahmen, Gliederung in Spalten, Hervorhebungen, Block- oder Flattersatz, aber auch die praktische Verwendbarkeit von Arbeitsblättern im Schüleralltag: Arbeitsblätter, deren Seitenrand zu schmal ist, um sie einzuheften oder etwas darauf anzumerken, verschwinden ebenso im allgemeinen Papiergewimmel wie Texte, die kaum lesbar sind oder für die es viel besser lesbare Alternativen im Internet gibt.

Zu den aus Schülersicht schlimmsten Sünden gehört es, Wikipedia-Einträge 1:1 zu kopieren, ohne die Texte zu bearbeiten und die Formatierung zu verändern. Schülerinnen und Schüler nehmen das als Indikator für mangelnde Arbeitsbereitschaft und auch für fehlende Internet- und Textverarbeitungskompetenz. Und wenn dann auch noch die richtige Quellenangabe fehlt, setzt manchmal auf Schülerseite schon Mitleid ein.

Sehr hilfreich für Klassen ist bei der Gestaltung die Unterscheidung von zwei Arten von Arbeitsblättern, die auch jeweils in der Kopfzeile durch ein Symbol und das Unterrichtsdatum angegeben wird: Wochenblätter () enthalten Wiederholungen oder Übungen, zu denen es im Lehrwerk oder anderen Sammlungen genug gute Erklärungen gibt. Sie sind also Verbrauchsmaterial, unaufwendig gestaltet und landen nach einer Woche im Papierkorb.

Jahresblätter () enthalten dagegen Material, Aufgaben und Übungen, die für selbstständiges Wiederholen oder Nachschlagen hilfreich sind. Sie müssen so interessant, ansprechend und übersichtlich gestaltet sein, dass Schülerinnen und Schüler sich dort nach längerem zeitlichen Abstand schnell wieder orientieren können – und es auch wollen. Deshalb werden sie systematisch in Ordnern gesammelt und bei Wiederholungen auch benutzt.

Erfahrungsschatzkiste

Der Aspekt der Lesbarkeit von Text und Schriften hat in Schulen in der letzten Zeit auch durch die Inklusion an Bedeutung gewonnen: Dass viele Arbeitsblätter, Bücher und auch Schriftsysteme in der Schule schlicht und einfach schlecht lesbar sind und ungeübte oder eingeschränkte Leserinnen und Leser vor große Probleme stellen können, ist in einer inklusionsfreien Umgebung lange nicht aufgefallen. Wenn Jugendliche solche Schwierigkeiten ansprachen, bekamen sie durchaus schon einmal zur Antwort: „Dann bring 'ne Lupe mit – geh mal zum Augenarzt."
Typografie und Layout sind in der Schule also ein wichtiges Thema – für Lehrpersonen wie für Schülerinnen und Schüler. Beide Seiten können davon profitieren, wenn Texte, Broschüren, Plakate nicht nur sorgfältig gestaltet werden, sondern auch durch ihre Leserlichkeit dazu anregen, sich mit ihnen auseinanderzusetzen. Denn: Schrift wirkt. Und Typografie formt das Lesen.

3.8 Papier – erzählt mit

„Papier ist ein flächiger, im Wesentlichen aus Fasern meist pflanzlicher Herkunft bestehender Werkstoff, der durch Entwässerung einer Faserstoffaufschwemmung auf einem Sieb gebildet wird." (DIN 6730)

Welches Papier man für das Drucken wählen soll, ist bei Weitem nicht nur eine technische Frage. Jedes Papier hat seine spezifische Wirkung – allein schon, wenn man es anfühlt. Dies zeigt sich in der Klasse im einfachen Blindtest: Mit verschlossenen Augen können Jugendliche unterschiedliche Papierbögen erfühlen, ertasten, biegen – und Stärke, Glätte, Steifigkeit, Struktur, Beschichtung und Veredlung des Papiers beurteilen, z. B. bei Papieren der gleichen Sorte aber mit unterschiedlichem Gewicht (Grammatur).

Auch die Tatsache, dass Papier bei der Herstellung auf Rollen gegossen wird, lässt sich meist sogar beim Blindtest fühlen: In dem endlos umlaufenden Sieb einer Rollen-Papiermaschine richten sich die Papierfasern mehrheitlich zur Laufrichtung der Maschine aus. Die Richtung (längs oder quer) eines Bogens, die sich am leichtesten sanft biegen lässt, ist die Laufrichtung. Wenn man an den Kanten eines Bogens die Nagelprobe macht (Durchziehen der Papierkante zwischen Daumennagel und Fingerkuppe des Zeigefingers), wellt sich die Seite *quer* zur Laufrichtung. Bei einer Reißprobe verläuft der gezacktere Riss quer zur Laufrichtung **(Abb. 224)**.

Die Laufrichtung des Papiers ist eine wichtige Eigenschaft, die beim Druck berücksichtigt werden muss: So lassen sich Bücher nur gut aufschlagen, wenn die Laufrichtung des Papiers parallel zum Bücherbund verläuft. Werden Seiten quer zur Laufrichtung gebunden, biegen sie sich leicht.

Lässt man die Jugendlichen nach dem Blindtest auswählen: „Welche Papier würdet ihr hiervon auswählen für eine Hochzeits-Einladung, ein Referat, eine Visitenkarte oder einen Flyer?", zeigt sich bei ihnen eine Art Papiergedächtnis, das Papiersorten schon allein aufgrund des haptischen Eindrucks zu bestimmten Verwendungszwecken zuordnet. Noch deutlicher tritt das Papiergedächtnis zu Tage, wenn dann Papier auch noch visuell und olfaktorisch wahrgenommen werden kann: Leuchtet, schimmert, blendet oder glänzt es, wirkt es steif oder matt, ist es gefärbt, riecht es (z. B. nach Leim oder der Veredlung)?

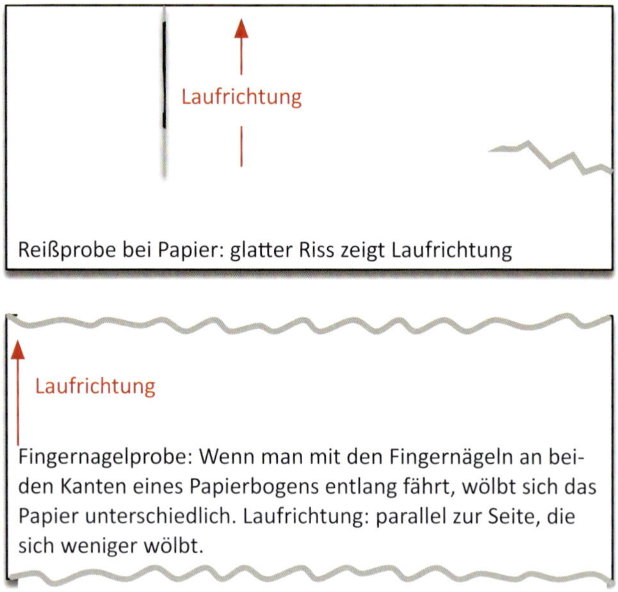

224 | Proben für Laufrichtung des Papiers

Wie das Drucken sind auch Herstellung und Verwendung von Papier eine Welt für sich. Kaum ein anderer Rohstoff ist so sortenreich wie Papier – die Auswahl an Papiersorten, Grammaturen und Papiergrößen ist bei Weitem größer als die an Schrauben in einem sehr gut sortierten Baumarkt. Aus der Vielzahl von Papieren gilt es das eine herauszufinden,

- das den Druck am besten wiedergibt;
- das die technischen Anforderungen (z. B. Bedruckbarkeit) erfüllt;
- das zum gedruckten Werk am besten passt.

Das ist wieder eine Kunst für sich, für die es Spezialisten gibt (Designer, Produktioner, Drucker, Papierhersteller).

So kann gewählt werden zwischen holzfreiem Papier (das zwar Holz enthält, dem aber Lignin und Harze entzogen sind) und holzhaltigem Papier, Umweltschutz- und Recycling-Papier aus bis zu 100 % enttintetem Altpapier oder hadernhaltigem Papier aus Textilfasern (z. B. für Banknoten).

Die Oberfläche bei Naturpapieren ist natürlich belassen, sie kann aber durch Rollendruck geglättet oder geleimt werden (um z. B. Staubneigung zu verhindern). Kunstdruck- und Bilderdruckpapiere sind stärker (mit Leim) gestrichen (matt oder glänzend) und werden in der Schule seltener verwendet, weil sie bei Druckgrafiken längere Trocknungszeiten benötigen oder verschmieren können. Kaum fühl-, aber umso besser

Papiersorten

Papierart	Beschaffenheit	Eignung
Inkjet- und Laserpapiere, Zeichenpapier, Tonpapier (farbig)	holzfreies Naturpapier mit schwach geleimter Oberfläche aus Fichten- oder höherwertigen Laubzellstoffen, leicht mit Füllstoffen angereichert (70 – 120 g/m²)	▪ Broschürendruck, Flyerdruck: Grammatur und Opazität des Papiers beachten, 80 g/m²-Papier ist manchmal zu durchscheinend und instabil, eventuell höhere Grammatur wählen, bei Flyern ab 120 g/m². ▪ grafische Drucktechniken: auch für Kombinationstechniken, wenn z. B. auf Holz- und Linolschnitte etwas kopiert werden soll oder die Schnitte auf Kopierpapier gedruckt werden sollen.
Werkdruckpapier	maschinenglattes, holzfreies oder leicht holzhaltiges Druckpapier, mit Füllstoff auf Volumen gebracht, 80 bis 120 g/m². in verschiedenen Farbtönen und Oberflächenqualitäten	▪ Buch- und Broschürendruck, auch bei Grafikdruck (Holz- und Linolschnitt) ▪ Bei der Herstellung des Gedichtbandes „Alltagshelfer" (→ Kap. 1.10) kam ein Papier 120 g/m², 1,5-faches Volumen zur Anwendung. Der Schön- und Widerdruck verlangte eine hohe Festigkeit, eine kurze Trockenzeit und eine geringe Opazität.
Büttenpapier	Verkörperung einer Urform des Papiers, per Hand oder maschinell auf dem Rundsieb geschöpft – höchste Qualität und Beständigkeit, charakteristischer faseriger Rand	▪ Druck von Radierungen, Aquarellpapier ▪ Bei dem Plakatprojekt „Die richtige Dosis" (→ Kap. 1.7) kam ein Büttenpapier (180 g/m²) für die Kaltnadelradierung zur Anwendung. Der Tiefdruck verlangte eine offenporige Oberfläche und eine hohe Feuchtigkeitsbeständigkeit.
Japanpapier	hat in Japan eine über 1.000-jährige Tradition; noch heute werden handgeschöpfte Papiere in japanischen Kleinbetrieben aus den Bastfasern der Kozu-, Mitsumata- und Gampi-Pflanzen produziert	▪ Holz- und Linoldruck, Buchdruck, Monotypie ▪ Durch die besonderen Rohstoffe sind Japanpapiere besonders flexibel, alterungsbeständig und mechanisch stabil. Allerdings sind sie sehr feuchtigkeitsempfindlich (Vorsicht bei Druck mit wasserhaltigen Farben!).
Kraftpapier (auch: Packpapier)	extrem reißfestes Papier für Verpackungen und Papiermüllsäcke	▪ Wandzeitungen, Plakatdruck und Druckgrafik (auf der rauen Seite/Filzseite des Papiers) ▪ Große Formate möglich, sehr billig.
Zeitungsdruckpapier	aus Holzfasern, denen der Holzstoff „Lignin" nicht entzogen wurde, dadurch in der Herstellung preislich und energetisch günstiger, aber auf Dauer Verfärbung und Brüchigkeit	▪ ideales Material für Collagen und Überdrucke, Abklatschdrucke und Monotypien
Graukarton	aus Altpapier hergestellt, hochwertiges Kartonprodukt (350 – 1.000 g/m²) und in den Qualitäten: maschinenglatt, rau/rau und rau/einseitig glatt	▪ stabiler Untergrund für Handpressendruck und Siebdruck, Material für Buchumschläge

225 | Gängige Papiersorten beim Drucken in der Schule

sichtbar sind Wasserzeichen, die bereits bei der Papierherstellung durch eine Siebwalze gebildet werden und im Gegenlicht erscheinen. Neuerdings können auch unechte Wasserzeichen mit fetthaltiger Tinte auf fertiges Papier gedruckt werden – das Papier erscheint an dieser Stelle transparent und wirkt – im besten Fall – etwas teurer.

Bei den Unterrichtsvorhaben und den in unserem Buch vorgestellten grafischen Drucktechniken haben wir uns auf einige Papiersorten beschränkt, die zur Grundausstattung eines Papiervorrats einer Schule gehören sollten (**Abb. 225**).

Generell empfiehlt es sich, vor dem Druck größerer Auflagen einige Probedrucke auf unterschiedlichem

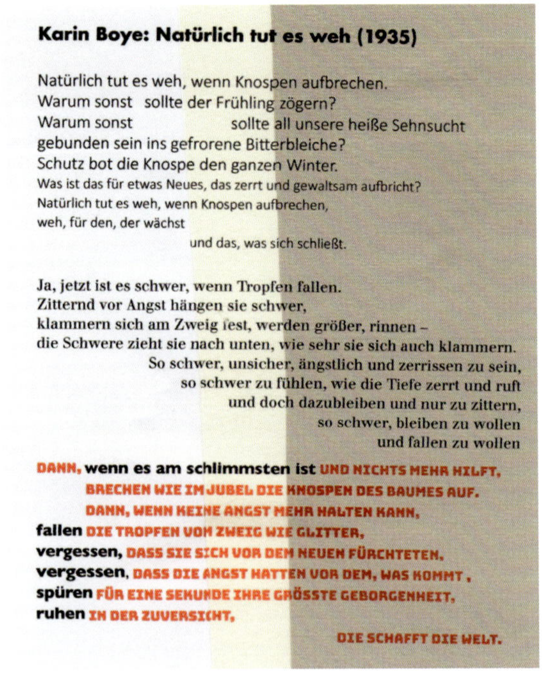

Karin Boye: Natürlich tut es weh (1935)

Natürlich tut es weh, wenn Knospen aufbrechen.
Warum sonst sollte der Frühling zögern?
Warum sonst sollte all unsere heiße Sehnsucht
gebunden sein ins gefrorene Bitterbleiche?
Schutz bot die Knospe den ganzen Winter.
Was ist das für etwas Neues, das zerrt und gewaltsam aufbricht?
Natürlich tut es weh, wenn Knospen aufbrechen,
weh, für den, der wächst
und das, was sich schließt.

Ja, jetzt ist es schwer, wenn Tropfen fallen.
Zitternd vor Angst hängen sie schwer,
klammern sich am Zweig fest, werden größer, rinnen –
die Schwere zieht sie nach unten, wie sehr sie sich auch klammern.
So schwer, unsicher, ängstlich und zerrissen zu sein,
so schwer zu fühlen, wie die Tiefe zerrt und ruft
und doch dazubleiben und nur zu zittern,
so schwer, bleiben zu wollen
und fallen zu wollen

DANN, wenn es am schlimmsten ist UND NICHTS MEHR HILFT,
BRECHEN WIE IM JUBEL DIE KNOSPEN DES BAUMES AUF.
DANN, WENN KEINE ANGST MEHR HALTEN KANN,
fallen DIE TROPFEN VOM ZWEIG WIE GLITTER,
vergessen, DASS SIE SICH VOR DEM NEUEN FÜRCHTETEN,
vergessen, DASS DIE ANGST HATTEN VOR DEM, WAS KOMMT ,
spüren FÜR EINE SEKUNDE IHRE GRÖSSTE GEBORGENHEIT,
ruhen IN DER ZUVERSICHT,
DIE SCHAFFT DIE WELT.

226 | Papierprobe: Welches Papier passt zu dem Gedicht?

Papier zu machen und sie insbesondere auch nach den Kriterien von Lesbarkeit einzuschätzen. Aufschlussreich ist auch, einen Text mit unterschiedlichen Schriften und Gestaltungen (z. B. **Abb. 226**) – drei Schüler-Typografien aus dem 10. Jahrgang) auf mehreren Papiersorten zu drucken und beim Kopieren auch die Grundeinstellungen (Druckqualität, Farbprofil) zu verändern.

Papier

Jede Drucktechnik erfordert einen speziellen Umgang mit dem jeweils geeigneten Papier. Es ist daher lohnenswert, bei Gelegenheit auf dieses als so selbstverständlich genommene Material näher einzugehen. Papier wird heute industriell hergestellt, aber das Verfahren des „Papierschöpfens" war ursprünglich ein Handwerk **(Abb. 227, 228)**, dessen Grundprinzip jedoch auch bei maschineller Produktion das gleiche ist: Pflanzliche Fasern (Baumrinde, Hanf, Leinen, Baumwolle, später Holz) werden zu einer Breimasse verflüssigt, die in großen Rahmen geschöpft und eventuell weiter veredelt wird **(Abb. 229)**. Nach Trocknung und Pressung entsteht ein Bogen Papier.
Die Technik wurde in China erfunden und wurde dann über arabische Länder auch nach Europa gebracht. Bedeutsam wurde sie hier erst durch die Erfindung des Buchdrucks, der den Papierbedarf enorm erhöhte. Die Maschinen zur Papierherstellung wurden zwar immer größer und besser, aber für das „Rohmaterial" des späteren Papiers war man noch lange auf Lumpensammler angewiesen. Erst im 19. Jahrhundert begann man, Maschinen für Holzfasern zu entwickeln **(Abb. 230)**.
Auch heute kann man das Papierschöpfen im kleinen Maßstab von Hand ausführen – ebenfalls eine reizvolle Idee für ein Kunstprojekt.

Erfahrungsschatzkiste

Natürlich kann man noch auf viele andere Papiere und Materialien drucken (wie z. B. beim Siebdruck oder Stoffdruck). Wichtig ist dabei, mit unterschiedlichen Materialien und Sorten sowie mit verschiedenen Farben zu experimentieren. Selbst bei einfachen Tintenstrahldruckern hängt die Wirkung des Drucks wesentlich vom (richtigen) Papier ab. Falsche Farbwahl (wie dunkles Rot, auf das sich schwer andere Farben drucken lassen und das sich auch nicht kopieren lässt) oder Grammatur (zu dünn oder zu schwer) können Druckergebnisse negativ beeinflussen.
Bei Druckprojekten wird häufig „am Ende" gespart, also am Papier. Druck soll so billig wie möglich sein, deshalb wird möglichst preiswertes Papier gewählt. Es gilt aber, das zum Inhalt und für den Zweck passende Papier zu wählen, z. B. eins, das etwas aushält, wenn ein Buch für Kinder und Jugendliche produziert werden soll – oder ein teures Büttenpapier, wenn man Schülerradierungen beim Weihnachtsbasar verkaufen will. Papier ist beim Druck nicht, wie manchmal missverstanden, das „Sahnehäubchen", sondern der Teig, der den Geschmack trägt.
Papier macht übrigens auch einen Unterschied bei Briefbögen und Schulpublikationen, bis hin zur Facharbeit. In Schulen gibt es oft kostenneutrale Optimierungsmöglichkeiten – es geht um das passende Papier, nicht um das teure.

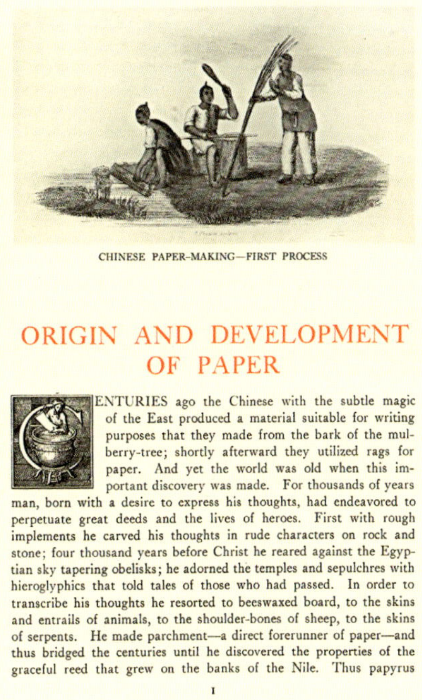

CHINESE PAPER-MAKING—FIRST PROCESS

ORIGIN AND DEVELOPMENT OF PAPER

CENTURIES ago the Chinese with the subtle magic of the East produced a material suitable for writing purposes that they made from the bark of the mulberry-tree; shortly afterward they utilized rags for paper. And yet the world was old when this important discovery was made. For thousands of years man, born with a desire to express his thoughts, had endeavored to perpetuate great deeds and the lives of heroes. First with rough implements he carved his thoughts in rude characters on rock and stone; four thousand years before Christ he reared against the Egyptian sky tapering obelisks; he adorned the temples and sepulchres with hieroglyphics that told tales of those who had passed. In order to transcribe his thoughts he resorted to beeswaxed board, to the skins and entrails of animals, to the shoulder-bones of sheep, to the skins of serpents. He made parchment—a direct forerunner of paper—and thus bridged the centuries until he discovered the properties of the graceful reed that grew on the banks of the Nile. Thus papyrus

1

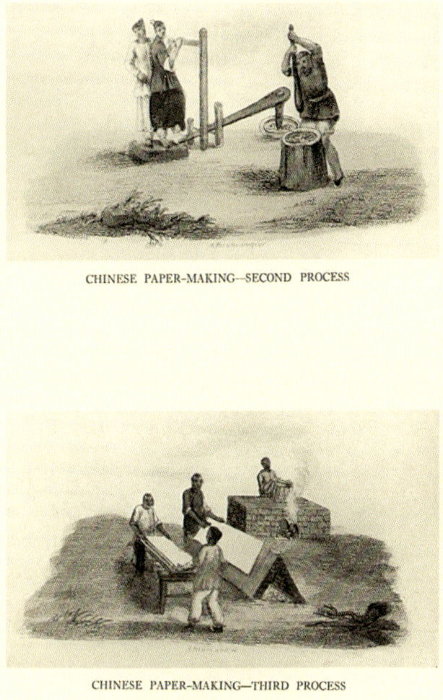

227, 228 | Papierschöpfen in China: Illustrationen aus der Festschrift zum 50-jährigen Bestehen einer US-amerikanischen Papiermühle (1919)

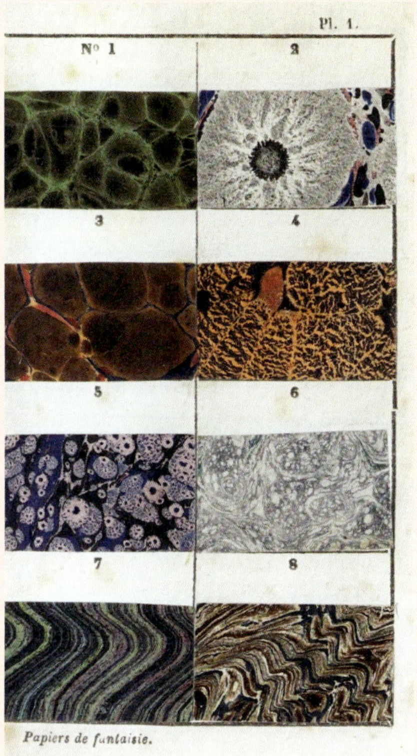

229 | Musterseite aus einem Handbuch zur Herstellung von Schmuckpapieren *(papiers de fantaisie)* (1852)

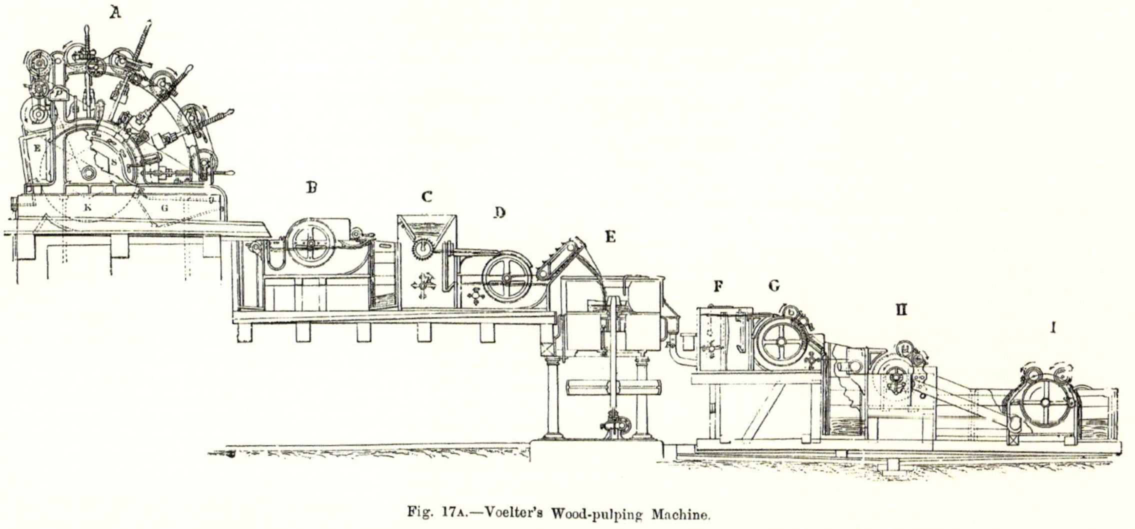

230 | Grundriss einer Maschine zur Herstellung von Papierbrei aus Holz (1870er Jahre): Das Holz wird zu Brei verarbeitet (A), gefiltert (B), verteilt (C) und nochmals gefiltert (D); die gröberen Fasern werden gemahlen (E) und wieder zur Masse dazugemischt (F), die über weitere Walzen (G, H, I) weitertransportiert und weiter zermahlen wird.

3.9 Seiten zusammenhalten – Bücher binden

Bei Unterrichtsvorhaben und Projekten zum Thema „Drucken" fällt immer wieder auf, wie interessiert und wie begabt Schülerinnen und Schüler dafür sind, die gedruckten Seiten zu binden oder zu heften. Die Gründe dafür liegen unter anderem darin, dass beim Buchbinden

- einige handwerkliche Kniffe und Tricks schnell erlernbar sind;
- kooperatives und auch manufakturmäßiges Arbeiten möglich sind;
- das Ergebnis des gesamten Arbeitsprozesses handgreiflich zu fühlen ist und präsentiert werden kann.

Für die Unterrichtspraxis sind vor allem die Techniken des Buchbindens geeignet, die sich schnell und ohne spezielle Geräte (wie z. B. eine Binde-Lade, vgl. **Abb. 11**) durchführen lassen. Dazu gehören die Schulheft-Bindung und die Klammerheftung, die wir im Unterrichtsvorhaben „Ein Gedichtheft zum Thema ‚Ich – du – wir' produzieren" (→ Kap. 1.1) und im Projekt „Buchdruck klassisch" (→ Kap. 1.10) eingesetzt haben. Beide können schon nach kurzer Anleitung von Schülerinnen und Schülern selbstständig geleistet werden.

Nach den ersten Erfahrungen mit dem Buchbinden möchten Schülerinnen und Schüler meist noch komplexere Techniken des Buchbindens kennenlernen. Das klassische Buchbinden (mit Fadenheftung mehrerer Hefte, Verbinden zu Buchblöcken, Herstellung des Umschlags und Deckels sowie Einbinden und Beschnitt des Buchblocks) ist ein vielschrittiges und anspruchsvolles Verfahren, das viel Materialerfahrung (z. B. mit Leim, Papiersorten und -laufrichtung) und handwerkliche Sorgfalt erfordert, wenn es zu einem ansprechenden Ergebnis kommen soll. Dies ist am ehesten durch Praktika oder Workshops in handwerklichen Buchbindereien zu erlernen, von denen es in Deutschland noch über 1.000 gibt – bei deutlich rückläufiger Zahl. Ein Workshop, bei dem man unter Anleitung ein Buch klassisch bindet, dauert ca. 10 Stunden – verteilt auf mindestens 2 Tage, damit in der Zwischenzeit der Leim trocknen kann.

Es gibt aber auch ohne den klassischen Buchdruck noch interessante Alternativen für Buchbindungen im Unterricht, die sich mit wenig Material umsetzen lassen.

Zur Grundausstattung gehören: Falzbein, dicke Büroklammern/Foldbackklammern, Buchbindergarn (keine Zahnseide …) Schere, Cuttermesser, dicke Nähnadel und möglichst eine Ahle.

231, 232 | Japanische Bindung

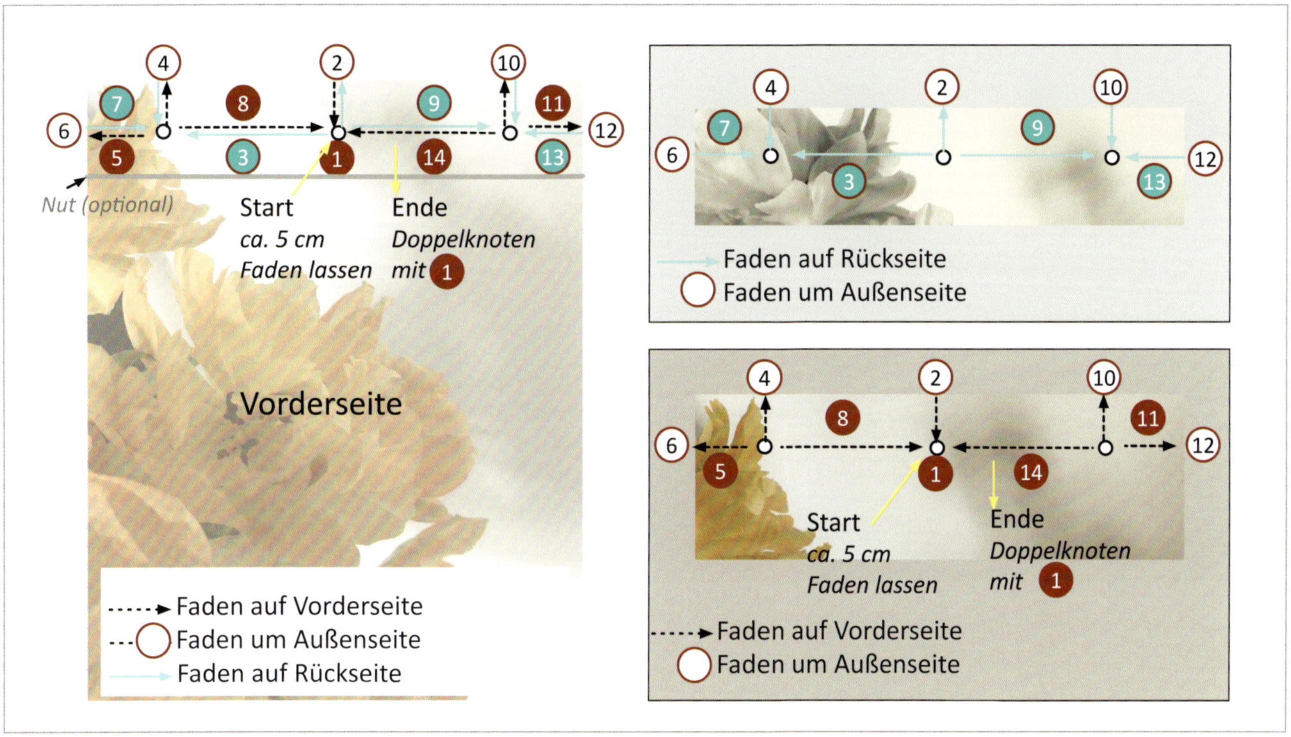

233 | Japanische Bindung, Arbeitsschritt ❸: Fadenführung

Japanische Bindung

Sie ist für dünne, aber auch umfangreichere Werke und unterschiedliche Formate geeignet. Um ein gutes Aufschlagverhalten des Buches zu erreichen, sollte bereits beim Druck darauf geachtet werden, dass dieser parallel zur Laufrichtung erfolgt (→ Kap. 3.8).

❶ Für den Buchblock der japanischen Bindung eignen sich alle Papiersorten und -grammaturen, die nicht schnell einreißen (ab 80 g/m²). Für die Deckblätter sollte dickeres Papier (mindestens 120 g/m² gewählt werden, wobei entweder beide Seiten die Größe des Buchblocks haben oder die Vorderseite an der Bindungsseite ca. 3 cm länger ist (damit man sie um den Buchrücken falzen kann).

Falls diese Lösung gewählt wird, besteht der erste Schritt darin, das Vorderblatt so zu falzen, dass es an 3 Seiten mit dem Buchblock bündig schließt und die Bindungsseite umfasst. Am oberen Deckblatt kann man etwa 2,5 cm parallel zum Bindungsrand mit der Spitze des Falzbeins eine Nut einrillen, um später das Umschlagen zu erleichtern.

❷ Dann wird das Papier bündig gestapelt und mit den Foldbackklammern fixiert. Im nächsten Schritt werden in die Bindungsseite 3 (oder mehr) Löcher (mit einer Ahle) etwa 1,5 cm vom Bindungsrand geschlagen oder mit einem Papierbohrer gebohrt. Ist der Buchblock zu dick, kann man eine Lochschablone anfertigen (3 cm breiter Streifen, der exakt mit dem Bindungsrand übereinstimmt) und damit Markierungen für das Lochen kleinerer Stapel anbringen.

❸ Durch die Löcher des gesamten Buchblocks (inklusive beider Deckblätter) wird der Faden (z. B. Bastfaden, Bindfaden) mit einer Nähnadel nach dem in **Abb. 233** gezeigten Muster (für 3 Löcher) gezogen und abschließend verknotet bzw. mit einer Schleife zusammengebunden.

Ein Heft zum Buch machen: Klappen-Broschur

Auch ein einfaches Heft mit Rückenstichbindung (→ Kap. 1.10, Schritt 4) kann mit wenig Aufwand zu einem kleinen Buch veredelt werden, indem man es in eine „Broschur" verwandelt, bei der um das Heft als Innenteil ein weiterer Umschlag gefaltet wird. Im Projekt „Alltagshelfer" haben wir eine „englische Broschur" verwendet: (siehe **Abb. 235**, ❶). Der grüne Umschlag (300 g/m² Fotokarton) für die Broschur hatte die Höhe

234 | „Englische" Broschur

des Innenteils (plus 3 mm), die Breite der beiden Seiten plus rechts und links etwa 2/3 einer Seitenbreite. Dreimal wurde der Umschlagbogen genutet und dann gefalzt (1 × in der Mitte und dann von der Mitte aus je 1 × bei der Seitenbreite) – in grafischen Werkstätten und Druckereien kann die Falz ggf. vorgenutet werden, das erleichtert das Falzen. Beim dicken Broschurumschlag ist die Beachtung der Laufrichtung besonders wichtig: Die Falz muss parallel zur Laufrichtung des Papiers erfolgen. Würde sie quer dazu liegen, käme es unter Umständen zu Brüchen und Unregelmäßigkeiten.

Schweizer Broschur, Halfcover-Broschur

Auch zwei weitere attraktive Varianten der Broschur sind relativ leicht zu bewerkstelligen: So wird bei der *Schweizer Broschur* (**Abb. 235**, **2**) das Schulheft nur auf die hintere Innenseite des Broschurumschlages geklebt. Dazu muss der Breite der hinteren Innenseite noch die Dicke des Innenteils (plus ca. 3 mm) zugegeben werden. Der Umschlag wird jeweils eine Seitenbreite vom rechten und linken Seitenrand gefalzt, das Heft mit der hinteren Umschlagseite auf die hintere Innenseite des Broschurumschlages geklebt (am besten mit Leim, gut anpressen). Wichtig ist, dass in die Mitte des Umschlages zwischen den beiden Falzlinien kein Klebestoff aufgetragen wird.

Bei der dritten Broschurvariante, der Halfcover-Broschur (**Abb. 235**, **3**), ist die Vorderseite angeschnitten (ca. die Hälfte, interessant sind auch ungerade Schnitte). Anders als bei den beiden ersten Varianten wird hier das Schulheft mit der Bindung in den Broschurumschlag eingeklebt, und zwar so, dass die Rückseite des Innenteils genau auf die Innenseite der Broschur passt. Dazu wird vorher eine Falz (bei breiteren Innenteilen eine Doppelfalz) angelegt, darauf wird ein 2–4 mm dicker Streifen Klebstoff (Buchbinderleim) aufgetragen und der Innenteil dann in die Falz gedrückt. Die Broschüren müssen dann 1–2 Tage ruhen (pressen mit Gewichten).

Ziehharmonika-Bücher und Leporellos

Ziehharmonika-Bücher und Leporellos werden manchmal als Spielerei unterschätzt, eignen sich aber ausgezeichnet als Objekte für Ausstellungen und bieten höchst unterschiedliche Herausforderungen an inhaltliche und ästhetische Gestaltung. Für einfache Formen reicht eine Vertretungsstunde, für komplexe Formen wird viel Zeit notwendig sein. Alles, was man als Anfänger für Ziehharmonika-Bücher benötigt, sind DIN-A4-Papier, ein Falzbein und eine gute Schere.

Am einfachsten ist es, grafisch bedruckte Blätter für die Ziehharmonikas zu verwenden oder auf einen Scanner kleine Erinnerungsstücke, Zettel usw. zu legen und sie auf eine DIN-A4-Seite zu scannen. Daraus lässt sich eine kleine Erinnerungs-Buchskulptur schneiden und falzen. Die in **Abb. 236** mit x gekennzeichneten Seiten

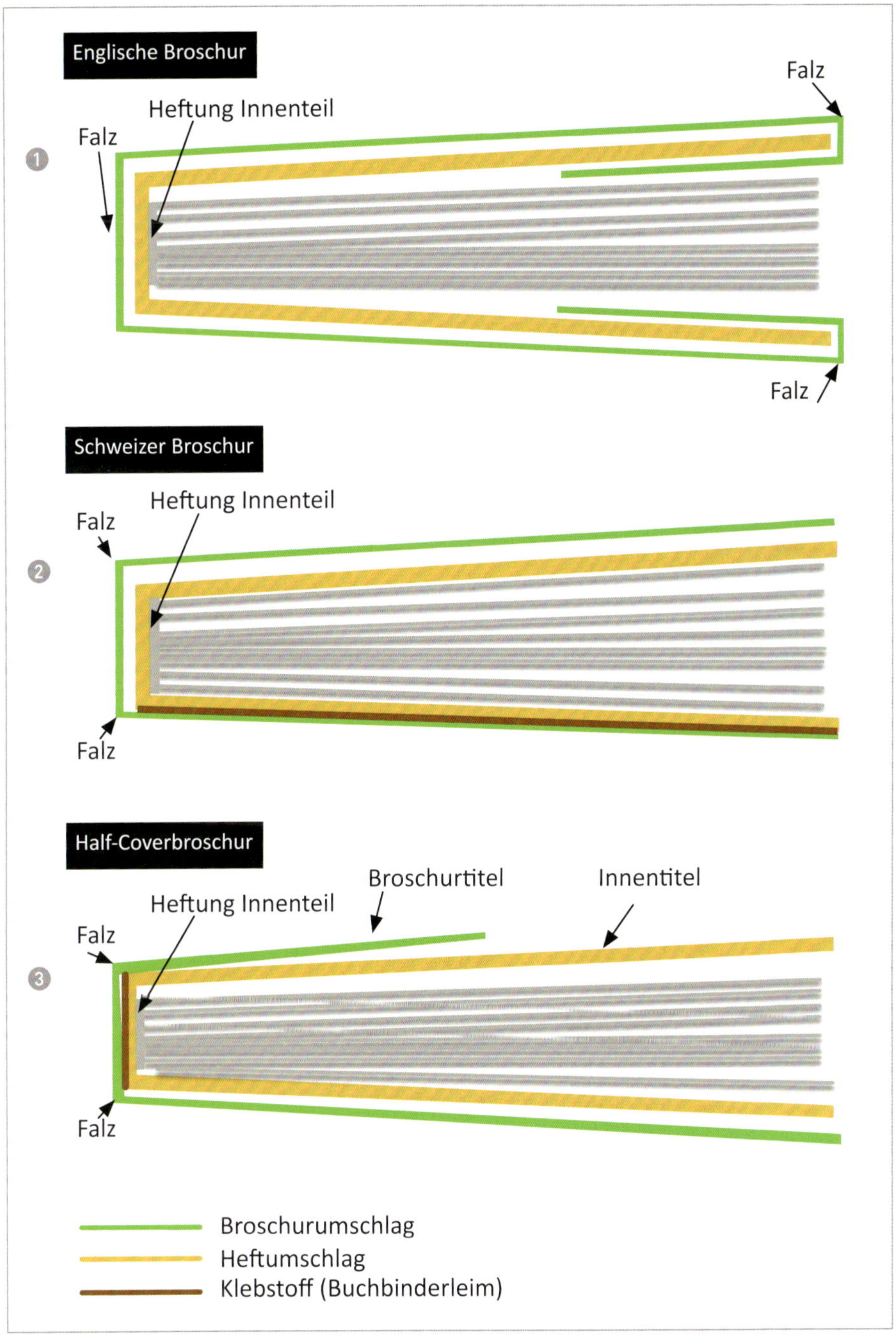

235 | Drei Broschur-Formen

können zusammengeklebt werden, sie sind nicht sichtbar und dienen als Stabilisierung. Technisch und gestalterisch anspruchsvoller ist die Gestaltung kleiner Texte, hier müssen für Vorder- und Rückseite entsprechende Ausschießmuster verwendet werden (**Abb. 236**, Variante ③), für die erst ein Dummy erstellt werden sollte. Das Ausschießmuster lässt sich mit einem Textverarbeitungsprogramm (Tabelle einfügen 4 × 6 Felder zu 4,9 × 7 cm, Textrichtung je Spalte einstellen, Standardzellenbegrenzung 0, keine Seitenränder) vorproduzieren. Für größere Projekte lassen sich auch höhere Formate (DIN A3 oder DIN A2) gut verwenden.

Instant-Bücher

Dies ist wohl die schnellste und einfachste Variante, ein kleines „Buch" mit 8 Seiten zu produzieren. Auch

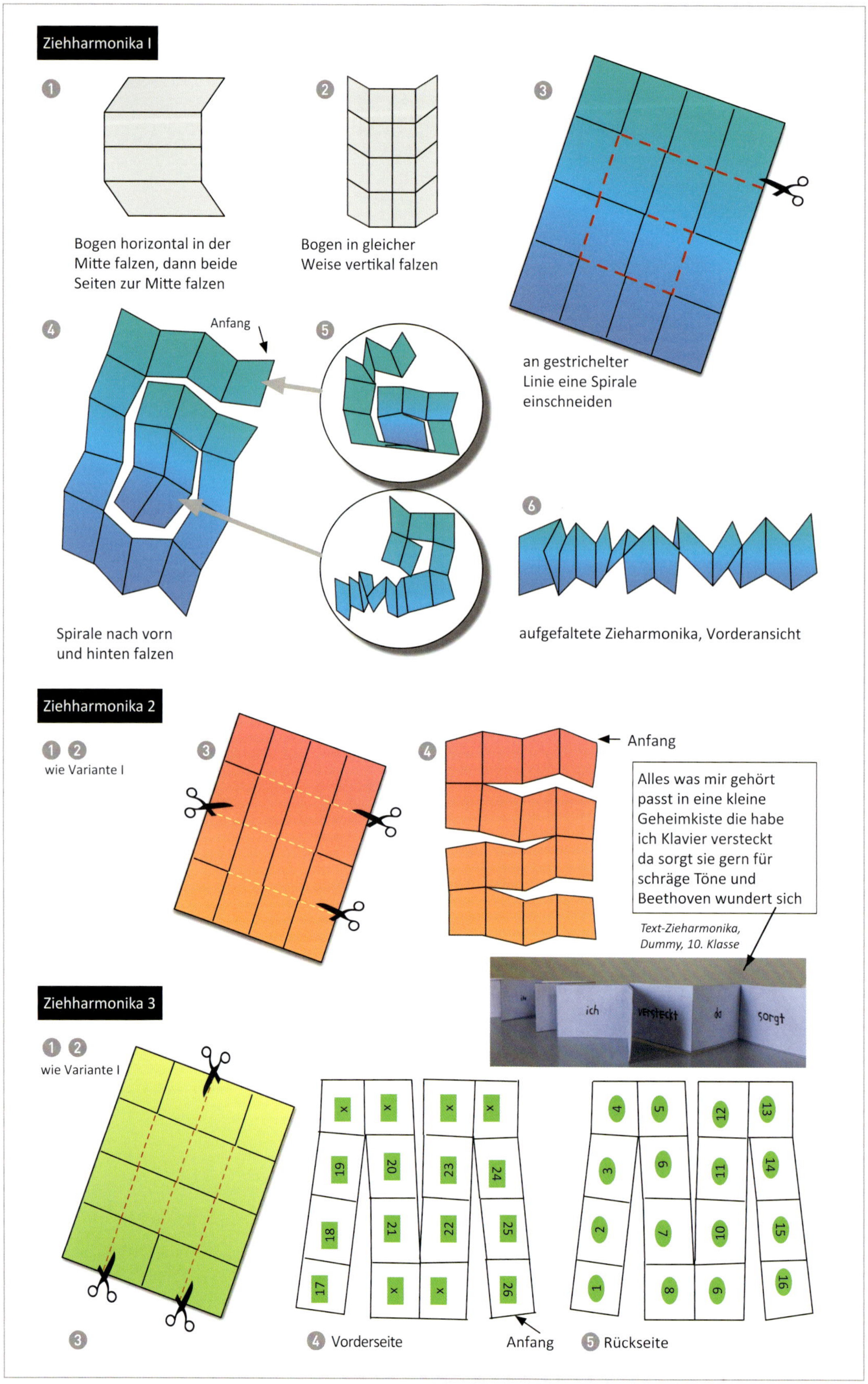

236 | Ziehharmonika-Varianten

hier werden nur ein Falzbein und etwas Klebstoff benötigt, wenn man will, kann man (bei Ausgangsformaten größer als DIN A4 auch eine kleine Rückenstichheftung anbringen.

1. Längsseite des Blattes horizontal in der Mitte knicken und Kante gut mit dem Falzbein reiben.
2. Längsseite vertikal in der Mitte knicken.
3. Offene Seiten an die Mitte legen, die geschlossenen Seiten falzen. Wenn später die Seiten außen exakt abschließen sollen, Falz nicht exakt in der in der Mitte platzieren, sondern mit ca. 5 mm Zugabe zur linken Seite.
4. Blatt von der Mitte aus je ein Feld einschneiden.
5. Rechte und linke Horizontalseite leicht auseinanderziehen und die Seiten dann zu einer Kreuzform zusammendrücken (siehe **Abb. 237**).
6. Innenseiten zusammenkleben (wenn gewünscht).
7. Ausschießplan für eine linksbündige Mini-Broschüre.

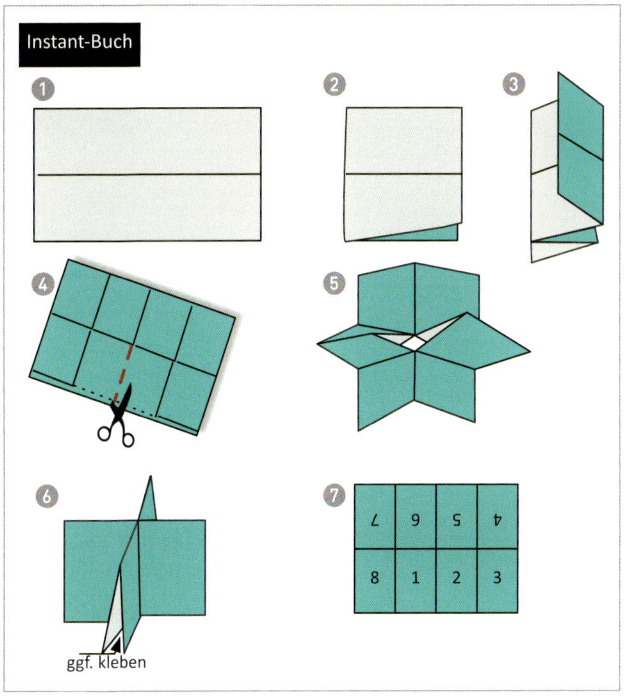

237 | Instant-Buch (Smith 2007)

Erfahrungsschatzkiste

Zu Beginn der Arbeit mit Verfahren des Buchbindens stehen meist handwerkliche Aspekte im Vordergrund: Welches Material eignet sich für die Bindung, wie kann man die Führung des Fadens und das Knoten üben? Wie beim Drucken ist es auch beim Buchbinden wichtig, viel Raum fürs Experimentieren einzuräumen. Anfangen kann man damit, für vorhandene Schulbücher neue Schutzumschläge zu gestalten (als einfache Broschur oder wie beim Leinenumschlag über die Seite gezogen und über Eck befestigt): Selbst das früher gebräuchliche Verfahren, Schulbücher in Zeitungen einzuschlagen, kann man wieder zum Leben erwecken. Mit einem neuen Umschlag den Büchern einen anderen Ausdruck und eine andere Erscheinung zu geben, macht Spaß und zeigt zugleich, welche Wirkung ein Umschlag machen kann.
Kleine Faltformen wie die Instant-Bücher führen zu Grunderfahrungen mit dem Bücherbinden, die Schülerinnen und Schüler eigenständig weiterentwickeln können, z. B. zu Foto- oder Postkartenalben, Erinnerungsleporellos (bei denen die untere Längsseite 1 – 2 cm nach oben gefaltet wird, um so kleine Taschen für Erinnerungsstücke (Eintrittskarten, Zeitungsausschnitte etc.) zu schaffen. Faltbücher können mit einfachen Mitteln gestaltet werden, z. B. Eckenrundungen mit dem Nagelknipser, Lochungen für Erinnerungsbänder und -schleifen). Arbeitsergebnisse der ganzen Klasse (Zeichnungen, Texte) können zu einem Klassenbuch zusammengebunden werden – wenn jedes Jahr so ein Buch gebunden wird, hat man am Ende der Schulzeit die Lern- und Erfahrungsjahrgänge sinnlich erfahrbar vor sich. Buchbinden lädt auch dazu ein, unterschiedliche Materialien auszuprobieren und zu kombinieren. So kann man Bücher aus Stoff binden, aus Verpackungskartons, dünnen Hölzern und Folien. Buchbinden hat, wenn es gelingt, einen dreifachen Ausgangspunkt: Freude am Sammeln, Freude am Gestalten und Freude am handwerklichen Tun.

3.10 Von der Setzerei ins Büro – die „Schwarze Kunst" und ihre Sprache

Es ist gerade erst einmal gut ein halbes Jahrhundert her, dass Drucken eine für jedermann beobachtbare und nachvollziehbare Sache wurde: Fotokopierer und Druckgeräte tauchten in Betrieben, Büros und bald auch in Schulen auf, mit denen man so vervielfältigen konnte, dass es „wie gedruckt" aussah (und nicht wie die ausgebleichten Hektrografie- oder nach Spiritus riechenden Matrizendrucke). Mit Kleinoffset-Maschinen (wie der legendären Rotaprint RKL 50) konnten Kleinverlage und politische Gruppierungen Bücher (nicht immer legal) und Zeitschriften drucken, ohne dass eine Druckerei daran beteiligt war (Sonnenberg 2016, S. 55). Und Manuskripte konnten mit digitalen Satzverfahren oder mit „intelligenten" elektrischen Schreibmaschinen so geschrieben werden, dass man meinen konnte, sie wären von einem Setzer gesetzt worden.

Begriffe wie *Blocksatz*, *links-* und *rechtsbündig*, *Spaltensatz*, *Einrückung*, *kursiv* und *fett* – die heute in den Eingangsklassen der Mittelstufe beim Umgang mit Textverarbeitungsprogrammen eher nebenbei erlernt werden – waren vor einem halben Jahrhundert in der Schule so gut wie unbekannt. Wie Bücher gedruckt und hergestellt wurden, war Angelegenheit von Spezialisten und eigenen Berufen (Drucker, Schriftsetzer, Buchbinder, Verlagskaufmann). Und als Privatmensch kam man damit, wenn überhaupt, nur in Kontakt bei der Bestellung von Hochzeits- und Totenbriefen.

Wie es möglich war, dass jeden Tag in der Welt exakt so viel passierte, wie in der Tageszeitung Platz hatte, dass die Fotos präzise zwischen die Artikel passten und die Überschriften immer genau so breit waren wie der Platz über den Spalten, zu denen sie gehörten – all das erschien Außenstehenden wie ein Geheimnis oder gar als Wunder.

Wenn das Setzen und Drucken von Zeitungen und Büchern den Nimbus eines anspruchsvollen Handwerks – ja sogar einer Kunst – erlangt hatten, lag das zum einen an den besonderen Herausforderungen selbst: Wichtig für den Schriftsetzer- und Druckerberuf waren unter anderem sichere Rechtschreibungs- und Grammatikkenntnisse, Fähigkeit zur Gestaltung, gute räumliche Vorstellung, sichere mathematische Grundfertigkeiten, physikalische und technische Kenntnisse (über Farben, Lösungsmittel, Druck, Maschinen). Kein Wunder, wenn Beschäftigte des Druckgewerbes als „Akademiker unter den Handwerkern" gesehen und auch entsprechend besser entlohnt wurden.

Andererseits beruhte der Nimbus der Drucker und Setzer aber auch darauf, dass sie – über Jahrhunderte –

Schülerzeitung – wie gedruckt

Ein Bericht aus einer Schülerzeitungsredaktion der 1970er Jahre:
Unsere Schülerzeitung sollte in etwa so aussehen wie der *Spiegel*, mehrspaltig im Blocksatz ... Der Drucker hatte uns DIN-A4-Satzvorlagen mit gelben Spaltenrändern gedruckt, darauf schrieb unsere Sekretärin (Nebenjob) zuerst mit der Schreibmaschine das Vor-Layout. Das gingen wir noch einmal durch, schrieben neben jede Zeile, wie viele Leerzeichen noch hinzugefügt werden mussten oder welche Buchstaben und Wörter gestrichen werden sollten, damit die Zeile direkt bis an den Spaltenrand kam und Blocksatz entstand. Dann schrieb die Sekretärin noch einmal die Seiten mit der Schreibmaschine ab (natürlich hatte sie vorher die Schrifttypen gereinigt und ein neues Farbband eingelegt), und wir hatten den Text auf Spaltenbreite.
Die Spalten montierten wir mit Fotos und Überschriften (aufgerubbelt mit teuren Letraset-Buchstaben) auf die Endbögen. Echtes Handwerk. Sieben Jahre später hatte ich über eine Bekannte Zugang zur nagelneuesten elektrischen Speicherschreibmaschine aus dem Büro des Bürgermeisters. Sie konnte bis zu 3 korrigierbare Seiten speichern, dann mit ihren Kugelköpfen auf Carbonbändern sogar Blocksatz gestochen scharf schreiben. Als ich so meine Staatsexamensarbeit abgab, gab es allgemeines Erstaunen im Sekretariat: „Die erste wie gedruckt aussehende Staatsexamensarbeit ... wenn das Schule macht", meinte die Verwaltungsangestellte.

238 | Bevor es Computer gab, wurden Texte oft von Hand gezeichnet und gemalt: zum Beispiel auf Hauswänden, Schildern, technischen Zeichnungen, Plakaten, Druckgrafiken oder auch Filmzwischentiteln. Eine Schriften-Sammlung bot dafür Kopiervorlagen.

intensiv an ihrem Image gearbeitet und es unter dem Corporate Design „Schwarze Kunst" gut vermarktet hatten. Eine wichtige Strategie war dabei eine eigene besondere Berufssprache. Anders als viele andere Berufe prägten sie nicht nur Begriffe für spezielle Werkzeuge, sondern auch für Arbeitsprozesse, den Umgang der Beschäftigten untereinander und die Gestaltung ihrer Waren.

Wer sich auf den Weg in die Welt des Drucks machen wollte, musste diese Sprache studieren. Einige Wörter und Redewendungen der Druckersprache haben es bis in die heutige Alltagssprache geschafft, andere gehören nach wie vor zum reinen Fachwortschatz. Die Sprache der „Schwarzen Kunst" gibt einen Eindruck davon, was Setzen und Drucken ausmacht, wie es sich entwickelt hat. Heute gehören viele Wörter aus dem Bereich des Drucks, der Schriftgestaltung und des Layouts zu unserem täglichen Arbeitsalltag. Drucken ist nicht mehr nur den Vertretern der Schwarzen Kunst, ihrem Wissen und ihrer Berufserfahrung vorbehalten, sondern wir können selbst mit alten und neuen einfachen Verfahren sowie mit vielfältigen Möglichkeiten das nutzen und weiterentwickeln, was die Schwarze Kunst über Jahrhunderte entwickelt hat.

Die Sprache der „Schwarzen Kunst“

Abnudeln	einen Korrekturabzug herstellen (Satz einfärben, einen Abzug machen)
Affenstall	der große mit umlaufenden Fenstern versehene Verschlag im Setzersaal, in dem der Meister („Affe“, korrekt „Faktor“) sich aufhält
Arschgespan	Hintermann eines Setzers in ein und derselben Setzergasse zwischen den Satzregalen
Augenpulver	sehr kleine Lettern (so groß wie Pulverkörner, die man kaum sehen kann)
Ausbluten	Unschärfer-Werden des Druckbildes, weil die Farbpigmente auf einer Seite durch aufgetragene Lackierung oder Lösungsmittel zu wandern beginnen
Ausschießen	Zusammenstellen mehrerer Druckseiten (4, 8, 16 Seiten) zu einer Druckform
Ausschließen	beim Blocksatz das Erweitern oder Verringern von Wortzwischenräumen
Ausschlachten	Nach Beendigung des Druckens das Zerlegen der Druckform und Wiederablegen der Lettern
Brotschrift	Schriften für den normalen Buchsatz zwischen 9 und 12 pt
Durchschuss	Abstand zwischen den Zeilen
Eierkuchen	Wirrwarr ineinander verschobener Buchstaben
Fahne	ein Text wird zuerst Zeile für Zeile hintereinanderweg gesetzt und auf einem Bogen zur Korrektur ausgedruckt (häufig gibt es dafür längere Blätter, die wie Fahnen geschnitten sind)
Fisch	eine Drucktype/Letter, die sich im falschen Gewässer, also einem falschen Fach des Setzkastens aufhält; gibt es in einem Setzkasten viele „Fische“, gilt er als „verfischt“
Flebben	Personalpapiere für Gesellen
Fliegenkopf	(absichtlich oder unabsichtlich) auf den Kopf gestellte Letter
Frosch	„Sei kein Frosch!“ (a) Mittelstück auf dem Winkelhaken, (b) Karton auf der Handpresse, der Papierbögen Halt gibt, (c) Falttasche auf der Innen-Rückseite, um dort Papierblätter einzulegen
Furz	eine leicht zu erledigende Setzarbeit (glatter Text)
Gautschen, Gautschbrief	eigentlich Pressen von Papierbahnen – alter Zunftbrauch: beim Gautschen wird der zukünftige Geselle auf einen nassen Schwamm gesetzt, in eine Wanne mit Wasser getaucht und mit ironisch-deftigen Sprüchen „getauft“
Gemeine	Kleinbuchstaben/Minuskeln

Hochzeit doppelt gesetzte Wörter oder Wortfolgen

Hudelei kleine Druckerei, deren Besitzer das Druckhandwerk nicht gelernt haben

Hurenkind letzte Zeile eines Abschnitts, die oben auf der nächsten Seite positioniert wird; moderne Setz- und Textverarbeitungsprogramme können dies automatisch unterbinden

Jungfrau fehlerfrei gesetzter Text, bei dem der Korrekturabzug keinen Fehler aufweist

Kolumnenschnur (oft aus Hanf) zum Ausbinden der Schriftsätze

Leiche versehentlich ausgelassenes Wort

Ligatur zusammengegossene Buchstabenverbindungen z. B. für: ch, ck, ff, fi, fl, ft, tz

Nudel Abziehapparat, ähnlich wie ein Nudelholz:
eiserner Zylinder mit zwei Handgriffen, damit man über den Satz rollen kann

Sacktag früher jener Tag, an dem der Gesellenvertrag beim Drucker verlängert wurde;
wurde man nicht verlängert, hat man „den Sack (Armensack) erhalten", kündigte man,
dann hat man „in den Sack gehauen"

Satz gesetzte Zeilen, meist mit Kolumnenschnur umbunden

Schiff Metalltablett, auf dem der fertige Satz transportiert wird

Schnellschuss rasch zu erledigender Druckauftrag

Schusterjunge Anfangszeile eines neuen Abschnittes, die unten auf der vorherigen Seite steht (und „vorwitzig" wirkt);
moderne Setz- und Textverarbeitungsprogramme können dies automatisch unterbinden

Schwarze Kunst schwarz wie die Druckerfarbe, so wurde das Drucken angesehen – auch als Zauberei oder Hexerei

Verballhornen etwas falsch aussprechen, verschlimmbessern; nach dem Buchdrucker Johann Ballhorn (1531 – 1599), der ein Bild druckte, das statt eines an den Füßen gespornten Hahnes einen ungespornten zeigte, dem dann auch noch Hühnereier zur Seite lagen; Ballhorn meinte, von sich selbst überzeugt, er habe das Bild so nur „verbessert" und die Aufmerksamkeit der Betrachter angezogen

Verfischen Lettern ungeordnet in den Setzkasten legen

Winkelhaken Setzerwerkzeug, einem nach zwei Seiten offenen Kästchen mit einer verstellbaren Seitenwand,
mit dem man die Zeilen zusammenfügt

Zwiebelfisch unbeabsichtigte Mischung mehrerer Schriftarten in einem Drucksatz (weil die Setzkästen verfischt sind)

Nach Nadolski (1990), Becker (1989), Bauer (1965)

153
Maria

DRITTER TEIL

Drucken – von der Theorie zur Praxis

4 Erste und letzte Hilfe in der Welt des Druckens

Die folgenden Minikurse und Tipps sollen den Einstiegshilfen in die Welt des Druckens erleichtern: Gerade vor dem Beginn größerer Unterrichtsvorhaben können sie die ersten Schritte absichern und Kontakte schaffen helfen, um Erfahrungen auszutauschen und Hilfen zu bekommen.

4.1 Minikurse: Schaffe eine Einstiegsmöglichkeit für alle!

Während der Einstieg bei reinen Druckprojekten wie einem Gedichtheft oder einer Bewerbung fast immer sehr gut über einfaches Ausprobieren und Erfahrung funktioniert (mit Textverarbeitungsprogrammen oder – noch besser – mit Bleisatz), gestaltet sich der Beginn von Projekten, in denen Text *und* Bild gemeinsam gestaltet werden sollen, eher zögerlich: Die Schülerinnen und Schüler, die gern und gut Texte schreiben, möchten sich darauf konzentrieren und fühlen sich oft gar nicht so sicher darin, Bilder zu gestalten oder grafisch zu arbeiten. Und diejenigen, die meinen, dass bildnerische Gestaltung ihre Stärke ist, möchten am liebsten nur dabei bleiben. Schnell kommt es zu einer problematischen Arbeitsteilung zwischen Zeichnern und Textern oder zwischen Praktikern/Technikern auf der einen und Ideenproduzenten auf der anderen Seite. Eine solche Arbeitsteilung, die sich nur aus bisherigen Erfahrungen ergibt und nichts Neues oder Unbekanntes wagt, begrenzt die eigene Entwicklung und die Entfaltung von Kreativität.

Um Schülerinnen und Schüler für experimentierende Vorhaben im Druckbereich zu interessieren und für Unbekanntes zu öffnen, kann es sehr hilfreich sein, „Minikurse" vorzuschalten, die darauf zielen, einige Grundtechniken und Basiselemente zeichnerischen Gestaltens zu probieren oder zu wiederholen.

Minikurs I: Zeichnerisch Ideen entwickeln und gestalten

Die meisten Schülerinnen und Schüler (auch wenn sie schon mit dem Computer gearbeitet haben) verfügen noch über wenig Erfahrung damit, eigene Ideen zeichnerisch zu planen und einen Entwurf anzufertigen. Dieser kurze „Grundkurs" – entweder für die gesamte Gruppe oder differenzierend – soll Gestaltungsprinzipien von Linie, Punkt und Schraffur (wieder) aufgreifen und vermitteln, was Linien und Flächen bewirken, wie Gestaltung beeinflussbar ist (oder wird). Damit lassen sich dann auch Gestaltungsideen leichter visualisieren und Druck-Lösungen finden. Die Übungen lassen sich als Stationen angelegen, man kann auch eine Auswahl daraus in der gesamten Klasse durchführen lassen (Möglichkeit des Vergleichs, der Auswertung).

1 „Kritzel dich mal locker!"

Der Grundkurs beginnt mit einer „heimlichen Hausaufgabe":

❶ Während einer Stunde in der kommenden Woche sollst du auf einen Block (DIN A5) herumkritzeln, was dir gerade einfällt. Achtung: Du darfst allerdings nichts schreiben, nur kritzeln …

❷ Auswertung der Kritzelei: Was machen die Linien eigentlich auf dem Blatt? Wo schaffen sie Flächen, Zwischenräume, Bewegung?

❸ Schmücke einzelne Linien und Formen jetzt mit Ornamenten (Arabesken, Mäander) und versuche bei mindestens zwei Formen, eine Räumlichkeit vorzutäuschen. Und jetzt aufgepasst: Welche Formen sind auf dem Blatt nun im Vordergrund, welche rücken nach – und wie ist es zu dieser Ordnung gekommen?

Merksatz:
Man kann fast nie etwas auf eine Fläche zeichnen, ohne dass nicht ein Vorne oder ein Hinten entsteht – also muss man das bei einem Entwurf auch immer bedenken.

❹ Neue Aufgabe: Nimm jetzt 3 neue Bögen und kritzle auf jeden Bogen etwa 5 Minuten:

- 1. Bogen: Versuche energisch zu sein, wütend, kritzle schnell.

- 2. Bogen: Kritzle einen Traum oder eine Musik – oder kritzle so, dass sich keine Linien überschneiden.
- 3. Bogen: Kritzle so, wie der Stift dich führt (spüre seine Bewegungen nach, seinen Widerstand …).

❺ Untersuche mit Nachbarn/Mitschülern: Wie zeichnest du Linien – wie führen sie dich? Welche Bilder kannst du in den Linien entdecken?

❻ Tauscht ein Bild aus und versucht, es möglichst genau nachzuzeichnen: Striche, Linien, Gestaltung sind etwas Persönliches, haben ihren eigenen Rhythmus.

2 „Mach mal 'n paar Punkte und Linien …"

Nimm einen deiner Linienbögen und versuche, Flächen zu gruppieren, Punkte und Linien auf die Fläche zu verteilen – mal dichter, mal sehr dünn aufgelockert, dann wieder geballt. Ziehe Mehrfachlinien, betone Unruhe oder Ruhe durch Schlangenlinien, dicke Linien, verwende Stifte unterschiedlicher Dicke.

3 „Hab mal Rücken!"

Teilt euch in Zweiergruppen auf, stellt euch hintereinander und dann schreibt ihr eurem Partner etwas auf den Rücken: eine Linie, ein Muster, eine Figur. Der Partner überträgt das, was er auf dem Rücken spürt, auf ein Blatt.

4 Luftbilder-Dialog

Wieder Arbeit in Zweiergruppen: Ein Partner schreibt etwas in die Luft oder zeichnet einen Gegenstand, das Gegenüber gibt darauf eine Antwort mit eigenen Linien – es geht darum, einen Bilder-Dialog zu erzielen und genau wahrzunehmen, was das Gegenüber vermittelt.

5 Blind-Bilder

Partner-Arbeit: Ein Partner (der „Blinde") bekommt die Augen verbunden, der andere führt seine Hand und zeichnet einen Gegenstand. Nach etwa 5 Minuten darf „der Blinde" dann die Augenbinde abnehmen und den Gegenstand (den er vermutet) weiterzeichnen.

6 „Achtung: Verboten – erlaubt!"

Vorzugsweise Einzelarbeit: Auf der Grundlage der vorherigen Erfahrungen soll jeder in der Gruppe/Klasse versuchen, ein Verkehrs- oder Verbotsschild zu zeichnen (am besten mit nicht mehr als drei Farben).

Aufgabe: Was verboten bzw. geregelt werden soll, soll unbedingt im Vordergrund stehen und betont werden.

239 | Kritzelbild (Klasse 8)

7 Grenzen erfahren/umfahren

Linien machen Grenzen erfahrbar – als Umriss, Kante oder im Bewegungsverlauf. Ziel dieser Übung ist, Gegenstände einzugrenzen: z. B. Formen umfahren, die eigene Hand umfahren, Profile oder Umrisse zeichnen (Fotos übermalen, Silhouetten auf Fotos übermalen, Stadtbild-Umrisse abzeichnen usw.) – Strichmännchen in Bewegung malen, Bewegungsabläufe für Strichmännchen herstellen, Grenzen auf einem Stadtplan einzeichnen, Grenzen bei Gegenständen deutlich machen, z. B. bei Kartons, Tortenuntersetzern, Deckeln, Verpackungen.

8 Eine Karte von der eigenen Welt

Grundriss und Grenzen des eigenen Zimmers oder der Klasse zeichnen: Wer darf welchen Bereich betreten – wo ist Aufenthaltsverbot für andere?

Ein persönliches Labyrinth oder einen Irrgarten erfinden: Wie würde ich mir eine Irr-Welt bauen?

9 „Mach mal Ordnung auf deinem Blatt!"

Linien und einfache Formen ausschneiden und auf einem Blatt anordnen – zuerst möglichst wenig über-

240 | Filter-Experimente: Kanten (Differenz), Raster, kubistisch, Gravur, Linienexplosion, Relief (Standard-Filtereinstellungen von GIMP)

schneidend, dann immer stärker zueinander, bis eine „Form" entsteht: Unordnung/Ordnung, Verdichtung/Streuung, mittig, verteilt etc. Die Form wird auf ein Blatt aufgeklebt, gerastert und dann auf einen Holzstock bzw. Linol übertragen (als Positiv- oder Negativform).

Vergleich von Entwurf und Ausführung: Wirkung, Flächigkeit, Perspektive, Anordnung.

10 „Jetzt mal schattig!"

Die Umrisse eines (schon gedruckten) Holz- bzw. Linolschnitts werden abgezeichnet. Dann werden die umrissenen Flächen bearbeitet.

Als Einstiegsübung dazu kann dienen: Aus Zeitschriften/Fotos Abbildungen von Gegenständen herausschneiden (z. B. Obst, Schachteln) und sie mit Blei- oder Filzstift verändern, etwa durch folgende Techniken:

- in der Fläche bleiben/über Fläche hinausgehen;
- Schattierung, Abgrenzung;
- Hell-Dunkel-Kontrast/Übergang;
- Überschneidung und Staffelung durch Schablonen und Silhouetten;
- Linien: Parallel und schräg zum Blattrand verlaufend (als Raumempfindung).

Holz- bzw. Linolschnitt und die Veränderung werden miteinander verglichen: Welche Wirkungen werden durch die Veränderungen erzielt? Können (und sollen) Veränderungen in den Holz- bzw. Linolschnitt übernommen werden?

11 Geht das Ganze auch mit dem Computer?

Im Prinzip ja: Man kann dazu Programme wie GIMP, InkScape, LibreCad, Tux-Paint und Krita verwenden – man kann, aber man sollte nicht. Denn bei diesem Kurs geht es um das Ausprobieren, haptische Erfahren, Kombinieren. Zeichenprogramme, die z. B. Tools für das Zeichnen von Perspektiven anbieten, sind in der Regel komplex und beschäftigen Schülerinnen und Schüler in der Mittelstufe mehr mit der Handhabung als mit der Gestaltung.

Wenn man unbedingt Computerprogramme einsetzen will, kann man die Handskizze einscannen und dann durch ein Zeichenprogramm nachbearbeiten lassen. Das lässt erfahren, wie schwierig es ist, die Lebendigkeit und die Lockerheit von Entwürfen dann in Computervorlagen zu übertragen.

Interessanter ist allerdings die Alternative, Fotos durch Bearbeitungssoftware zu rastern, in Strichzeichnungen umzusetzen oder zu maskieren (z. B. mit Photoshop, FotoSketcher). Hier kann man durch unterschiedliche Filter testen, wie Wirkung sich verändern bzw. herstellen lässt (**Abb. 240**).

Minikurs II: Scribbeln und Experimente auswerten

„Scribbeln" bietet für die Sekundarstufe I drei besondere Vorteile.

- Es ist eine relativ einfache Technik, eigene Ideen zu Papier zu bringen.
- Es hat ein hohes Ansehen unter Jugendlichen, weil es z. B. in vielen kreativen Berufen eingesetzt wird.
- Es lässt sich ggf. auch leicht mit digitalen Medien durchführen (Tablets).

Beim Scribbeln wird eine „Schmierskizze" einer Seite oder eines Flyers (vgl. **Abb. 75**) entworfen. Dabei werden Textblöcke und Bildelemente grob auf ein Blatt Papier gezeichnet. Weil ein Scribble nur die Grundidee präsentieren und kein Entwurf sein soll, werden die Texte nur mit Markerlinien angedeutet, auch Überschriften werden nur durch Striche mit dem Textmarker oder breiten Filzstiften oder eventuell durch wenige Wörter angegeben, um die Größe der Buchstaben und Zeilen darzustellen. Bilder werden nur in ihren Grundelementen skizziert (Rahmen, grundlegendes Gestaltungsprinzip). Aus dem Scribble muss für den Betrachter ersichtlich sein, wie die Seite grundlegend aufgebaut sein soll, welches Format sie hat, wie Texte und Bilder angeordnet und Überschriften oder Titel verwendet werden sollen.

❶ Bevor man sich in einer Klasse ans Scribbeln begibt, kann es notwendig sein, einige Grundschritte zu üben, z. B.:

- die Darstellung von Buchstaben (hier kann man üben, gleichmäßige Schriftzüge in Versalien gestalten);
- Zeichnung von Grundelementen eines Bildes (z. B. grobe Skizze einer Silhouette, einer Zimmereinrichtung, eines Kosmetikprodukts);
- Anlage von Flächen mit dem Marker (gleiche Strichrichtung, gekreuzte Strichlage, satter oder magerer Farbauftrag).

Um den Skizzen-Charakter des Scribbles zu betonen, sollte es gleich mit einem Grafit-Stift (ohne Holzummantelung) oder mit Finelinern und Markern angelegt werden – Arbeit mit Bleistift führt meist dazu, sich in Details zu verlieren oder unnötig lange zu radieren.

❷ Als nächsten Schritt kann man in Partnerarbeit wechselseitig Scribbles anlegen. Dadurch wird aufgenommen, dass Scribbeln ein dialogisches Verfahren ist, bei dem Gestalter und Auftraggeber ihre Vorstellungen in mehreren Schritten einander annähern. Einer der beiden Partner übernimmt die Rolle des Gestalters, der andere die des Auftraggebers. Der Auftraggeber beschreibt (mündlich) die Art des gewünschten Produkts (Flyer, Werbebroschüre, Deckblatt für ein Referat, Plakat für eine Veranstaltung) und gibt dazu einige inhaltliche Erläuterungen (an wen soll das Produkt sich wenden, welche Informationen soll es enthalten?). Der Gestalter skizziert dazu eine erste Grundidee mit einer groben Aufteilung der Seite (Text- und Bildelemente), stimmt dann mit dem Auftraggeber die grobe Richtung ab, erfragt ggf. weitere Informationen und gestaltet ein zweites Scribble, bei dem die einzelnen Elemente bereits in der beabsichtigten Größe angelegt werden sollen. Schriftgestaltung und Bildelemente können dann in weiteren Scribble-Versionen ausprobiert werden.

Was der Gestalter nicht zeichnen kann, kann er kurz beschreiben („Hier soll ein Bild von einer Wendeltreppe hin …“). Am Ende soll ein Scribble vorliegen, bei dem der „Auftraggeber“ seinen Auftrag umgesetzt sieht und der Gestalter genügend Strukturen geschaffen hat, um den Auftrag auch umzusetzen.

❸ Im nächsten Schritt wechseln die beiden Partner dann die Rollen und erstellen ein weiteres Scribble.

❹ Bei der Präsentation in der Klasse werden nicht nur die fertigen Entwürfe vorgestellt, sondern auch die einzelnen Entwicklungsstadien, damit nachvollzogen werden kann, wie die Gestaltungsidee zwischen Auftraggeber und Gestalter gemeinsam entwickelt wurde. Soll dieser Schritt bewertet werden, erhält der gemeinsame Gestaltungsprozess ein besonderes Gewicht.

Scribbeln ist Ideenfindung, nicht Entwurf! Grundsätzlich kann die Scribble-Technik bei allen grafischen bzw. typografischen Techniken sinnvoll eingesetzt werden. Damit sie aber nicht heimlich zu einer Entwurftechnik umfunktioniert wird, sollte auf den Erarbeitungsprozess beim Scribbeln besonderer Wert gelegt werden. Dies kann z. B. geschehen durch ein „Scribble-Heft“ oder eine entsprechende Mappe, die den Prozess der Ideenfindung und ersten Gestaltung dokumentieren.

Die Dokumentation der Ideen-Entwicklung in einer Scribble-Mappe bildet den Grundstock für die Sammlung weiterer Zwischenstände und Arbeitsproben der folgenden Gestaltungs- und Druck-Experimente: Gesammelt werden hier z. B. Ausdrucke auf farblich unterschiedlichem Papier, Variationen der Typografie, Fehldrucke, zufällig zustande gekommene Lösungen – jeweils mit kurzen Kommentaren (eventuell auch von Arbeitspartnern) und Anmerkungen im Hinblick auf Veränderungen.

Scribbeln, Dokumentation der Zwischenstände sowie die eingangs genannten zeichnerischen Übungen heben so das Handwerkliche, die Prozesshaftigkeit und das Experimentelle von Typografie, Layout und Druck hervor und bieten deutlicher als nur das fertige Produkt einen Einblick in den Entwicklungs-, Gestaltungs- und Arbeitsprozess.

4.2 Sorge für einen guten Druck-Arbeitsplatz!

Ein guter Druck-Arbeitsplatz in der Klasse oder im Zeichensaal ist mehr als nur genügend Raum und Platz. Und oft lässt er sich sogar unter beengten Verhältnissen noch gut realisieren. Beim guten Arbeitsplatz kommt es darauf an, wie die unterschiedlichen Tätigkeiten der Schülerinnen und Schüler so organisiert werden können, dass jede für sich aufmerksam durchgeführt werden kann und die Tätigkeiten insgesamt einander nicht stören (z. B. durch Staub, Schmutz, Farbe).

Denn wenn beim Drucken mit vielen „schmutzigen" bzw. abfärbenden oder staubenden Materialien hantiert wird (Farbe, Linol- oder Holzspäne, Radier- oder Schleifstaub), muss „sauber" gedruckt werden können, ohne dass fremde Stoffe auf den Farbauftrag gelangen, Farben ungewollt vermischt werden, Farbaufträge nicht gelingen.

Auch wenn einige Arbeitsschritte individuelle Konzentration erfordern (z. B. beim Holzschneiden), müssen Gelegenheiten bestehen, kooperativ zu arbeiten und Arbeitsschritte gemeinsam zu erledigen.

Und auch, wenn beim Drucken Maschinen oder Geräte benutzt werden, die scharfkantig sind, pressen oder klemmen können, und Farben und Flüssigkeiten verwendet werden, die der Gesundheit nicht zuträglich sein können (z. B. bei Augenkontakt, Verschlucken), brauchen die Schülerinnen und Schüler Freiräume und Gelegenheiten, solche Arbeiten selbstständig und gut vorbereitet experimentierend zu erproben.

Die Gestaltung eines guten Druck-Arbeitsplatzes in der Schule ist immer eine Abwägung zwischen Offenheit und Zugänglichkeit auf der einen Seite und Grenzen und Beschränkungen auf der anderen Seite. Wie der Druck-Arbeitsplatz spezifisch für das Unterrichtsvorhaben gestaltet werden muss, das kann nicht nur die Lehrperson vorgeben, sondern es muss immer wieder mit Schülerinnen und Schülern geklärt werden, denn sie müssen ein Verständnis dafür entwickeln, wie sie sicher und kreativ arbeiten können: Was ist die Arbeitssituation in dieser Stunde – welchen Arbeitsplatz benötigen wir dafür? Welche Rahmenbedingungen und Sicherheitsvorgaben gelten? (Gibt es für bestimmte Werkstoffe z. B. Sicherheitsvorgaben bzw. -blätter?) Was kann stören und soll sich deshalb nicht auf dem Arbeitsplatz befinden?

In den Jahrgängen 5 und 6 sind unter anderem klare Einführungen in die Handhabung von Schnittwerkzeugen und im Umgang mit Farbe und Reinigungsmitteln wichtig – Lehrpersonen stellen durch Übungen sowie Anweisungen sicher, dass die Regeln auch eingehalten werden. Vieles spricht deshalb dafür, in diesen Jahrgängen anspruchsvollere Arbeitsgänge vor allem in Partnerarbeit anzulegen und größere Gruppen zu vermeiden, weil dort Arbeitsprozesse nicht so überschaubar sind. Alle (!) Schneidewerkzeuge müssen von der Schule – nicht von zu Hause – bereitgestellt werden und (besonders bei Holz- und Linolschnittwerkzeugen) auch hinreichend geschärft sein.

Bereits ab der 5. Klasse sollte der eigentliche Druckprozess (Einfärben und Abdrucken) an Druckstationen erfolgen:

- eine *Papierstation* (zwei Tische), bei der die Papiere ausgewählt und zugeschnitten werden;
- eine *Farbstation* (zwei bis drei Schülerarbeitstische, die von zwei Seiten erreicht werden können) zentral in der Klasse, die Tische durch eine feste Folie oder ein Wachstuch (unter den Tischen mit Gaffa-Tape festgeklebt) geschützt: Dort werden nur Druckstöcke eingewalzt, es kann mit Farbe experimentiert werden. Ob und wie der Boden vor Farbflecken geschützt werden muss (und kann, Vorsicht bei Teppichen, Papierunterlagen, die wegrutschen können), sollte man mit dem Hausmeister abstimmen. Meist ist es einfacher und effektiver, kleine Farbflecken sofort mit einem feuchten Wischtuch zu entfernen. Auch wenn nur mit wasserlöslichen Farben gearbeitet wird, sollte auf regelmäßige Lüftung des Arbeitsraumes geachtet werden (vor allem, wenn lösungsmittelhaltige Klebstoffe benutzt werden).
- eine *Pressen-Station* ausschließlich für die Herstellung von Druckabzügen: Hier werden Druckpapier und Druckstöcke vorsichtig (Papier mit Klemmen) angefasst, damit es keine Fingerabdrücke auf dem Papier gibt.
- eine *Trocknungs-Station:* Sie kann nahe an der Pressen-Station platziert werden, damit Abdrucke sofort zum Trocknen abgelegt werden können: Im Klassenraum kann dies auf der Fensterbank erfolgen (mit freundlichem Hinweis ans Reinigungspersonal, bis wann genau die Blätter liegenbleiben müssen). Im Zeichensaal steht meist ein Papierstapeltrockner zur

241 242 | Die Arbeitsumgebung strukturieren – in der Lithografie-Werkstatt

Verfügung. Wenn man improvisieren muss, kann man Wäscheleinen in der Klasse oder in einem Nebenraum spannen, an denen die Drucke trocknen können.

Wie auch die Planung der Arbeitssituation möglichst selbstständig erfolgen soll, so auch das abschließende Ab- und Aufräumen. Damit dies schnell geschehen kann, muss Schülerinnen und Schülern klar sein, was wohin weggeräumt werden soll, wie und wo Arbeitsgeräte (Walzen) gereinigt und abschließend aufbewahrt werden können (Walzen z. B. so, dass sie gut trocknen können). Zu den blinden Flecken gehören häufig die Reinigung von Spachteln. Es erspart Zeit und Ärger, wenn man sie soweit wie möglich ersetzt durch kleine Pappstücke, die man später wegwerfen kann.

Höhere Klassen können ihre Arbeitsumgebung zunehmend selbst gestalten und verantworten. Dazu gehört auch die (nach Sicherheitseinweisung) selbständige Bedienung von Druckpressen (soweit diese dazu geeignet sind). Wichtig ist, zu Beginn der Gruppenarbeit festzulegen, wer aus der Gruppe am Ende dafür sorgen muss, dass die Gruppenmitglieder aufräumen.

Das Wegräumen von Materialien und die Sammlung der Schülerarbeiten lassen sich in Kunsträumen leichter durchführen, wenn es dort ein klares Gliederungs- bzw. Ordnungsprinzip gibt (Materialien nach Klassen oder nach Arbeitsschwerpunkten).

Sicherheits- und Unfallverhütungsvorschriften für Kunst- bzw. Lern- und Unterrichtsräume enthalten länderspezifische Anforderungen, sie sind im Internet gut zugänglich (http://www.sichere-schule.de/kunst). Zu beachten sind im Bereich „Druck" besonders:

- *Stäube und Pigmente:* Wenn man eigene Farben (z. B. mit Pigmenten) herstellen will: keine gesundheitsbedenklichen Pigmente verwenden (Herstellerhinweise). Einige natürliche anorganische Pigmente (wie Ocker, Grünerde, Terra di Siena und Graphit) sind keine Gefahrstoffe im Sinne der Gefahrstoffverordnung.
- *Stifte und Kreiden:* Lösungsmittelfreie Schreiber bevorzugen (Ausnahme bei deckenden Farben wie Silber- und Goldschreibern); lackierte Holzfassungen von Blei- und Buntstiften dürfen nicht in den Mund genommen werden.
- *Farben und Lacke:* Farben mit wässriger Basis bevorzugen; Stoffmalfarben, Siebdruck- und Druckerfarben können Konservierungsmittel enthalten (Herstellerhinweis) – für ausreichende Lüftung sorgen; keine Verwendung lösemittelhaltiger Farben.
- *Klebstoffe:* Kleber auf Wasserbasis verwenden (z. B. Tapetenkleister, kein Sekundenkleber).
- *Hölzer:* Span- und MDF-Platten mit möglichst geringem Anteil an Hartholz verwenden – besser geeignet sind Hölzer und Platten aus Fichten, Tannen- oder Kiefernholz; bei üblicher manueller Holzbearbeitung reicht normale Fensterlüftung.
- *Maschinen:* Schülerinnen und Schüler dürfen folgende Geräte nicht betätigen: Hobel- und Fräsmaschinen, Sägemaschinen, Stockscheren mit mechanischem Antrieb; Papier- und Schneidemaschine dürfen von Schülerinnen und Schülern unter Aufsicht bedient werden (ab Klasse 9: teilselbstständig). (Ministerium für Schule und Weiterbildung des Landes Nordrhein-Westfalen 2017)

4.3 Lerne aus Fehlern!

Der häufigste Fehler bei Druckprojekten ist: Nicht damit anzufangen … Warum Projekte, in denen das Drucken im Mittelpunkt steht, immer wieder als besonders aufwändig, umständlich und kompliziert gelten, lässt sich nicht mehr nachvollziehen. Vielleicht liegt es an der Befürchtung, Druckerfarben könnten für Verschmutzungen sorgen, der Umgang mit Schneidewerkzeugen könnte die Verletzungsgefahr erhöhen. Oder es liegt an der eigenen Unterrichtserfahrung als Schülerin oder Schüler, wenn damals die Druckprojekte wenig motivierend waren (vor allem, wenn die Bewertung der Schülerleistungen ausschließlich über die „saubere Ausführung" der Arbeit erfolgte).

Beim Drucken lernt man, mit Fehlern produktiv umzugehen.

Wie kaum ein anderer Unterrichtsgegenstand im (Kunst-)Unterricht sind Druckprojekte ausgezeichnete Gelegenheiten, bei denen das Lernen aus Fehlern unmittelbar zur Weiterentwicklung führen kann: Die Wahrscheinlichkeit, dass Versuche mit der Küchen-Lithografie und Cola-Ätzung (→ Kap. 2.4) beim ersten Mal nicht gelingen, ist sehr hoch – wie aber auch der zu erwartende Lernerfolg und Erfahrungszuwachs. Drucken ist ein Prozess, der von Zufall, äußeren Rahmenbedingungen und situativen Einflüssen stark beeinflusst wird (z. B. der Einfluss von Luftfeuchtigkeit), deshalb muss die Arbeit als offen und ergebnis-vielfältig verstanden werden. Ein gutes Lernergebnis für Schülerinnen und Schüler wäre, nicht um jeden Preis die Fehler zu vermeiden, sondern mit angeblichen Fehlern produktiv umzugehen durch Veränderung des Arbeitsprozesses, Umgestaltung – aber auch durch Verwerfen des Arbeitsergebnisses und einen erneuten Versuch.

243 | Keine Angst vor dem Drucken!

Der zweithäufigste Fehler bei Druckprojekten ist die Planung des Zeitrahmens: Wie viel Zeit für einen Lern- oder Arbeitsschritt erforderlich ist, entscheiden nicht die technische Schwierigkeit oder das Verfahren, sondern Ziel und Anspruch an das Projekt. Ist das Ziel ein kurzes Kennenlernen einer Technik (z. B. Holzschnitt), kann sich ein Unterrichtsprojekt auf einige wenige Unterrichtsstunden oder sogar nur auf eine von mehreren Stationen eines Vorhabens (z. B. über grafische Druckverfahren) beschränken. Wird eine intensivere Auseinandersetzung mit der Technik und ihrer Bedeutung in der Kunst angestrebt, ist mehr Zeit einzuplanen.

Bei Druckprojekten ist weniger der Zeitrahmen als die Haltung der Lehrperson zur Zeitplanung entscheidend.

Durch ein „Zeitregime" können (manchmal sehr hilfreicher) Produktionsdruck und Kooperationsformen angestoßen werden, wenn z. B. zu einem bestimmten Anlass (Feier, Jahrestag) Produkte (Kalender, Einladungen) vorliegen oder wenn bei Kooperation mit außerschulischen Einrichtungen Termine eingehalten werden müssen. Arbeiten unter Zeitvorgaben ist auch im künstlerischen Bereich eine wichtige Erfahrung. Andererseits können durch ein „Anforderungsregime" Zeitvorgaben weitgehend außer Kraft gesetzt werden, wenn (theoretisch) unendlich viel Zeit dafür zur Verfügung gestellt wird, ein Ergebnis mit einem bestimmten Qualitätsanspruch zu erreichen (z. B. ein Journal, eine Dokumentation, eine Facharbeit). Anspruchsvoll (und oft auch für Erwachsene nur unter großem Druck zu

Aus dem täglichen Datenschutz-Leben

Frage eines Kunstlehrers in einem Internetforum:
„Als Kunstlehrer würde ich die Schüler gern anhand eines Fotos von sich selbst zum Thema Selbstportrait künstlerisch arbeiten lassen. Das Foto dient als eine Vorlage, die vereinfacht die Konturen vorgibt. Da mir selbst bei so vielen Fragen zum Bildrecht die Lust am Fotografieren meiner Schüler vergangen ist [...], habe ich die Schüler sich gegenseitig fotografieren lassen. Zur Weiterbearbeitung des Fotos müsste es allerdings auf den Schulrechner gezogen werden (oder noch besser auf meinen eigenen Laptop). Bin ich in dem Moment straffällig? Auch wenn ich es als Ausdruck aushändige und die Datei lösche – aber vorher nicht mit jedem Elternteil gesprochen habe?"

Antwort eines Datenschutzexperten:
„Streng genommen müsste das ganze Vorhaben von einer schriftlichen Einwilligung abgedeckt werden (bei unter 16-Jährigen von den Eltern, bei Älteren vom Schüler selbst). Pragmatisch, wenn auch nicht rechtssicher, lösen Sie das Ganze so, dass vor dem Kopieren und Weiterbearbeiten der Bilder die Schüler über alles informieren und Ihnen klar zu verstehen geben, dass jeder sich melden kann, der damit nicht einverstanden ist. Strafbar machen Sie sich hier aber auf keinen Fall, allenfalls kann die Löschung der Bilder verlangt werden und theoretisch (!) können Sie schadensersatzpflichtig sein."
(https://www.datenschutzbeauftragter-info.de/fotos-von-kindern-klassenfoto-in-der-schule-nur-mit-zustimmung-der-eltern-2/)

Welche Regelungen für Datenschutz bei Schulveröffentlichungen gelten, bestimmt für öffentliche Schulen das jeweilige Landesdatenschutzgesetz. So gilt z. B. in Hessen, dass bei der Veröffentlichung von Bildern 14- bis 18-Jähriger die Sorgeberechtigten *und* der Jugendliche zustimmen müssen.
Will man fremde Texte und Bilder veröffentlichen, benötigt man die Erlaubnis von deren Urhebern. Einfach mal einen bekannten Songtext in einer Zeitschrift oder auf der Homepage zu veröffentlichen, kann teuer werden, wenn man vorher nicht die Erlaubnis dazu bekommen hat. Für Jugendliche kann es eine sehr hilfreiche Übung sein, sich um Veröffentlichungsrechte z. B. für eine kleine Schülerzeitung oder einen Schülerkalender oder ein Merkheft zu kümmern. Dabei lernen sie die Preise, die verlangt werden, ebenso kennen wie das Verhalten von Rechteinhabern.
Als Faustregel kann gelten: Alle Veröffentlichungen nach außen, bei denen fremde Bilder oder Texte genutzt werden, sind eventuell urheberrechtlich relevant – erst recht, wenn die Klasse oder Schule damit Geld verdienen will (z. B. bei Kalendern). Besonders genau geprüft werden sollten Veröffentlichungen mit fremden Texten, Bildern (auch vom „Schulfotografen") und Abbildungen von Personen, die als PDF-Datei auf der Schulhomepage oder privaten Webseiten von Schülerinnen und Schülern heruntergeladen werden können. Hier ist die Verbreitung nicht mehr kontrollier- und begrenzbar und die Veröffentlichung im Prinzip eine Handlungsaufforderung an Abmahnanwälte.
Im Übrigen sollte man in der Klasse die Diskussion über Abdruckrechte, Lizenzen u. Ä. nicht defensiv angehen: Denn im Kern geht es darum, dass derjenige, der eine fremde künstlerische Leistung in Anspruch nimmt oder nutzt, dafür auch zahlt. Die Auseinandersetzung mit dieser Fragestellung ist auch nach Verabschiedung des neuen Urheberrechtsgesetzes nach wie vor interessant – und notwendig.

244 | Drucken bietet ausgezeichnete Gelegenheiten, produktive Fehler zu machen

leisten) ist die Gleichzeitigkeit eines Zeit- und Anforderungsregimes: In einer festgelegten Zeit unbedingt eine bestimmte Leistung erreichen zu müssen. Vor allem für die ersten Vorhaben im Bereich „Druck" empfehlen wir, sich auf ein Zeitregime zu konzentrieren, das bestimmte Schritte oder Prozesse festlegt.

Nicht zu viel auf einmal wollen: Eigene und fremde Erwartungen vorab klären.

Ein weiterer beliebter „Fehler" bei Druckprojekten ist, zu viel auf einmal zu wollen: Diese Gefahr besteht besonders dann, wenn man mit außerschulischen Einrichtungen zusammenarbeitet und alle Angebote in möglichst kurzer Zeit nutzen möchte. Für Schülerinnen und Schüler ist der Einstieg in die Welt des Druckens viel mehr als nur das Kennenlernen von Techniken – sie brauchen Zeit, sich vorstellen zu können, wie Drucken früher und heute funktioniert, was Drucken bewirken kann. Deshalb ist bei Vorhaben zum Thema Druck immer geboten, die Ansprüche vorab zu klären: Wie perfekt sollen die Ergebnisse sein? Wie schnell soll es gehen, wie präsentabel sollen die Ergebnisse sein?

Die meisten Fehler in Druckprojekten lassen sich schnell wieder ausbügeln oder beim nächsten Projekt vermeiden. Schwieriger wird es, wenn andere sich einmischen, wenn Post vom Anwalt kommt – weil man bei einem Druckprojekt gegen den Datenschutz oder das Urheberrecht verstoßen hat. Solche Probleme lassen sich vermeiden, wenn man bei Druckprojekten klar unterscheidet zwischen Unterrichtsarbeiten und Veröffentlichungen. Zu Unterrichtsarbeiten gehört alles, was nur innerhalb des Unterrichts und für Unterrichtszwecke verwendet wird – hier sind eventuell Nutzungsgebühren zu zahlen wie in anderen Fächern auch (z. B. bei Kopien).

Faustregel:
Drucken zu Unterrichtszwecken darf man alles, solange es in der Klasse bleibt und abgebildete Personen damit einverstanden sind. Dabei dürfen auch im Rahmen des Unterrichts Bilder oder Texte verfremdet oder umgedeutet werden.

Komplizierter wird es, wenn etwas Produziertes öffentlich publiziert werden soll: Wenn Schülerinnen und Schüler ihre eigenen Bilder oder Texte veröffentlichen, haben sie Rechte und Pflichten wie andere Autoren auch, z. B. Inhalt und Wahrheitsgehalt ihrer Beiträge vor der Veröffentlichung zu überprüfen, Gerüchte und unbestätigte Meldungen als solche zu kennzeichnen und klar zu unterscheiden zwischen Kommentaren/Meinung und Bericht.

Kopfzerbrechen bereitet oft die Frage des Datenschutzes bei Veröffentlichung von Namen und Fotos. Man muss in der Tat bei der Veröffentlichung eines Klassenfotos alle abgebildeten Personen (bzw. deren gesetzliche Vertreter) fragen, ob sie damit einverstanden sind (außer sie sind Personen der Zeitgeschichte). Denn zulässig ist die Abbildung von Personen nur, wenn sie ihr Einverständnis geben, wenn sie bei öffentlichen Veranstaltungen teilnehmen oder wenn sie Personen der Zeitgeschichte sind oder wenn sie als Beiwerk einer Landschaft oder eines Gebäudes erscheinen und nicht das Hauptmotiv darstellen. Das sind alles keine einfachen Abwägungen, die bald zu verzweifelten Fragen führen können (siehe Kasten S. 185).

Der Teufel mischt beim Drucken mit

Die Erfindung des Buchdrucks ist gleichzeitig auch die Geburt des Druckfehlers. Dass Texte falsch gesetzt oder schlecht gedruckt worden sind, erklären Drucker und Verleger aber nur ungern mit mangelnder Sorgfalt. Und weil selbst Bibeln nicht vor Fehlern gefeit sind, finden sie schnell einen anderen Schuldigen: den Druckfehlerteufel. Denn wenn Druckfehler selbst in religiösen Werken vorkommen, können sie nur das Werk des Teufels sein: „Der verdammte Satan wendet seine ganze Schlauheit an, Unsinnigkeiten in den Text einzuschmuggeln, um damit die frommen Leser von der Lektüre abzuhalten“, klagte der Zürcher Drucker Christoph Froschauer schon 1530 (Rath-Vegh 1985). Man rückte Druckfehlern mit Erratablättern zu Leibe, die alle zu spät entdeckten Fehler auflisteten **(Abb. 245)**. Druckfehler entstanden früher aber keineswegs nur durch Fehlgriffe des Setzers, sondern oft schlicht durch Lesefehler. Bis maschinengeschriebene Satzvorlagen selbstverständlich wurden, mussten die Setzer handgeschriebene Manuskripte lesen – und viele Autoren hatten eine schwer lesbare Schrift. So meldete der Romantiker August Wilhelm Schlegel Druckfehlerhäufungen in einem seiner Beiträge für die von Friedrich Schiller herausgegebene Zeitschrift *Die Horen* **(Abb. 247)**:

„Ich habe bemerkt, daß in den *Horen* die Druckfehler der vorhergehenden Stücke berichtigt werden, und daher unter der Menge, welche vermuthlich durch die Flüchtigkeit meiner nicht für den Druck bestimmten Handschrift verursacht worden, die den Sinn am meisten entstellenden ausgezeichnet. Doch vielleicht kömmt die Anzeige nun zu spät.“

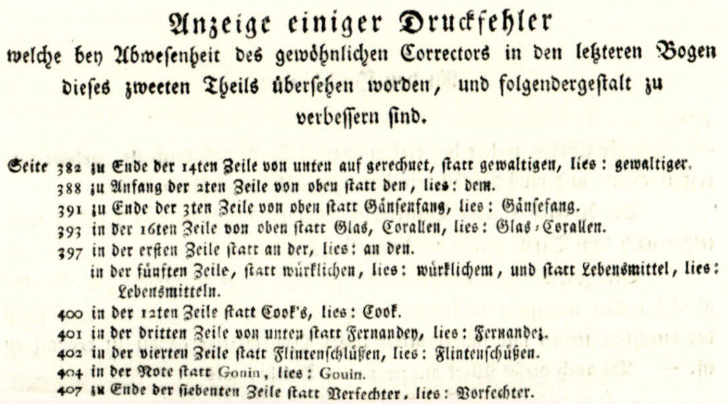

Anzeige einiger Druckfehler
welche bey Abwesenheit des gewöhnlichen Correctors in den letzteren Bogen dieses zweeten Theils übersehen worden, und folgendergestalt zu verbessern sind.

Seite 382 zu Ende der 14ten Zeile von unten auf gerechnet, statt gewaltigen, lies: gewaltiger.
388 zu Anfang der 2ten Zeile von oben statt den, lies: dem.
391 zu Ende der 3ten Zeile von oben statt Gänsenfang, lies: Gänsefang.
393 in der 16ten Zeile von oben statt Glas, Corallen, lies: Glas-Corallen.
397 in der ersten Zeile statt an der, lies: an den.
in der fünften Zeile, statt würklichen, lies: würklichem, und statt Lebensmittel, lies: Lebensmitteln.
400 in der 12ten Zeile statt Cook's, lies: Cook.
401 in der dritten Zeile von unten statt Fernandey, lies: Fernandez.
402 in der vierten Zeile statt Flintenschlüßen, lies: Flintenschüßen.
404 in der Note statt Gonin, lies: Gouin.
407 zu Ende der siebenten Zeile statt Verfechter, lies: Vorfechter.

245 | Ein Erratablatt (19. Jahrhundert)

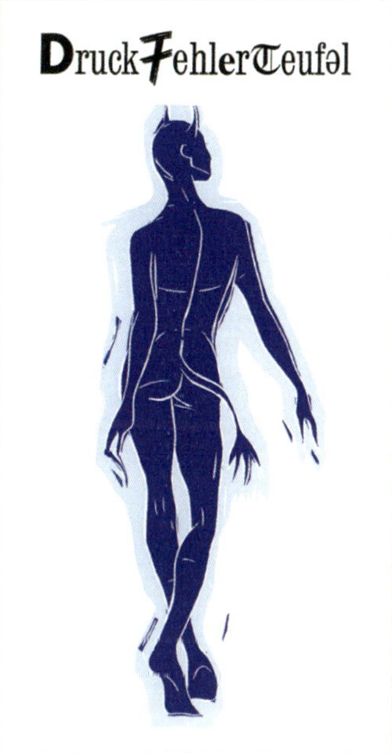

246 |
Arur Dieckhoff:
Druckfehlerteufel

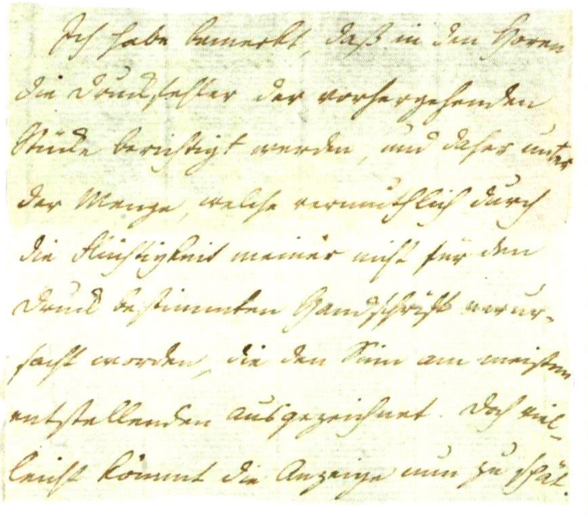

Ich habe bemerkt, daß in den Horen
die Druckfehler der vorhergehenden
Stücke berichtigt werden, und daher unter
der Menge, welche vermuthlich durch
die Flüchtigkeit meiner nicht für den
Druck bestimmten Handschrift verur-
sacht worden, die den Sinn am meisten
entstellenden ausgezeichnet. Doch viel-
leicht kömmt die Anzeige nun zu spät.

247 |
Aus einem Brief A. W. Schlegels an Friedrich Schiller (6.8.1795)

4.4 Kooperiere mit kompetenten Partnern!

Drucken ist immer auch eine Sache der Kooperation: Das fängt bei den Entwürfen an und geht weiter bei der technischen Umsetzung bis hin zur Präsentation. In allen Stadien braucht man Partner, mal als Unterstützer, mal als Ressource, mal als Ermöglicher, mal als Rückmelder und als Mit-Akteure.

Erste Adressen vor Ort

Langfristige Partnerschaften lassen sich am einfachsten etablieren, wenn man vor Ort Kontakte knüpft – und vor allem auch pflegt (z. B. durch Atelierbesuche, Ausstellungen in der Schule):

- Künstlerinnen, Künstler und Kunstschaffende stehen selten im Branchenverzeichnis unter „Künstler", sondern lassen sich besser finden durch regelmäßige Lektüre von Lokalzeitungen und Veranstaltungsblättern. Kontaktmöglichkeiten ergeben sich auch über Netzwerke, z. B. des Bundesverbandes Bildender Künstler (BBK, http://www.bbk-bundesverband.de) mit seinen Länderverbänden und Veranstaltungen zum Tag der Druckkunst, über die GEDOK (Gemeinschaft der Künstlerinnen und Kunstförderer), den Deutschen Künstlerbund (http://www.kuenstlerbund.de), örtliche Kunstvereine und Künstlergemeinschaften, Künstlerkollektive.
- Galerien werden als Kontaktmöglichkeit häufig unterschätzt, dabei haben Galeristen oft einen guten Überblick über die örtliche Kunstszene und wissen, welche Projekte in der nächsten Zeit geplant sind. Sie können auch Kontakte zu Künstlerinnen und Künstlern herstellen und Kooperationsmöglichkeiten bei einzelnen Ausstellungsthemen anbieten.
- Kunst- und Kultursammlungen und -museen, Kulturämter und -büros suchen häufig sogar von sich aus Kontakte zu Schulen und Lehrkräften, bieten pädagogische Arbeitskreise und spezielle Veranstaltungen für Pädagogen bzw. Mulitplikatoren an, zum Teil auch Angebote kultureller Bildung in Schulen. Die Newsletter der umliegenden Museen und Kunstsammlungen zu abonnieren, ist eine gute Möglichkeit, sich auf dem Laufenden zu halten.
- Kunstschulen (öffentliche und private) sind ein interessanter Sammelpunkt für Kunstinteressierte, häufig verfügen sie auch über gute Werkstätten oder Workshop-Angebote. In Kooperation mit ihnen sind häufig auch eigene Veranstaltungen für die Schule oder eine Klasse/einen Kurs möglich.
- Auch in Jugendzentren, Bildungsstätten und Volkshochschulen bestehen eingerichtete Druck-, Grafik- oder Kreativwerkstätten – deren Nutzungsmöglichkeiten man erkunden kann.
- Tageszeitungen und Druckereien, Buchbindereien können nur noch in Ausnahmefällen Einblicke in die alte „Schwarze Kunst" bieten. Meist sind die alten Setzereien lange aufgelöst, im Schrott oder bei Liebhabern und in Museen verschwunden. In den letzten Jahren ist der Letterdruck beliebt geworden: Visitenkarten und Briefköpfe, die im klassischen Buchdruck auf alten Tiegeldruckmaschinen gedruckt und geprägt oder die von modernen Druckmaschinen auf eine Retro-Erscheinung getrimmt werden.

Spezialisten und Sammler

Im deutschsprachigen Raum gibt es eine ganze Reihe von Einrichtungen, Netzwerken und Aktiven, die sich besonders intensiv und auch kontinuierlich mit aktuellen und historischen Erscheinungsformen der „Schwarzen Kunst" beschäftigen. Die meisten von ihnen bieten Ausstellungen oder Arbeitsdemonstrationen an, einige verfügen sogar über voll funktionierende Druckwerkstätten, in denen man auch so große Projekte wie den Druck eines ganzen Buches (wie die „Alltagshelfer", → Kap. 1.10) realisieren kann.

Die folgende Übersicht zeigt, wie breit aufgestellt die Druckszene im deutschsprachigen Raum ist. Die Liste ist allerdings weder vollständig, noch zeitlich unbegrenzt gültig – die Szene verändert sich schnell, nicht alle Aktivitäten werden bekannt. Und während im einen Museum das Drucken und die Druckgrafik gerade out ist, profiliert sich andernorts ein Museum gerade wieder in diesem Bereich.

Und wenn man etwas drucken lassen will – vor Ort, online

Wer etwas drucken (lassen) will, begibt sich immer auf ein Abenteuer. Ging man vor einem halben Jahrhundert fast immer zu einem Anbieter in der Region, wenn man etwas drucken lassen wollte, so ist jetzt der Markt für Drucksachen, Druck- und Bindearbeiten unüberschaubar und globalisiert – wenn man will, kann man sein Kartenspiel oder Büchlein auch in China

Ansprechpartner und Kontaktadressen

Angebote mit „aktiven" Druckwerkstätten oder Druckereien:	
04229 Leipzig	Museum für Druckkunst mit zahlreichen Vermittlungsangeboten und Kursen, Radierwerkstatt, Familienworkshops, Ferienprogramm, individuellen Schulprojekten http://www.druckkunst-museum.de
04277 Leipzig	Buchkinder Leipzig e. V. mit einer Buch- und Schreibwerkstatt mit allen Prozessen des Büchermachens für Kinder und Jugendliche von 4 bis 18 http://www.buchkinder.de
04277 Leipzig	Grafikdruckwerkstatt in Werk 2, Kulturfabrik Leipzig e. V. mit Kursangebot für Schulen, Integrationsprojekte, Berufsausbildung und Arbeit mit Menschen mit Behinderung https://www.werk-2.de/werkstaetten-kurse/grafikdruckwerkstatt
06110 Halle	buchdruckatelier38 (Kursangebote, mobile Druckwerkstatt) http://www.buchdruckatelier38.de
10963 Berlin	Deutsches Technikmuseum Berlin (Druckabteilung und Papierabteilung) https://sdtb.de/technikmuseum/ausstellungen/92/
10999 Berlin	Neuköllner Schulbuchwerkstatt (Kooperation mit Friedrichshain-Kreuzberg Museum, mit Schulbuchwerkstatt und und einer mobilen Schulbuchdruckerei http://schulbuchwerkstatt.druckatelier.eu/
18292 Krakow am See	Historische Buchdruckerei – Museum und Schauwerkstatt, mobile Buchdruckerei http://www.druck-buchkultur.de
18435 Stralsund	Spielkarten-Fabrik, mit Demonstration von Linotype-Maschinen, offener Werkstatt einschließlich Bleisatz und Workshops http://www.spiefa.de
21755 Hechthausen/Kleinwörden	Berthof Lichtdruckerei (Einzelunterricht und Workshops für Lichtdruck) http://www.berthof.de/Lichtdruck/Lichtdruckerei/lichtdruckerei.html
22305 Hamburg	Museum der Arbeit Hamburg, mit komplett eingerichteter Setzerei und Druckerei sowie pädagogischem Dienst. Dieses Buch ist in enger Kooperation mit Kolleginnen und Kollegen aus der dortigen Buchdruckwerkstatt entstanden. https://shmh.de/de/museum-der-arbeit
30451 Hannover	Buchdruck Museum Hannover http://www.buchdruckmuseum-hannover.de
37671 Höxter	Bald Letterpress Manufaktur, Neue Straße 5 (Workshops für Erwachsene) http://www.baldletterpress.de
55116 Mainz	Gutenberg-Museum in Mainz mit einem umfangreichen pädagogischen Angebot für Mainz und Umgebung und der Ausleihe einer mobilen Druckwerkstatt http://www.gutenberg-museum.de
60311 Frankfurt am Main	Druckwerkstatt im Kindermuseum Frankfurt, Junges Museum Frankfurt https://junges-museum-frankfurt.de/node/2
61267 Neu-Anspach	Hessenpark – Buchdruckerei, Freilichtmuseum Hessenpark (Projekte zum Setzen, Drucken und Papierschöpfen) https://www.hessenpark.de/lexikon/dauerausstellungen/druckerei/
63225 Langen/Offenbach	Historische Druckerwerkstatt (mit Werkstattangeboten) https://www.kreis-offenbach.de/Freizeit/Museen/Historische-Druck-werkstatt
64283 Darmstadt	Druckmuseum Darmstadt – Haus für Industriekultur https://www.hlmd.de/vermittlung/schule-und-kita.html
71364 Ludwigsburg	Bild- und Theaterzentrum (BTZ) mit Schuldruckzentrum (SDZ) https://www.ph-ludwigsburg.de/16387+M5054de7a952.html
80538 München	Deutsches Museum München, Drucktechnik (wird 2020 wiedereröffnet) https://www.deutsches-museum.de/ausstellungen/kommunikation/drucktechnik/

81829 München	Privatmuseum Goldschagg für Druck und Satztechnik http://www.drucktechnik-museum-goldschagg.de
97885 Homburg/Main	Museum Papiermühle Homburg (Kurse in Papierherstellung und -gestaltung) http://www.papiermuehle-homburg.de
90491 Nürnberg	Museum Industriekultur https://museen.nuernberg.de/museum-industriekultur/dauerausstellung/industrie-im-wandel/druckwerkstatt/
97350 Mainbernheim	Druckerei Hügelschäffer GmbH und Buchdruckwerkstatt 62zweidrittel (mit Werkstattangeboten) http://www.huegelschaeffer-online.de
99423 Weimar	Pavillon-Presse-Weimar, Druckgrafisches Museum Weimar http://www.pavillon-presse.de
CH-6280 Hochdorf	Verein Weiss- und Schwarzkunst (Werkstatt-Besichtigungen, Workshops) http://www.weissundschwarzekunst.ch
CH-8610 Uster	Graphos - Der Buchdruck-Erlebnispark im Zeughaus Uster (Museum, Information über Drucken und Setzen; Klassenführungen) http://www.graphosuster.ch
Weitere Einrichtungen (auch außerhalb Deutschlands) werden im Museum-Finder der Vereinigung der europäischen Druckmuseen verzeichnet: https://www.aepm.eu/museum-finder/?lang=de	
Einrichtungen, in denen man Buchdruck, Grafikdruck, Papierherstellung besichtigen kann:	
01277 Dresden	Grafikwerkstatt Dresden http://www.grafikwerkstattdresden.de
04103 Leipzig	Deutsches Buch- und Schriftmuseum der Deutschen Nationalbibliothek Leipzig http://www.ddb.de
06886 Lutherstadt Wittenberg	Historische Druckerstube im Cranachhof https://www.luther-erleben.de/lutherstaetten/lutherstadt-wittenberg/
09405 Zschopau	Buchdruck-Museum im Schloss Wildeck (Stempel und Druck Manfred Schöne) http://www.buchdruck-museum.de/files/page3g.htm
16816 Neuruppin	Giambattista-Bodoni-Museum http://www.bodoni.org
24768 Rendsburg	Druckmuseum – Museen im Kulturzentrum http://www.museen-rendsburg.de/die-museen/druckmuseum-sammlung.html (Ausstellung und Demonstration)
27318 Hilgermissen	Druckereimuseum Hoya http://www.museum-hoya.de
31785 Hameln	Hamelner Druckerei-Museum e. V. (Museum, Gruppenführungen) http://www.die-bewegliche-letter.de
45327 Essen	Deutsches Plakat-Museum http://www.plakatmuseum.essen.de
51465 Bergisch Gladbach	Alte Dombach Papiermühle – Rheinisches Industriemuseum, https://industriemuseum.lvr.de/de/die_museen/bergisch_gladbach/papiermuehle_alte_dombach.html
52156 Monschau	Druckereimuseum Weiss http://www.druckereimuseum-weiss.de
53919 Weilerswist	Museum für Druckgeschichte und Buchherstellung e. V. http://www.druckgeschichte.de
57392 Schmallenberg-Holthausen	Westfälisches Schieferbergbau- und Heimatmuseum Holthausen (Alte Druckwerkstatt und Handbuchbinderei) https://www.museum-holthausen.de/alte-druckwerkstatt.html
63065 Offenbach am Main	Klingspormuseum – Museum für internationale Buch- und Schriftkunst des 20. Jahrhunderts http://www.klingspor-museum.de
66787 Wadgassen	Deutsches Zeitungsmuseum (Information über Drucktechnik, Angebote an Workshops/Kunstmittlung) http://www.deutsches-zeitungsmuseum.de

74821 Mosbach	Druckwerkstatt Mosbach im Stadtmuseum Mosbach https://www.mosbach.de/Tourismus/Kultur+/Stadtmuseum/Schwarze+Kunst.html
83278 Traunstein	Traunsteiner Druckereimuseum – Druckereimuseum des Traunsteiner Tagblatts https://www.traunsteiner-tagblatt.de/das-traunsteiner-tagblatt/druckereimuseum.html
97469 Gochsheim	Reichsdorfmuseum Gochsheim (Druckwerkstatt mit handwerklicher Buchbinderei) http://www.reichsdorfmuseum.de
97980 Bad Mergentheim-Hachtel	Gedenkstätte Ottmar Mergenthaler (Demonstration der Linotype-Setzmaschine) https://www.bad-mergentheim.de/de/freizeitgestaltung/museen/ottmar-mergenthaler-gedenkstaette-id_1329/
99084 Erfurt	Druckereimuseum und Schaudepot der Museen der Stadt Erfurt im Benary-Speicher https://www.erfurt.de/ef/de/erleben/kunst/museen/108329.html
A-4643 Pettenbach	Schrift- und Heimatmuseum Bartlhaus (Schriftmuseum und Druckwerkstatt) http://www.bartlhaus.at
A-6890 Lustenau	Verein zur Förderung von Druckgrafik (offene Druckwerkstatt, Führungen) http://www.druckwerk-lustenau.at

Materialien, Informationen ...

Für den Materialkauf für druckgrafisches Arbeiten hat sicherlich jede Lehrperson bereits ihre eigenen Adressen, Ansprechpartner und auch Erfahrungen.
Angebote lassen sich inzwischen auch gut online vergleichen – kleine Auswahl:

- http://www.boesner.com
- http://www.gerstaecker.de
- http://www.creativ-discount.de
- http://www.buch-kunst-papier.de
- http://www.betzold.de
- http://www.drucken-und-lernen.de (speziell auf das Schuldrucken ausgerichtet)

Informationen über das Drucken in der Schule vermitteln u. a.:

- http://www.schuldrucker.de/aks.html (der „Arbeitskreis Schuldruckerei")
- https://freinet-kooperative.de/ (die Freinet-Kooperative e. V.)
- Verein für die Schwarze Kunst e. V., 69120 Heidelberg, Schröderstraße 71; post@verein-fuer-die-schwarze-kunst.de

drucken lassen. Druckvorlagen können online gestaltet und hochgeladen werden, eine Broschüre ist „im Handumdrehen" bestellt und wird (hoffentlich) wie versprochen innerhalb von ein paar Tagen geliefert. Der Markt ist in Bewegung, Angebote werden ständig weiterentwickelt. Deshalb lassen sich hier auch keine Anbieter-Empfehlungen geben, höchstens Besteller-Tipps:

- Wenn man etwas online drucken lassen will, dann immer gute Zeitpuffer einkalkulieren.
- Genaue Spezifikation erarbeiten (Größe, Auflage, Qualität, Bindung) und auf jeden Fall vor jeder größeren Auflage einen Probedruck bestellen (der kostet meistens 25–50 € – das ist eine ausgezeichnete Investition für den Nervenhaushalt).
- Druckdateien möglichst nicht direkt online erstellen (weniger Gestaltungsmöglichkeiten, Abstürze, begrenztes Angebot an Schriften), sondern mit einem Layoutprogramm am eigenen Rechner (Größenvorgaben der Anbieter beachten) und sie dann als PDF-Datei (300 dpi) an den Online-Drucker senden.
- Es hat sich bewährt, sich von kleinen Projekten (Postkarten, Flyer) zu größeren Projekten vorzuarbeiten, für ein Produkt auch einmal zwei Versionen oder Ausführungen zu testen.

Ein gutes Zeichen für die Qualität von Online-Druckereien ist, dass man sie vor und während des Bestellprozesses telefonisch einfach und zuverlässig erreichen und mit ihnen Fragen abstimmen kann. Denn: Auch mit digitalen Medien bleibt Drucken ein Prozess, in dem es auf Kooperation und Kommunikation der Beteiligten ankommt. Es gilt die alte Drucker-Faustregel: Kein Projekt kann so misslingen, als dass nicht auch etwas Gutes darin zu finden wäre. Und über ein halbes Jahrtausend wird jetzt gedruckt – und immer noch gibt es etwas zu verbessern und vor allem noch viel zu entdecken.

5 Wir machen DRUCK: die Originale

Was klassisches Drucken ausmacht, wie Buchdruck und grafisches Drucken wirken können, das muss man auch erfahren, ertasten, fühlen, riechen … Die sieben Originalarbeiten, die unserem Buch beigefügt sind, möchten exemplarisch einen sicht- und fühlbaren Eindruck davon vermitteln und Lust machen auf Drucken, auf Farbe, auf das Kombinieren und handwerkliche Arbeiten. Sie repräsentieren jeweils unterschiedliche Techniken und Zugänge zu Drucktechniken.

Die Originale wurden Ende Juni 2019 in der Grafischen Werkstatt im Museum der Arbeit Hamburg, auf einem Heidelberger Zylinder von Walter Fischer und Klaus Raasch auf das Papier „Salzer Design natural, 150 g/qm, 1,5-faches Volumen“ gedruckt.

248, 249 |
In der Grafischen Werkstatt im Museum der Arbeit (v.l.n.r.) Matthias Taube, Nadine Respondek, Artur Dieckhoff, Tita do Rêgo Silva, Klaus Raasch; unten: Anne von Karstedt)

Der Druckprozess

Eindrücke und Stationen vom Druckprozess der 7 Grafiken, der insgesamt 8 Tage dauerte.

250, 251, 252, 253 |
Bogen- und Druckkontrolle (mit Nadine Respondek und Gerhard Eikenbusch)

255 |
Druckbögen mit den Grafiken von Nadine Respondek und Matthias Taube

256 | Walter Fischer am „Heidelberger Zylinder"

257 | Anmischen der Druckfarben (für Linolschnitt von Nadine Respondek)

258 | Papiereinzug: Heidelberger Zylinder

259 | Papier mit Seitenmarken

5.1 Linolschnitt von 2 Platten

260 | Nadine Respondek: Originallinolschnitt *Maske*

Nadine Respondek

- 1976 in Potsdam geboren
- von 1998 bis 2004 Studium an der Hochschule für Grafik und Buchkunst Leipzig in den Fachbereichen Buchkunst/Grafik-Design sowie Malerei/Grafik
- von 2004 bis 2007 Meisterschülerstudium bei Prof. U. Hachulla an der HGB Leipzig
- Arbeitsschwerpunkte: Druckgrafik, Zeichnung, Malerei und Illustration
- lebt und arbeitet als freischaffende Künstlerin, ist Mitglied der Gruppe „augen:falter" und leitet die Grafikdruckwerkstatt im Werk 2 e. V. in Leipzig

Preise und Stipendien

2006	Jan Neruda, *Der Star des Herrn Liebelt* – Prämiierung für „Die Schönsten Deutschen Bücher 2006"
2007	Förderpreis für Buchillustration der Hans-Meid-Stiftung
2008	Teilnahme am Lithografiesymposium im Steinwerk Leipzig

261 | Korrektur des Linolschnitts (nach Andruck)

5.2 Kombinationstechnik (von 3 Platten: 2 Magnesiumklischees und Farbfond)

262 | Matthias Taube:
hunting the antilope,
Kombinationstechnik 2019

Matthias Taube

- geb. 1962 in Lengede, Niedersachsen
- ist bildender Künstler. In seinen Projekten setzt er eine breite Palette an Techniken der bildenden Kunst ein: Zeichnungen, Malereien, Mischtechniken, klassische und modernste Drucktechniken und seit 2014 auch Performances.
- seit 1986 wohnhaft in Hamburg
- seit 1990 freischaffender bildender Künstler und Anbieter von Kunstkursen, Kunst-AGs in Schulen, Workshops, Incentives
- seit 2015 Lehrbeauftragter Kunst Gymnasium Eppendorf, Hamburg

Matthias Taube verwendete den Projekttitel „hunting the antilope" im Jahr 2010 als gestalterisches Element. In dem hier nachgedruckten Werk wurden die mit japanischer Tinte handgeschriebenen und gezeichneten Vorlagen als Magnesiumstrichätzungen zu Druckplatten dieser Kombinationstechnik. In anderen Werken schrieb Taube zum Teil tausendfach den Schriftzug „hunting the antilope" auf große Holzplatten (siehe: http://www.matthiastaube.de).

263 | Magnesiumklischee für Kombinationstechnik

264 | *hunting the antilope* im Druck auf dem Heidelberger Zylinder

5.3 Holzschnitt von einer Platte im Iris-Druck

265 | Tita do Rêgo Silva:
Holzschnitt, 1 Platte, Irisdruck

Tita do Rêgo Silva

1959	geboren in Caxias, Brasilien
1977–80	Studium der Touristik an der UPIS, Brasília-DF, Brasilien
1985–88	Studium der Kunst an der Universität von Brasília-DF, Brasilien
1988	lebt und arbeitet seitdem als freie Künstlerin in Hamburg

Die Arbeit als freie Künstlerin im kühlen Norden weckte in ihr die warme Farbpalette Brasiliens: Kindheitserinnerungen verknüpften sich mit Fabelwesen. Der Holzschnitt, welcher im Nordosten Brasiliens eine große Tradition hat, wurde ihr adäquates Ausdrucksmittel. Die Auseinandersetzung mit ihrer brasilianischen kulturellen Welt führte zu einer kulturellen Identität in ihrer Bildsprache.

Ausstellungen in den letzten Jahren

2013	Landschaften, Papierarbeiten von Tita do Rêgo Silva und Erich Paproth, Staats- und Universitätsbibliothek Hamburg
2014	Saudades do Brasil, Galerie Zimmer, Mühlhausen
	Tita do Rêgo Silva, Katzengraben Presse, Berlin
	Lost & Found – Achados & Perdidos, Galerie der Gedok, Hamburg
2016	Imagens, Ficções e Mémorias do Exílio, Palacete Alderico Silva, Caxias-MA, Brasilien und Museu Histórico e Artístico do Maranhão Brasilien
	Imagens, Ficções e Mémorias do Exílio, Galerie HUM, São Luís-MA. Brasilien
	Zu neuen Horizonten und zurück, Kunstverein Horn, Österreich
	Fabelhafte farbige Grafik, Galerie Wildeshausen
2017	*Träume und Erinnerungen*, Atelier Brandt-Credo, Bremen
	Projekt: FLUCHT, Nachtspeicher 23 Galerie, Hamburg
2018	Druckerwochenende, Winckeldruckerei Flachsgasse, Speyer
	Ab ins Paradies, Galerie Jean-Marc Laik, Koblenz
	Werkpräsentation, Grafisches Kabinet, Speyerer Kunstverein, Speyer
	Henrique Lemes und Tita do Rêgo Silva, Villa Sponti, Bremen
2019	30 Jahre Atelier Tita do Rêgo Silva in Hamburg, Museum Boppard, Boppard
	25. Jahre Atelier Tita do Rêgo Silva in der Koppel 66, Galerie der Gedok, Hamburg

266 | Tita do Rêgo Silva: Holzschnitt, Druckstock

267 | Farbkasten am Heidelberger Zylinder – Irisdruck

268 | Tita do Rêgo Silva und Walter Fischer: Andruckkontrolle

5.4 Maserungsabdruck (Farbholzschnitt in „Puzzletechnik" in 6 Farben)

269 | Klaus Raasch: *Seestück*, Farbholzschnitt in 6 Farben

Klaus Raasch

geboren 1960 in Wanne-Eickel, studierte von 1981 bis 1986 an der Hochschule für Bildende Künste in Hamburg Visuelle Kommunikation. In der typografischen Werkstatt bei Prof. Hans Andree arbeitete er mit Blei- und Plakatschriften. Gemeinsam mit Artur Dieckhoff gründete er 1984 die Buchdruckwerkstatt Schwarze Kunst. Seit 1986 ist er als freier Künstler in Hamburg tätig und hat als Grafiker, Drucker und Verleger der Edition Klaus Raasch mit vielen Künstlern zusammengearbeitet.

Seine Arbeiten sind im Rahmen zahlreicher Ausstellungen zu sehen gewesen, unter anderem im Gutenberg Museum Mainz (2008), dem Forum Book Art Hamburg (1995), der Albrecht Dürer Gesellschaft Nürnberg (1993) und im Druckmuseum Rendsburg (1998). Sie sind ebenso in vielen öffentlichen Sammlungen zu finden wie der Deutschen Nationalbibliothek, der Deutschen Bücherei Leipzig, dem Deutschen Literaturarchiv Marbach, dem Klingspor-Museum Offenbach, der Niedersächsischen Landesbibliothek Hannover und dem Museum van het Boek, Den Haag.

270, 271, 272, 273 | Produktion des Maserungsabdrucks bei *Seestück* (siehe auch S. 112, Abb. 138, 139)

5.5 Farbholzschnitt (2 Farben) in der verlorenen Form

274 | Artur Dieckhoff: *Wilhelm Morgner* (zu *Mikado für Morgner*), Holzschnitt in der verlorenen Form (2 Farben), 2019

Artur Dieckhoff

Schriftsetzermeister (geb. 1948), Studium in Wuppertal und an der Hochschule für Bildende Künste in Hamburg, dokumentiert die zu großen Teilen untergegangene Berufskultur der „Schwarzen Kunst" in Büchern und Filmen.

2008 *Schrift ist ein Abenteuer* (Dokumentarfilm), Buch/Regie, zusammen mit Maria Hemmleb, Heidelberger Druckmaschinen AG

2010 *Zwiebelfische* (Dokumentarfilm), Buch/Regie zusammen mit Christian Bau, thede Filmproduktion, Nordischer Filmpreis Lübeck, Goethe Institut Frankfurt/M., FIFA Montreal/Kanada

2013 *Die Mainzer StadtElefanten*, Edition „Die Holzschnittbücher", Gutenberg Museum Mainz

2014 *Johannes und das Blaubeerschwein*, Buch und Animationsfilm, Museum der Arbeit Hamburg

2018 *Chinesische Radikale* (Dokumentarfilm), Buch/Regie, zusammen mit Maria Hemmleb, Produktion: die thede, Hamburg

275 | Holzschnitt *Wilhelm Morgner*, Schneiden der 2. Form, bei der die erste Form verlorengeht

276 | Druckform *Wilhelm Morgner*, erste Form (zusammen mit der 3. Form des Typo-Bildes)

5.6 Typo-Bild aus klassischen Lettern (3 Farben)

277 | Artur Dieckhoff:
Typo-Bild (2019, aus: *Typoesie*)

278 | Typo-Bild von Artur Dieckhoff aus alten Holzlettern:
Während des Andrucks brechen zwei alte Lettern (unter dem Anpressdruck) und müssen nachgeschnitten werden.

Das Typo-Bild Artur Dieckhoffs ist entstanden im Rahmen der Arbeit am Buch *Typoesie*, in dem Artur Dieckhoff die Bleisatz-Welt der Schriftzeichen wiederaufleben ließ. Aus Lettern, Linien und Material gestaltet er Text-Bilder und Bild-Texte, neue Zeichen oder belebt alte oder fremde Zeichen wieder (bis hin zu chinesischen Schriftzeichen, die er in der Glückstädter Druckerei J. J. Augustin entdeckte).

Der Holzschnitt in der verlorenen Form *Mikado für Morgner* geht zurück auf die Produktion der gleichnamigen Text- und Grafik-Mappe. Zu einem Text von Gerhard Eikenbusch über den expressionistischen Maler Wilhelm Morgner erarbeitete Artur Dieckhoff mehrere abstrakte Typografiken aus Messinglinien – in den „typischen" Morgner-Farben – sowie einen Holzschnitt (in der verlorenen Form) mit einem Porträt Morgners (ebenfalls in einer „Morgner-Farbe"). (Zum Produktionsprozess vgl. ausführlich **Abb. 130 – 137** in Kap. 2.7.)

Wilhelm Morgner wurde 1891 in Soest geboren und fiel 1917 im Ersten Weltkrieg in der Schlacht bei Langemarck. Er schuf – vor allem in den Jahren 1908 bis 1913 – über 200 Gemälde und 2000 Zeichnungen. Ab dem Jahr 1912 spielen abstrakte Formen und Farben in Morgners Werk eine besondere Rolle. Die Gegenständlichkeit der Motive wird aufgehoben, Farbe und Form lösen sich von Naturdarstellungen bis zur vollkommenen Abstraktion.

Morgner war Mitglied der Künstlergruppe „Der Sturm" um Herwarth Walden. 1912 traf er in Berlin auch mit Franz Marc zusammen und war mit 20 Zeichnungen in der zweiten Ausstellung der Redaktion „Der Blaue Reiter" vertreten. Auch in „Die Aktion" wurden seine Zeichnungen veröffentlicht.

Im Zuge der „Aktion Entartete Kunst" wurden 77 seiner Werke im Jahr 1937 aus öffentlichen Sammlungen beschlagnahmt. Von einigen kleineren Versuchen in den 50er Jahren abgesehen, wurde Morgner praktisch erst ab den 60er Jahren des 20. Jahrhunderts „wiederentdeckt" und wird heute zu den bedeutenden expressionistischen Malern gerechnet.

279 |
Artur Dieckhoff: Typo-Bild, 1. Schriftform (sie wird in 2 unterschiedlichen Gelbtönen um 180° gestürzt gedruckt)

280 |
Ein Lächeln zum Abschluss – der Satz für die zweite Platte des Typo-Bildes von Artur Dieckhoff

281 |
Farbe ... hat ein Eigenleben

5.7 Der „klassische Holzschnitt“

282 | Anne von Karstedt:
Originalholzschnitt
Heilige Dorothea mit Christuskind

Anne von Karstedt

- geboren 1970, Illustratorin und Holzschneiderin
- studierte 1992 bis 1998 Illustration an der FHS für Gestaltung in Hamburg (Diplom)
- Studienaufenthalt am Edinburgh College of Art („Master of Design“)
- Leiterin der Grafischen Werkstatt im Museum der Arbeit, Hamburg

Illustrationen und Holzschnitte u. a. in: Wolfgang Hildesheimer: *Das Ende einer Welt* (2009); *Johannes und das Blaubeerschwein* (2001), *Ringelnatz für die Katz* (2013), *Holzweg – Figur und Natur gezeichnet …* (2005)

Der Holzschnitt *Heilige Dorothea mit Christuskind* greift die um 1400 entstandenen ersten auf Papier gedruckten Bilder (Einblattdrucke) auf. Die Motive, meist Heiligenbilder, wurden mit Schnitt- und Kerbmessern in relativ weiche, in Richtung der Holzfaser gesägte Holztafeln geschnitten. Zum Druck wurden diese eingefärbt, der Papierbogen aufgelegt und von der Rückseite mit einem Reiber angerieben. Diese frühen Holzschnitte zeichnen sich durch eine offene Linienzeichnung aus, da sie häufig nach dem Druck noch koloriert wurden. Der vorliegende Holzschnitt wurde aus einer Lindenholz-Platte geschnitten.

283 | Druckstock (Lindenplatte) v. Anne von Karstedt

Literaturverzeichnis

Aizier, É. (2013): Kichen-Litho. Handbook of simple and non-toxic lithography. URL: https://www.atelier-kitchen-print.org/blog/, zuletzt aufgerufen: 1.3.2019.

Autenrieth, W. (2010): *Neue und alte Techniken der Radierung und Edeldruckverfahren. Ein alchemistisches Werkstattbuch für Radierer.* Krauchwies.

Baranowski, F. (2018): QUAK – gemoetrische Buchstaben. URL: http://www.transkrypt.de/typografie/quak/quak-system.html, zuletzt aufgerufen: 1.3.2019.

Bauer, K.-W. (1965): Die „Druckersprache". In: *Graphisches ABC. Zeitschrift für die Lehrlinge des graphischen Gewerbes., 12* (8), S. 122–124.

Becker, H. (1989): *Die Satzfibel.* Neustadt: Druckerei Carl Bockfeld.

Beinert, W. (2018): Typolexikon. URL: http://www.typolexikon.de, zuletzt aufgerufen: 1.3.2019.

Benjamin, W. (1936/1980): Das Kunstwerk im Zeitalter seiner technischen Reproduzierbarkeit. In: Tiedemann, R./Schweppenhäuser, H. (Hrsg.), *(1980 (1936)): Walter Benjamin. Gesammelte Schriften.* (Vol. I.2, S. 471–508). Frankfurt/M.: Suhrkamp.

Berger, R. (1999a): Drucken ist ein Abenteuer. Basisartikel. In: *Kunst+Unterricht, Mai* (232), S. 5–10.

Berger, R. (1999b): Hochdruckgrafiken. Grafisches Abstrahieren und schnittmethodisches Vorgehen. In: *Kunst+Unterricht, 232* (Mai), S. 23–33.

Böhringer, J., Bühler, P. u. a. (2014): *Kompendium der Mediengestaltung. III. Medienproduktion Print.* Berlin: Springer Vieweg.

Bode, Johann Elert (1801): *Uranographia sive astrorum description viginti tabulis aeneis incisa ex recentissimis et absolutissimis Astronomorum observationibus.* Berolini: Autor.

Boye, K. (1935): *För trädets skull.* Stockholm: Albert Bonnier.

Diba, E. (2008): *Typographie-Lexikon.* Norderstedt: BoD.

Dieckhoff, A. (2005): *Holzweg.* Büchten: Schwarze Kunst.

Dieckhoff, A./Eikenbusch, G. (2019): *Mikado für Morgner. Text- und Grafikmappe.* Büchten.

Dürer, A. (1525): *A Underweysung der messung mit dem zirckel un richtscheyt in Linien, ebenen und gantzen corporen, durch Albrecht Dürer zusammen getzogen und zu nutz allen kunstliebhabenden mit zugehörigen figuren in truck gebracht im jar MDXXV.* Nürnberg.

Dürscheid, C./Siever, C. M. (2017): Jenseits des Alphabets – Kommunikation mit Emojis. In: *Zeitschrift für germanistische Linguistik, 45* (2), S. 265–285. doi: 10.1515/zgl-2017-0013.

Eggertsdóttir, M. (2005): *Barokkmeistarinn.* Reykjavik: Stofnun Àrna Magnússonar.

Engling, S., von Hertzberg, K. u. a. (2016): Schreibst du noch oder ✍ du schon? Die Entwicklung des Smileys zum Emoji in der digitalen Kommunikation. In: *Der Deutschunterricht* (4), S. 77–81.

Ernst, M. (1926): *Histoire Naturelle.* Paris: Jeanne Bucher.

Fahlmann, S. (1982): Original Bboard Thread in which :-) was proposed. URL: http://www.cs.cmu.edu/~sef/Orig-Smiley.htm, zuletzt aufgerufen: 1.5.2019.

Fischer, H. (2019): Die Typo-Ecke. Informationen rund um die Schrift für die Schule. https://cms.sachsen.schule/typoecke/schrift-in-der-schule/grundlagen-zur-schrift/, zuletzt aufgerufen: 1.3.2019.

Forschungsstelle ‚Entartete Kunst', F. B. (2019): Datenbank zum Beschlagnahmeinventar der Aktion ‚Entartete Kunst'. URL: http://emuseum.campus.fu-berlin.de/eMuseumPlus?service=direct/1/ResultListView/moduleContextFunctionBar.navigator.next&sp=10&sp=Scollection&sp=SfieldValue&sp=0&sp=0&sp=3&sp=SdetailList&sp=3200&sp=Sdetail&sp=0&sp=F&sp=3225, zuletzt aufgerufen: 1.3.2019.

Forssman, F. (2015): *Wie ich Bücher gestalte. Ästhetik des Buches.* Göttingen: Wallstein.

Franz, A. (2005): Die Druckerfehde. In: *Zeit, H. 8* (17.2.2005).

Füssel, S. (2013): *Johannes Gutenberg.* Reinbek: Rowohlt Taschenbuch Verlag.

Geßner, C. F. (1740): *Die so nöthig als nützliche Buchdruckerkunst und Schriftgießerey.* Leipzig: Christian Friedrich Geßner.

Giesecke, M. (1992): Als die alten Medien neu waren – Medienrevolution in der Geschichte. In: Weingarten, R. (Hrsg.) *(1992): Information ohne Kommunikation?* (S. 75–98). Frankfurt/M.: Fischer Taschenbuch Verlag.

Giesecke, M. (1997): Johannes Gensfleich, gen. Gutenberg. Über Nutzen und Schaden der typographischen Monokultur. In: *Neue Züricher Zeitung vom 4./5. Januar 1997,* S. 45–46.

Gombrich, E. H. (1980): *Art and illusion a study in the psychology of pictorial representation.* London: Phaidon.

Gomringer, E. (1969): *worte sind schatten.* Reinbek: Rowohlt.

Gottlieb, A. H., Gottlieb, H., u. a. (1998): *1000 years, 1000 people ranking the men and women who shaped the millennium*: Kodansha America.

Grieshaber, H. (1978): *Drucken ist ein Abenteuer.* Stuttgart: Deutscher Sparkassenverlag.

Hardon, G. (1970): Im Vorzimmer der Graphik – Tastversuche einer 4. Klasse. In: otto, G. (Hrsg.), *(1970): Zeichnung, Schrift und Druck in der Bildenden Kunst und als Gegenstand im Kunstunterricht.* (Vol. IV/3, S. 343–347). Berlin: Rembrandt.

Hartweg, F. (2004): Die Rolle des Buchdrucks für die frühneuhochdeutsche Sprachgeschichte. In: Besch, W., Betten, A., u.a. (Hrsg.), *(2004): Sprachgeschichte. Ein Handbuch zur Geschichte der deutschen Sprache und ihrer Erforschung.* (S. 1682–1704). Berlin/New York: Walter de Gruyter.

Hausmann, R. (1919): Am Anfang war Dada. In: *Der Dada* (2).

Helms, D. (1970): Lettern als Elemente. In: Otto, G. (Hrsg.), *(1970): Handbuch der Kunst- und Werkerziehung. IV/3: Zeichnung, Schrift und Druck in der bildenden Kunst und als Gegenstand im Kunstunterricht.* (Vol. IV/3, S. 201–239). Berlin: Rembrandt.

Herrmann, D. B. (1970): Das Astronomentreffen im Jahre 1798 auf dem Seeberg bei Gotha. In: *Archive for History of Exact Sciences, 6* (4), S. 326–344.

Honig, G. (1992): *Drucken in der Schule. Von einfachen manuellen zu komplizierten maschinellen Verfahren. Ein handbuch für Schulen, Jugendverbände, Erwachsenenbildung und Freizeitgestaltung.* Wolfsburg: Immen-Verlag Eva Honig.

Jandl, E. (2016): *Der künstliche Baum. Werke 2.* Neuwied: Luchterhand Literaturverlag.

Jörg, H. (1999): Wandzeitung und Plakat. In: Mickel, W. W. (Hrsg.), *(1999): Handbuch zur politischen Bildung.* (S. 457 ff.). Bonn: Bundeszentrale für politische Bildung.

Kapr, A./Willberg, H. P. (1993): *Form und Geschicht eder gebrochenen Schriften.* Mainz: Schmidt.

Karstedt, A. v. (2001): *Eine kleine Einführung in die Praxis des Buchbindens.* Hamburg: Museum der Arbeit.

Kirschenmann, J. (2010): Expression – aus hartem material geschnitten. Historischer Rückblick: Drucken in der Kunstpädagogik. In: *Kunst+Unterricht, 349–350,* S. 1–5.

Klingspor, K. (1949): *Über Schönheit von Schrift und Druck*. Frankfurt/M.: Georg Kurt Schauer.

Lange-Weber, P. (2008): *Ruck zuck gedruckt. Grundlagen und Anregungen zu verschiedenen Drucktechniken ab Klasse 5*. Dietzenbach: ALS.

Legler, W. (2004): In: Peez, G./Richter, H. (Hrsg.) *(2004): Kind – Kunst – Kunstpädagogik. Beiträge zur ästhetischen Erziehung.* (S. 38 – 58). Norderstedt: Books on Demand.

Legler, W. (2017): *Einführung in die Geschichte des Zeichen- und Kunstunterrichts von der Renaissance bis zum Ende des 20. Jahrhunderts*. Oberhausen: Athena.

Lengwiler, G. (2005): Hundert Jahre Siebdruck? Ein Beitrag zur Geschichte des vierten Druckverfahrens (Teil 1). In: *SIP-Fachmagazin für Sieb- und Digitaldruck* (8), S. 38 – 43.

Lengwiler, G. (2013): *Die Geschichte des Siebdrucks*. Salenstein: Niggli.

Lieberodt, M. (2011): *Die Kunsterziehung in der Zeit des Nationalsozialismus*. Hamburg: Diplomica.

Luz, C. (2008): Das Rätsel der griechischen Figurengedichte. In: *Museum Helveticum: schweizerische Zeitschrift für klassische Altertumswissenschaft, 65* (1), S. 22 – 33.

Mangold, R. (2012): Drucken mit Glasplatte und Handwalze. In: *Der Schuldrucker. Mitteilungsblatt des Arbeitskreises Schuldruckerei (AKS) e.V., 18* (146), S. 5 – 8.

McLuhan, M. (2011): *Die Gutenberg-Galaxis: Die Entstehtung des typographischen Menschen*. Hamburg: Gingko-Press.

Miller, M. (2005): Bilder drucken mit Stempeln, Walzen und Schablonen. In: *Kunst+Unterricht, 391 – 392*, S. 77 – 79.

Miller, M. (2015): Der Dialog mit Material. Manuelle Druckgrafik im Zeitalter der digitalen Möglichkeiten. In: *Kunst+Unterricht* (391), S. 4 – 11.

Ministerium für Schule und Weiterbildung des Landes Nordrhein-Westfalen (2017): *Richtlinien zur Sicherheit im Unterricht an allgemeinbildendne Schulen in Nordrhein-Westfalen (RISU-NRW)*. Düsseldorf: 2017.

Möller, A. (2015): Stadtansichten. Linolschnitt mit verlorener Platte. In: *Kunst*Unterricht, 391 – 392*, S. 41 – 43.

Morgner, W. (1913/2016): Das blaue Pferd. In: Kösters, K. (Hrsg.), *(2016 (1913)): Wilhelm Morgner und die Anfänge der abstrakten Kunst.* Soest u. Berlin: Hatje u. Cantz.

Müller, B. (2015): Arial oder Calibri, Spießer oder Spaßvogel. In: *Süddeutsche Zeitung vom*. URL: https://www.sueddeutsche.de/karriere/schriftarten-analyse-arial-oder-calibri-spiesser-oder-spassvogel-1.2695450, zuletzt aufgerufen: 1.3.2019.

Müller, M. (2011): *Picasso Linolschnitte – im Rausch der Farbe*. München: Hirmer.

Mumm, U. (1978): Vervielfältigen. In: *Kunst+Unterricht, 48*, S. 1 – 7.

Nadolski, D. (1990): *Kleines Lexikon der Schwarzen Kunst*. Frankfurt/M.: Büchergilde Gutenberg.

Raasch, K./Dickow, B. (2017): *Das Meer. La Mer. The Sea*. Büchten: Schwarze Kunst.

Rath-Vegh, Istvan (1985): Die Komödie des Buches. Budapest: Corvina.

Richter, W. (1999): Der Verlorene Schnitt. Herausforderung für offene Gestaltungsprozesse. In: *Kunst+Unterricht, 232* (Mai), S. 15 – 17.

Ruppert, W. (2015): *Künstler im Nationalsozialismus: die ‚Deutsche Kunst', die Kunstpolitik und die Berliner Kunsthochschule*. Köln: Böhlau.

Schalansky, J. (2006): *Fraktur, mon Amour*. Mainz: Hermann Schmidt.

Schlözer, R. (2008): Digitaldruck – Geschichte und Gegenwart. Vortrag vom 27.11.2008. URL: https://www.idd.tu-darmstadt.de/media/fachgebiet_idd/vddseminare/archiv/vddseminar_081127_vortrag_schloezer.pdf, zuletzt aufgerufen: 1.3.2019.

Senefelder, A. (1818/1821): *Vollständiges Lehrbuch der Steindruckerey – enthaltend eine richtige und deutliche Anweisung zu den verschiedenen Manipulations-Arten derselben in allen ihren Zweigen und Manieren*. München: E. A. Fleischmann.

Sieburg, H. (2011): Gutenberg als Medienrevolution. In: Mein, G./Sieburg, H. (Hrsg.), *(2011): Medien des Wissens. Interdisziplinäre Aspkete von Medialität*. (S. 99 – 114). Bielefeld: transcript.

Smith, E. K. (2007): *How to make books*. NewYork: Potter Craft.

Sonnenberg, U. (2016): *Von Marx zum Maulwurf. Linker Buchhandel in Westdeutschland in den 1970er Jahren*. Göttingen: Wallstein.

Statista (2012): Pro-Kopf-Verbrauch von Papier, Karton und Pappe im internationalen Vergleich im Jahr 2012 (in Kilogramm je Einwohner). URL: https://de.statista.com/statistik/daten/studie/5959/umfrage/verbrauchsmenge-von-papier-in-ausgewaehlten-laendern/, zuletzt aufgerufen: 1.3.2019.

Statista (2018): Und sie schrien nach Klopapier. URL: https://de.statista.com/infografik/15624/klopapierverbrauch-pro-kopf-in-ausgewaehlten-laendern/, zuletzt aufgerufen: 1.3.2019.

Statistisches Bundesamt (2018): Finanzen und Steuern. Umsatzsteuerstatistik Juni 2014. URL: https://www.destatis.de/DE/Publikationen/Thematisch/FinanzenSteuern/Steuern/Umsatzsteuer/UmsatzsteuerstatistikVeranlagungen2140820147004.pdf?__blob=publicationFile, zuletzt aufgerufen: 1.2.2019.

Steinberg, S. (1979): *The passport*. New York: Random House.

Stuhlmann, A. (1870): *Der Zeichenunterricht in der Volks- und Mittelschule*. Hamburg: F. H. Nestler & Melle.

Tschernig, K./von Hertzberg, K. (2015): Altersgruppenspezifisches Nutzungsverhalten von Bildzeichen bei WhatsApp. URL: https://www.mediensprache.net/de/websprache/messaging/whatsapp/icons/, zuletzt aufgerufen: 1.5.2019.

Tschichold, J. (1991): *Schriften 1925 – 1974*. Berlin: Brinkmann & Bose.

Vaughan, J. (1903): *Nelson's New Drawing Course. Drawing, design and manualoccupations (Teachers' handbook)*. Edinburgh: Nelson & Sons.

von Rossum, W. (1992): Geburt oder Neuzeit? Gutenbergs Entdeckung fiel nicht vom Himmel. In: *Zeit vom 14.2.1992*.

Warhol, A. (1964): *The Brillo Box*. https://www.moma.org/collection/works/81384.

Willberg, H. P. (2003): *Wegweiser Schrift: Erste Hilfe für den Umgang mit Schriften: was wirkt – was stört*. Mainz: Hermann Schmidt.

Willberg, H. P./Forssman, F. (2000): *Erste Hilfe in Typografie. Ratgeber für den Umgang mit Schrift*. Mainz: Hermann Schmidt.

Zacharias, T. (1970a): Drucken und Gedrucktes. In: Otto, G. (Hrsg.), *(1970a): Handbuch der Kunst- und Werkerziehung. IV/3: Zeichnung, Schrift und Druck in der bildenden Kunst und als Gegenstand im Kunstunterricht*. (Vol. IV/3, S. 279 ff.). Berlin: Rembrandt.

Zacharias, T. (1970b): Hochdruck. In: Otto, G. (Hrsg.), *(1970b): Zeichnung, Schrift und Druck in der Bildenden Kunst und als Gegenstand im Kunstunterricht*. (Vol. IV/3, S. 281 – 334). Berlin: Rembrandt.

Zeidler, J. (1994): *Lithographie und Steindruck in Gewerbe und Kunst, Technik und Geschichte*. Ravensburg: Ravensburger Buchverlag.

Zeisberger, I. (2018): Der Erfinder des Buchdrucks: Johannes Gutenberg. Eine Lebensskizze. In: *Perspektive Bibliothek, 7.1*, S. 115 – 136.

Bildquellenverzeichnis

Auf die Bilder wird mit Seitenzahl und Bildnummer (in Klammern) verwiesen.

Umschlag vorne: Fotos 1, 3, 4, 5: © Christian Wöhrl; hinten: © Christian Wöhrl
S. 8: © Caroline Elias (3)
S. 10: Foto links unten: © Elena Yakusheva/shutterstock.com; restliche Fotos: © Christian Wöhrl
S. 18: © Christian Wöhrl (11)
S. 25: © asafeliason/stock.adobe.com (16)
S. 27: © Theodor Barth (19)
S. 30: Tyska Skolan Stockholm (22)
S. 31: Tyska Skolan Stockholm (25)
S. 33: Tyska Skolan Stockholm (26)
S. 35: A: Rijksinstituut voor Oorlogsdocumentie (Hrsg.): Die Tagebücher der Anne Frank. Frankfurt/M., 1988, S. 192; B: G. Klußmeier, H. Plaul (Hrsg.): Karl May. Das bewegte Leben eines Außnseiters. Eine Bilddokumentation. München, 1992, S. 276; C: H. Lillje: Luther. Reinbek, 1965; D: F. Schiller: Sämtliche Gedichte. Hrsg. G. Kurscheidt. Frankfurt/M., 1992, Abb. 22; E: H. Wysling, Y. Schmidlin (Hrsg.): Thomas Mann. Ein Leben in Bildern. Frankfurt/M., S. 283; F: F. Hennenberg: Wolfgang Amadeus Mozart. Reinbek, 1992, S. 53 (27)
S. 37: Morgner-Monogramm: Annette Werntze, Soest
S. 43: Metropolitan Museum of Art New York (public domain) (38)
S. 44: © VG Bild-Kunst, Bonn 2019 (41); © bpk/CNAC-MNAM/ Adam Rzepka © Succession Brancusi – All rights reserved/ VG Bild-Kunst, Bonn 2019 (43)
S. 46: © Christian Wöhrl (47–50)
S. 50: © Michael Folmer/Alamy Stock Foto (54)
S. 51: © trekandphoto/stock.adobe.com (55)
S. 52: Fotos: Christian Wöhrl (56)
S. 61: © Christian Wöhrl (64, 65)
S. 76: © Christian Wöhrl (82 – 84)
S. 78: © Christian Wöhrl
S. 81: Aus: J. Vaughan: Nelson's New Drawing Course. Drawing, Design and Manual Occupations (Teachers' Handbook). Edinburgh 1903, S. 26 (85)
S. 90: © Christian Wöhrl (92 – 97)
S. 91: © Christian Wöhrl (98 – 100)
S. 94: Christel Eikenbusch, 2016 (104)
S. 95: © TheSaulSteinbergFoundation/VGBild-Kunst2019(105)
S. 96: https://archive.org/details/vollstandigesleh01sene (107)
S. 98: © Christian Wöhrl (108 – 112)
S. 99: © Christian Wöhrl (113 – 115)
S. 101: © Tita do Rêgo Silva (117)
S. 102: © Anne von Karstaedt (118)
S. 104: © Max Pechstein-Urheberrechtsgemeinschaft (120); aus: Europäische Moderne. Buch und Graphik aus Berliner Kunstverlagen 1890 – 1933. Berlin, 1989, S. 85 (121)
S. 105: © VG Bild-Kunst, Bonn 2019 (122); © VG Bild-Kunst, Bonn 2019 (123)
S. 106: © Succession Picasso/VG Bild-Kunst, Bonn 2019 (124)
S. 108: © Christian Wöhrl (127, 128)
S. 112: © Klaus Raasch (112, 113)
S. 120: © VG Bild-Kunst, Bonn 2019 (153)
S. 123: © Christian Wöhrl (157 – 162)
S. 124: Quelle: SUB Göttingen (163); aus: F. Feldhaus: Die Technik der Vorzeit. Leipzig, Berlin, 1914, S. 163 (164)
S. 126: Quelle: quarkuser.net (167)
S. 127: Quelle: SUB Göttingen (168)
S. 128: Quelle: O. Fuchsberger, Ortolf: Ain gründlicher klarer anfang der natürlichen und rechten kunst der waren Dialectica. Augspurg, 1533, Titel, zit. n. BSB München 4 Ph. sp. 72 (169)
S. 129: Deutsches Museum, München, Bibliothek, 1903C51 (170)
S. 130: Quelle: SUB Göttingen (171); aus: R. Wallrath: Das schöne gedruckte Buch im ersten Jahrhundert nach Gutenberg. Köln, 1968, S. 49 (172); Quelle: K. Haebler: Typenrepertorium der Wiegendrucke. Abt. 1 – 5. Halle/S., Leipzig, 1905–1924, Type 2:115R zit. n. https://tw.staatsbibliothek-berlin.de/ma09720 (173)
S. 131: Aus: D. Helms: Lettern als Elemente. In: Otto, Günter (Hrsg.): Handbuch der Kunst- und Werkerziehung, IV/3, Berlin, 1970, S. 204 (175)
S. 132: Bayerische Staatsbibliothek München, 4 Inc.c.a. 1180, fol. B4 verso (176); © SLUB Dresden / Digitale Sammlungen/S.B.616 (177)
S. 133: Zit. n. https://www.typolexikon.de/gebrochene-schriften/ (179)
S. 135: © Verlag Hermann Schmidt, 2006. Judith Schalansky: Fraktur mon Amour. 2., überarb. und erw. Aufl. 2008 (182)

S. 146: © Christian Wöhrl (194)
S. 147: © Christian Wöhrl (195, 197, 198); Quelle: http://www.deutschestextarchiv.de/book/view/gessner_buchdruckerkunst01_1740?p=495 (196)
S. 148: HandsatzAtelier Heinz Becker, Lindenberg/Pfalz (199); © Christian Wöhrl (200 – 202)
S. 150: Bodmer Lab, UNIGE; https://phototheque.unige.ch/unige:103512 (206)
S. 165: https://archive.org/details/tworelatedindust00fchurich/page/1 (227); https://archive.org/details/tworelatedindust00fchurich/page/2 (228); https://archive.org/details/nouveaumanuelcom00fich/page/235 (229); https://archive.org/details/artofpapermaking01watt/page/n98 (230)
S. 176: © Christian Wöhrl
S. 183: © Christian Wöhrl (241, 242)
S. 184: © Christian Wöhrl (243)
S. 186: © Christian Wöhrl (244)
S. 187: Aus: G. Forster: Reise um die Welt. Bd. 2. Berlin, 1780, S. 11; http://www.deutschestextarchiv.de/book/view/forster_reise02_1780?p=11 (245); August Wilhelm Schlegel: Digitale Edition der Korrespondenz. Hg. von Jochen Strobel und Claudia Bamberg. Dresden, Marburg, Trier 2014–2020; https://august-wilhelm-schlegel.de/briefedigital/letters/view/2057 (247)
S. 192: Klaus Raasch (248, 249)
S. 193: Klaus Raasch (250 – 253, 255)
S. 194: Klaus Raasch (256 – 259)
S. 195: © Nadine Respondek (260); Klaus Raasch (261)
S. 196: © Matthias Taube (262); Klaus Raasch (263, 264)
S. 197: © Tita do Rêgo Silva (265)
S. 198: Klaus Raasch (266 – 268)
S. 199: © Klaus Raasch (269); Klaus Raasch (270 – 273)
S. 200: © Artur Dieckhoff (274); Klaus Raasch (275, 276)
S. 201: © Artur Dieckhoff (277); Klaus Raasch (278)
S. 202: Klaus Raasch (279 – 281)
S. 203: © Anne von Karstedt (282); Klaus Raasch (283)

Drucklettern für die Überschriften auf dem Umschlag und im Innenteil: © shopplaywood/stock.adobe.com

Alle nicht eigens nachgewiesenen Abbildungen stammen aus dem Archiv der Autoren.

Textnachweise

S. 15: Regina Schwarz: Meine Schwester und ich. In: H.-J. Gelberg (Hrsg.): Überall und neben dir. Weinheim: Beltz & Gelberg 1989, S. 209. (ISBN 340778050)
S. 44: Ernst Jandl: der kuss. Erstdruck in: Akzente (Jg. 16) 1969, S. 193. Nachdruck: Ernst Jandl: Der künstliche Baum. Werke 2. Neuwied: Luchterhand Literaturverlag, 2016
S. 160/164: Karin Boye: Natürlich tut es weh (Ja visst gör det ont, 1935). – Original in: Karin Boye: För trädets skull. Stockholm: Albert Bonnier, S. 16. – Übersetzung: Annika Eikenbusch

hunting the antilope
hunting the antilope
hunting the antilope

BUCH
STAB
ENSA
LAT?